Examens-Fragen
Anatomie
Zum Gegenstandskatalog

H. Frick H. Leonhardt T. H. Schiebler

Dritte, völlig neu bearbeitete Auflage

1284 Fragen mit 34 Abbildungen

Springer-Verlag
Berlin Heidelberg New York 1979

Zu jeder Aufgabe werden 5 mögliche Antworten A–E angeboten, von denen nur eine zutrifft.

Fragentyp A = Einfachauswahl
Auf eine Frage oder unvollständige Aussage folgen 5 Antworten oder Ergänzungen, von denen eine einzige auszuwählen ist und zwar
bei Typ A 1: die einzig richtige
bei Typ A 3: die einzig falsche.

Fragentyp B = Aufgabengruppe mit gemeinsamem Antwortenangebot (Zuordnung)
Jede Aufgabe besteht aus
a) einer Aufgabenliste mit (2–4) Begriffen, Fragen, Aussagen oder Hinweisen in Zeichnungen (= Liste 1)
b) 5 durch die Buchstaben A–E gekennzeichneten Antwortmöglichkeiten (= Liste 2)
Zu jeder numerierten Aufgabe ist die Antwort (A–E) der Liste 2 auszuwählen, die für zutreffend gehalten wird.

Fragentyp C = Kausale Verknüpfung
Dieser Aufgabentyp besteht aus 2 durch das Wort „weil" verknüpften Feststellungen.
Jede der beiden Feststellungen kann unabhängig von der anderen richtig oder falsch sein. Wenn sie beide richtig sind, kann die Verknüpfung durch „weil" richtig oder falsch sein.
Bitte geben Sie die Antwort (A–E) an, die nach Ihrer Meinung die beiden Feststellungen und ihre Verknüpfung richtig beurteilt:

Antwort	Aussage 1	Aussage 2	Verknüpfung
A	richtig	richtig	richtig
B	richtig	richtig	falsch
C	richtig	falsch	–
D	falsch	richtig	–
E	falsch	falsch	–

Fragentyp D = Aussagenkombination
Beim Fragentyp D werden mehrere, durch eingeklammerte Ziffern gekennzeichnete Aussagen gemacht. Für jede Aussage ist zu prüfen, ob sie zutrifft. Die Lösung der Aufgabe ist unter den 5 vorgegebenen Aussagenkombinationen A–E auszuwählen.

Professor Dr. med. Hans Frick
Anatomische Anstalt der Universität München
Pettenkoferstraße 11
8000 München 2

Professor Dr. med. Helmut Leonhardt
Anatomisches Institut der Universität Kiel
Olshausenstraße 40–60, Haus N10
2300 Kiel

Professor Dr. med. Theodor Heinrich Schiebler
Anatomisches Institut der Universität Würzburg
Koellikerstraße 6
8700 Würzburg

ISBN-13:978-3-540-09397-8   e-ISBN-13:978-3-642-67314-6
DOI: 10.1007/978-3-642-67314-6

CIP-Kurztitelaufnahme der Deutschen Bibliothek
Frick, Hans:
Examens-Fragen Anatomie : zum Gegenstandskatalog / H. Frick ; H. Leonhardt ; T. H. Schiebler.
– 3., völlig neu bearb. Aufl. – Berlin, Heidelberg, New York : Springer, 1979.
    1. u. 2. Aufl. u.d.T.: Examens-Fragen Anatomie.
    ISBN-13:978-3-540-09397-8

NE: Leonhardt, Helmut:; Schiebler, Theodor, H.:

2124/3140-543210

Mitarbeiter der ersten und zweiten Auflage

K.H.Andres H.G.Baumgarten M.Blank R.Bock K.H.Booz
O.Bucher E.C.Dingler H.R.Duncker P.Dziallas
F.Ehrenbrand D.Eichner W.G.Forssmann H.Frick P.Glees
H.-G.Goslar H.Haug K.Hinrichsen A.-F.Holstein
M.Kantner † H.Knoche W.Kühnel H.Kulenkampff †
A.Landsberger J.Lang H.Leonhardt W.Lierse E.Lindner
H.Lippert K.Ludwig H.von Mayersbach A.Mayet
H.-J.Merker U.Merkle G.Müller F.-W.Pehlemann C.Pilgrim
W.Reinbach J.Rohen H.Rollhäuser K.Rosenbauer
P.Santamaria T.H.Schiebler W.Specht G.Steding
K.Uhlmann L.Vollrath M.Watzka R.Wetzstein
K.-H.Wrobel E.Wüstenfeld

Vorwort zur dritten Auflage

Seit dem Erscheinen der 2. Auflage der "Examens-Fragen Anatomie" hat sich die Ausbildung der Studierenden der Medizin in vielen Einzelheiten geändert. Vor allem wird die ärztliche Vorprüfung nur noch schriftlich durchgeführt. Dadurch haben alle Fragensammlungen für die Examensvorbereitung erhöhte Bedeutung gewonnen. Es liegt jetzt ein gültiger Gegenstandskatalog für die ärztliche Vorprüfung vor, der einen Rahmen auch für eine gezielte Examensvorbereitung gibt. Schließlich wurden in den letzten Jahren beachtliche Erfahrungen in der Durchführung des schriftlichen "Physikums" gesammelt. Die in den Examina verwendeten Fragentypen sind nunmehr erprobt und zu einem festen Bestandteil aller schriftlichen Prüfungen während des Medizinstudiums geworden.

Diese Veränderungen haben uns veranlaßt, die "Examens-Fragen Anatomie" eingehend zu überarbeiten. Es werden in der 3. Auflage nur noch Fragentypen verwendet, die auch im Examen angewandt werden. Auf diese Weise hat der Leser dieses Buches u.a. Gelegenheit, sich an Hand der Fragen mit der Methodik eines schriftlichen Examens vertraut zu machen. Bei der Zusammenstellung der Fragen wurde darauf geachtet, daß sie dem Gegenstandskatalog gerecht werden. Fragen aus der 1. und 2. Auflage der "Examens-Fragen Anatomie" wurden nur in geringer Zahl unverändert übernommen. Die Mehrzahl der Aufgaben der 3. Auflage ist neu. - Die Fachtermini entsprechen der 3. Auflage der PNA, weil auch alle einschlägigen Lehrbücher zur Zeit noch dieser Nomenklatur folgen.

Dem Bemühen der Autoren, den Studierenden der Medizin durch Benutzung der "Examens-Fragen Anatomie" eine optimale Examensvorbereitung zu ermöglichen, steht die Unerschöpflichkeit der Fragemöglichkeiten anatomischer Sachverhalte gegenüber. Die "Examens-Fragen Anatomie" sind daher unverändert ein Übungsbuch, das der Überprüfung des Wissensstandes dienen und zum Studium von Präparaten sowie der Lehrbücher der Anatomie anregen soll.

Nicht zustandegekommen wäre die 3. Auflage der "Examens-Fragen Anatomie", wenn die Nachfrage nach diesem Buch nicht unvermindert angehalten, Studierende und Fachkollegen uns nicht durch Hinweise unterstützt und der Verlag unsere Arbeit nicht großzügig gefördert hätten. Allen unseren Helfern im Verborgenen danken wir, und unsere

Leser bitten wir, uns auch weiterhin mit Hinweisen und
Ergänzungswünschen zu versorgen.

Heidelberg, Juli 1979   H. Frick, München
                                            H. Leonhardt, Kiel
                                            T.H. Schiebler, Würzburg

Inhaltsverzeichnis

Bearbeitet wurden von

H. Frick: Kapitel 3, 4 a-b, 5, 6, 7, 8, 9

H. Leonhardt: Kapitel 4 c-f, 10, 11, 12

T.H. Schiebler: Kapitel 1, 2, 4 g-h, 13, 14, 15

Hinweise zur Benutzung der Fragensammlung*

Die "Examens-Fragen Anatomie" verwenden die Gliederung
des Gegenstandskatalogs (2. Auflage, Neudruck 1977) bis
zur 1. Dezimale nach dem Komma. Jeweils in der Mitte des
Kopfes jeder Frage ist angegeben, zu welchem(n) Kapitel(n)
des Gegenstandskatalogs die jeweilige Frage gehört. Innerhalb des Kapitels sind - nach dem Brauch des schriftlichen
Examens - die Fragen nach Fragentypen geordnet. Die Nume-
rierung der Aufgaben in den "Examens-Fragen Anatomie" erfolgt innerhalb einer jeden der 15 Hauptgruppen fortlau-
fend.

Eine Sonderstellung nimmt das Kapitel "Cytologie" ein.
Hier decken die Aufgaben der "Examens-Fragen Anatomie"
den Gegenstandskatalog nicht vollständig ab, weil es sich
um ein Grenzgebiet zwischen Anatomie und Biologie
handelt. Bei richtiger Beantwortung der in den "Examens-
Fragen Anatomie" zusammengestellten Fragen über die Cytologie reichen jedoch die Kenntnisse zur Bearbeitung der
Aufgaben über Histologie und mikroskopische Anatomie aus.

Im Kopf jeder Frage ist auf der rechten Seite der Fragentyp angegeben, der in der "Fragen-Sammlung Anatomie" Anwendung findet.

Fragentyp A = Einfachauswahl

Auf eine Frage oder (unvollständige) Aussage folgen 5
Antworten oder Ergänzungen, von denen eine einzige auszuwählen ist und zwar:
bei Typ A 1: die einzig richtige
bei Typ A 3: die einzig falsche.
Der Typ A 2 (die beste Lösung von mehreren möglichen)
wird nicht verwendet.

Fragentyp B = Aufgabengruppen mit gemeinsamem Antwort-
              angebot (Zuordnung)

Jede Aufgabe besteht aus

---

*Vgl. Ausklapptafel am Ende des Buches

a) einer Aufgabenliste mit (2-4) Begriffen, Fragen oder
Aussagen (= Liste 1)

b) 5 durch die Buchstaben A-E gekennzeichneten Antwortmöglichkeiten (= Liste 2).

Anstelle der Aufgabenliste werden in einigen Fällen auch
Zeichnungen mit entsprechenden Hinweislinien verwendet.

Zu jeder numerierten Aufgabe der Liste 1 ist die Antwort
(A-E) der Liste 2 auszuwählen, die für zutreffend gehalten wird.

Fragentyp C = Kausale Verknüpfung

Dieser Aufgabentyp besteht aus 2 durch das Wort "weil"
verknüpften Feststellungen.

Jede der beiden Feststellungen kann unabhängig von der
anderen richtig oder falsch sein. Wenn sie beide richtig
sind, kann die Verknüpfung durch "weil" richtig oder
falsch sein.

Bitte kreuzen Sie die Antwort (A-E) an, die nach Ihrer
Meinung die beiden Feststellungen und ihre Verknüpfung
richtig beurteilt:

Antwort	Aussage 1	Aussage 2	Verknüpfung
A	richtig	richtig	richtig
B	richtig	richtig	falsch
C	richtig	falsch	-
D	falsch	richtig	-
E	falsch	falsch	-

Fragentyp D = Aussagenkombination

Beim Fragentyp D werden mehrere, durch eingeklammerte
Ziffern gekennzeichnete Aussagen gemacht. Für jede Aussage ist zu prüfen, ob sie zutrifft. Die Lösung der Aufgabe ist unter den 5 vorgegebenen Aussagenkombinationen
A-E auszuwählen.

Für alle Aufgaben befindet sich die Lösung am Schluß des
Buches.

I. Allgemeiner Teil

1. Cytologie

Welche Aussage trifft zu? Die Zellmembran

A. ist 2-3 nm dick

B. läßt elektronenmikroskopisch fünf Schichten erkennen

C. wird im Bereich von Desmosomen von großen Tunnel-proteinen durchsetzt

D. ist einem dauernden Umbau unterworfen

E. ist allein durch Vermittlung ihrer Enzyme permeabel

Welche Aussage trifft zu? Die Membranen des rauhen endoplasmatischen Reticulum sind besetzt mit

A. Mikrosomen

B. Ribosomen

C. Glykogengranula

D. Mikropinocytosebläschen

E. Golgi-Vesikeln

Welche Aussage trifft zu? Ribosomen sind regelmäßig angelagert an die

A. äußere Membran von Mitochondrien

B. äußere Membran des Zellkerns

C. Membran von Golgi-Vesikeln

D. Membran von Lysosomen

E. Membran von Pinocytosevesikeln

1.004　　　　　　　　6　　　　　　　　Fragentyp A 1

Welche Aussage trifft zu? Die Enzyme der intracellulären
Verdauung sind primär enthalten in

A. Ribosomen

B. Lysosomen

C. Centrosomen

D. Mitochondrien

E. Phagosomen

1.005　　　　　　　　6　　　　　　　　Fragentyp A 1

Welche Aussage trifft zu? Lysosomen sind beteiligt an
der

A. Gluconeogenese

B. Glykolyse

C. Proteinsynthese

D. Hormonfreisetzung aus Schilddrüsenfollikeln

E. Extrusion von Sekretgranula

1.006　　　　　　　　6　　　　　　　　Fragentyp A 1

Welche Aussage trifft zu? Sekundäre Lysosomen

A. führen den Abbau von endogenem und exogenem Material
durch

B. haben eine stets homogene Matrix

C. sind von einer Doppelmembran umgeben

D. werden auch als Zymogengranula bezeichnet

E. entsprechen den Golgi-Vesikeln

1.007   6   Fragentyp A 1

Welche Aussage trifft zu? Die Basalmembran, Membrana basalis,

A. ist identisch mit der Basallamina
B. ist semipermeabel
C. enthält Reticulinfibrillen
D. ist eine Phospholipidmembran
E. ist PAS-negativ

1.008   6   Fragentyp A 1

Welche Aussage trifft zu?

A. DNA kommt nur im Zellkern vor.
B. DNA ist auch in den Centriolen nachweisbar.
C. In der Metaphase enthält die Zelle nur DNA.
D. Im Arbeitskern (Interphasenkern) findet sich nur RNA und keine DNA.
E. RNA und DNA sind auch in den Mitochondrien vorhanden.

1.009   6   Fragentyp A 1

Welche Aussage trifft zu? Als Kinetochor bezeichnet man

A. die Ansatzstelle der Spindelfaser am Chromosom
B. den Bildungsort des Nucleolus im Zellkern
C. das Basalkörperchen der Kinocilie
D. das Zentralkörperchen (Centriol)
E. den Ort der RNA-Synthese im Cytoplasma

1.010   6   Fragentyp A 1

Welche Aussage trifft zu? Für die Synthesephase (S-Phase) des Zellcyclus ist charakteristisch

A. Zellwachstum
B. DNA-Replikation

C. Protein-Biosynthese

D. lichtmikroskopisch nachweisbare Anfärbbarkeit spiralisierter Chromosomen

E. Reduktion der Chromosomenzahl auf die Hälfte

1.011   6   Fragentyp A 1

Welche Aussage trifft zu? Die Mitose führt regelmäßig zur

A. Reduktion des diploiden Chromosomensatzes

B. Paarung homologer Chromosomen und zum Genaustausch

C. Verteilung des Chromosomensatzes auf zwei erbgleiche Tochterkerne

D. Bildung von Riesenchromosomen

E. Verschmelzung zweier erbgleicher haploider Kerne

1.012   6   Fragentyp A 1

Welche Aussage trifft zu? Polyploidie der Zelle entsteht durch

A. Mitose

B. Endomitose

C. Meiose

D. Amitose

E. Pyknose

1.013   6   Fragentyp A 3

Welche Aussage trifft nicht zu? Ribosomen

A. sind elektronenmikroskopisch nachweisbar

B. kommen in allen Zellen vor

C. liegen teilweise frei im Cytoplasma

D. dienen der Proteinbiosynthese

E. entstehen aus Teilen, die im Zellkern gebildet werden

1.014   6   Fragentyp A 3

Welche Aussage trifft <u>nicht</u> zu? Glattes endoplasmatisches Reticulum

A. besteht im wesentlichen aus einem System feiner Röhrchen
B. wird regelmäßig in steroidbildenden Zellen gefunden
C. steht in Leberzellen im Zusammenhang mit dem Lipidstoffwechsel
D. heißt in der Muskelzelle sarkoplasmatisches Reticulum
E. wird von Ribosomen produziert

1.015   6   Fragentyp A 3

Welche Aussage trifft <u>nicht</u> zu? Der Golgi-Apparat

A. besteht aus einem Stapel von 3-10 flachen Zisternen
B. ist die Bildungsstätte des endoplasmatischen Reticulum
C. ist in Drüsenzellen an der Sekretbildung beteiligt
D. ist an der Bildung von Lysosomen beteiligt
E. ist Bestandteil der meisten Zellarten

1.016   6   Fragentyp A 3

Welche Aussage trifft <u>nicht</u> zu? Primäre Lysosomen

A. enthalten lytische Enzyme
B. können Myelinfiguren enthalten
C. können mit autophagischen Vacuolen verschmelzen
D. sind von einer einfachen Membran begrenzt
E. können im Golgi-Apparat entstehen

1.017   6   Fragentyp A 3

Welche Aussage trifft <u>nicht</u> zu? Centriolen

A. spielen bei der Zellteilung eine wichtige Rolle

B. haben den gleichen Aufbau wie Kinetosomen

C. liegen im Zentrum der Zellkerne

D. bestehen aus 9 im Querschnitt kreisförmig angeordneten Gruppen von je 3 Tubuli

E. sind Ansatzstellen für Spindelfasern

1.018   6   Fragentyp A 3

Welche Aussage trifft nicht zu? Kinocilien

A. weisen einen metachronen Flimmerschlag auf

B. sind typisch für das Respirationsepithel

C. lassen elektronenmikroskopisch im Querschnitt ein 9x2+2-Muster aus Tubuli erkennen (9x2+2-Struktur)

D. weisen lichtmikroskopisch Basalkörperchen auf

E. dienen der Reizaufnahme

1.019   6   Fragentyp A 3

Welche Aussage trifft nicht zu? Mikrovilli

A. sind Differenzierungen der Zellmembran

B. kommen an resorbierenden Zellen vor

C. führen zu einer Oberflächenvergrößerung der Zelle

D. können im Lichtmikroskop als Bürsten- oder Stäbchensäume erscheinen

E. sind frei von Enzymen

1.020   6   Fragentyp A 3

Welche Aussage trifft nicht zu? In der Interphase des
Zellcyclus

A. wird die RNA-Produktion unterbrochen

B. sind die Chromosomen maximal entspiralisiert

C. ist in der Regel ein Nucleolus im Zellkern sichtbar

D. ist die Kernhülle ausgebildet

E. wird die Zellteilung durch Verdopplung des DNA-
Bestandes vorbereitet

1.021   6   Fragentyp A 3

Welche Aussage trifft nicht zu? In der Metaphase

A. ist die chromosomale DNA maximal spiralisiert

B. sind die Chromosomen individuell in histologischen
Präparaten zu erkennen

C. ordnen sich die Chromosomen in der Äquatorialebene
der Zelle an

D. wird die Replikation der DNA vorbereitet

E. wird der Spindelapparat sichtbar

1.022   6   Fragentyp A 3

Welche Aussage trifft nicht zu?

A. Das Heterochromatin behält im Arbeitskern (Interphasenkern) die während der Mitose vorhandene kompakte
Ausbildung bei.

B. Während der Meiose kommt es in der Prophase der 1.
Reifeteilung zwischen den Chromatiden der einander
homologen Chromosomen zum crossing-over.

C. In polyploiden Kernen kann das Geschlechtschromatin
(Barr-Körper) mehr als einmal vorhanden sein.

D. Das Geschlechtschromatin (Barr-Körper) ist nur in
den Geschlechtszellen des männlichen Geschlechtes
vorhanden.

E. Ein Barr-Körperchen kann als Folge einer Aberration
bei der Meiose auch in den Körperzellen des Mannes
auftreten.

1.023
1.024
1.025   6   Fragentyp B

Ordnen Sie bitte den in Liste 1 genannten Gebilden den
jeweils zutreffenden Durchmesser (Liste 2) zu.

Liste 1	Liste 2
1.023 Zellkern kleiner Lymphocyten	A. 5 nm
1.024 Mitochondrien	B. 50 nm
1.025 menschliche Erythrocyten	C. 0,5 μm
	D. 5 μm
	E. 7,5 μm

1.026
1.027
1.028   6   Fragentyp B

Ordnen Sie bitte den in Liste 1 aufgeführten "Kerneigen-
tümlichkeiten" die dadurch charakterisierte Zellart
(Liste 2) zu.

Liste 1	Liste 2
1.026 Kernlosigkeit	A. Plasmazelle
1.027 segmentierter Kern	B. Erythrocyt
1.028 "Radspeichenkern"	C. glatte Muskelzelle
	D. Leberzelle
	E. neutrophiler Granulocyt

1.029
1.030   6   Fragentyp B

Ordnen Sie bitte den in Liste 1 aufgeführten Strukturen
die jeweils zutreffende Erklärung (Liste 2) zu.

Liste 1   Liste 2

1.029 Chromatiden   A. Spalthälften von Chromosomen

1.030 Chromatin   B. Granula in chromaffinen Zellen

                       C. Verdichtungen der Chromosomen
                          in der Prophase

                       D. Nissl-Substanz in den Nerven-
                          zellen

                       E. mit basischen Farbstoffen gut
                          färbbares Kernmaterial

1.031
1.032
1.033   6   Fragentyp B

Ordnen Sie bitte den in Liste 1 aufgeführten Stadien die
jeweils zutreffenden Erläuterungen (Liste 2) zu.

Liste 1   Liste 2

1.031 Anaphase   A. Durchschnürung des Zelleibes

1.032 Interphase   B. Knäuel relativ langer dünner
                          Chromosomen
1.033 Prophase

                       C. kürzeste Teilungsphase

                       D. Entstehung von Spindelfasern

                       E. Periode der DNA-Synthese

1.034
1.035   6   Fragentyp B

Ordnen Sie bitte den in Liste 1 aufgeführten Vorgängen
das jeweils zutreffende Ergebnis dieser Vorgänge
(Liste 2) zu.

Liste 1   Liste 2

1.034 Endomitose   A. einkernige polyploide Zelle

1.035 Meiose   B. Zelle mit pyknotischem Kern

                         C. zwei nicht notwendigerweise
                            erbgleiche Zellen

                         D. vier haploide Tochterzellen mit
                            verschiedenen Genomen

                         E. zwei erbgleiche, in der Regel
                            diploide Tochterzellen

1.036
1.037
1.038   6   Fragentyp B

Ordnen Sie bitte den in Liste 1 aufgeführten Begriffen
die jeweils zutreffende Erklärung (Liste 2) zu.

Liste 1   Liste 2

1.036 Karyolyse   A. Zerfall des Kerns in Chroma-
                            tinbrocken
1.037 Karyosomen
                         B. Heterochromatinkörperchen im
1.038 Karyorrhexis   Arbeitskern (Interphasenkern)

                         C. mitotische Kernteilung

                         D. Verklumpung des Chromatins
                            zu einem stark basophilen
                            kompakten Gebilde

                         E. Kernschwund durch Auflösung

1.039
1.040   6   Fragentyp B

Ordnen Sie bitte den in Liste 1 aufgeführten Begriffen
die jeweils zutreffende Struktur (Liste 2) zu.

Liste 1   Liste 2

1.039 Hyaloplasma   A. mit Ribosomen besetzte cyto-
1.040 Ergastoplasma   plasmatische Membransysteme

                             B. Grundsubstanz des hyalinen
                               Knorpels

                             C. lichtmikroskopisch unstruk-
                             turiertes Cytoplasma

                             D. Pigmentgranula

                             E. Chromatingerüst im Arbeits-
                             kern

1.041
1.042
1.043   6   Fragentyp B

Ordnen Sie bitte den in Liste 1 genannten Strukturen die
jeweils zutreffende Erklärung (Liste 2) zu.

Liste 1   Liste 2

1.041 Phagosom   A. in die Zelle aufgenommenes, von
                             einer Membran umschlossenes Par-
1.042 Ribosom   tikel

1.043 Lysosom   B. im Golgi-Apparat entstandenes,
                             von einer Membran umschlossenes
                             Sekretgranulum

                             C. elektronendichtes, von einer
                             Membran umgebenes Granulum, das
                             durch seinen Gehalt an hydroly-
                             tischen Enzymen charakterisiert
                             ist

                             D. während der Mitose von der Cen-
                             trosphäre umgebenes Körperchen

                             E. aus Ribonucleinsäure und Pro-
                             tein aufgebautes Granulum des
                             Hyaloplasmas

1.044
1.045
1.046   6   Fragentyp B

Ordnen Sie bitte den in Liste 1 genannten Vorgängen die
jeweils zutreffende Erklärung (Liste 2) zu.

Liste 1   Liste 2

1.044 Phagocytose   A. Aufnahme gelöster Stoffe
                            in die Zelle mit Hilfe
1.045 Mikropinocytose   kleiner Vesikel, die sich
1.046 Exocytose   in die Zelle einstülpen
                            und dann ablösen

                         B. Durchschleusung von Stof-
                            fen durch Epithelzellen

                         C. Ausschleusung von Stoffen
                            aus der Zelle

                         D. Stapelung von Drüsensekret
                            in granulärer Form

                         E. Aufnahme von Partikeln in
                            die Zelle durch Umfließen
                            mit nachfolgender Abschnü-
                            rung des entstehenden Mem-
                            branbläschens ins Zellinne-
                            re

1.047   6   Fragentyp C

Zelloberflächen werden von der die Zellmembran außen be-
deckenden Glykocalyx kaum je ganz entblößt,

weil

die Zellen die Glykocalyx im Golgi-Apparat ständig neu
bilden und in Vesikeln zur Zelloberfläche befördern.

1.048   6   Fragentyp C

Bei einem Defekt der Lysosomenmembran fällt die Zelle
der Autolyse anheim,

weil

bei einem Defekt der Lysosomenmembran die hydrolytischen
Enzyme die Zellstrukturen unkontrolliert andauen können.

1.049   6   Fragentyp D

Welche Aussagen treffen zu?

1) Mitochondrien sind in Zellen mit hohem Energiebedarf oft sehr zahlreich.

2) Die Mitochondrien werden von zwei Cytomembranen begrenzt, deren innere Membran Träger von Enzymen der biologischen Oxidation ist.

3) Die Außenmembran der Mitochondrien steht häufig mit dem Membransystem des Ergastoplasmas in Verbindung.

4) Mitochondrien besitzen ein eigenes DNA-RNA-System und sind zur Teilung befähigt.

Wählen Sie bitte die zutreffende Aussagenkombination.

A. Nur 1 ist richtig

B. Nur 2 und 3 sind richtig

C. Nur 1, 2 und 4 sind richtig

D. Nur 2, 3 und 4 sind richtig

E. Alle Aussagen sind richtig

1.050   6   Fragentyp D

Welche Aussagen treffen zu?

1) Elektronenmikroskopisch unterscheidet man bei der Kernhülle eine Innenmembran und eine Außenmembran mit einem dazwischenliegenden perinucleären Raum.

2) Im Bereich der Kernporen kommuniziert der Kerninnenraum mit den Spalträumen des granulären endoplasmatischen Reticulum.

3) Durch die Kernporen verlassen die Bestandteile der Ribosomen den Kern.

4) Das Perikaryon grenzt das Karyoplasma vom umgebenden Cytoplasma ab.

Wählen Sie bitte die zutreffende Aussagenkombination.

A. Nur 1 ist richtig

B. Nur 1 und 3 sind richtig

C. Nur 2 und 4 sind richtig

D. Nur 1, 3 und 4 sind richtig

E. Alle Aussagen sind richtig

1.051   6   Fragentyp D

Welche Aussagen treffen zu?

1) Die Größe des Zellkerns hängt ab von der Größe des
   Individuums.

2) Die Größe des Zellkerns und des Zelleibes lassen
   eine "Kern-Plasma-Relation" erkennen.

3) Die Größe des Zellkerns kann sich mit dem Funktions-
   zustand der Zelle ändern.

4) Die Größe des Nucleolus steht in funktioneller Beziehung zur Eiweißsynthese der Zelle.

Wählen Sie bitte die zutreffende Aussagenkombination.

A. Nur 1 ist richtig

B. Nur 2 und 3 sind richtig

C. Nur 2 und 4 sind richtig

D. Nur 2, 3 und 4 sind richtig

E. Alle Aussagen sind richtig

1.052   6   Fragentyp D

Welche Aussagen treffen zu?

1) Der Tod des Gesamtorganismus hat den sofortigen Tod
   sämtlicher Zellen zur Folge.

2) Eine Gewebsnekrose hat immer auch den Tod des Gesamtorganismus zur Folge.

3) Nekrobiose ist der plötzliche Stillstand sämtlicher
   Lebenserscheinungen von Zellen.

4) Während der Organogenese kommt es regelmäßig zum Un-
   tergang einzelner Zellen (physiologischer Zelltod).

Wählen Sie bitte die zutreffende Aussagenkombination.

A. Nur 1 ist richtig

B. Nur 4 ist richtig

C. Nur 2 und 3 sind richtig

D. Nur 1, 2 und 4 sind richtig

E. Alle Aussagen sind richtig

2. Histologie

a) Gewebe

2.001　　　　　　8.1　　　　　　　　Fragentyp A 3

Welche Aussage trifft <u>nicht</u> zu?

A. Gewebe sind von einer Basalmembran umschlossene An-
   sammlungen von Zellen.

B. Ein Syncytium ist ein mehrkerniger Cytoplasmakomplex,
   der durch Verschmelzen vormals getrennter Zellen entstanden ist.

C. Ein Plasmodium ist ein vielkerniger Cytoplasmakomplex,
   dessen Kerne sich geteilt haben, ohne daß eine Teilung des Cytoplasmas erfolgt ist.

D. Parenchym ist der Gewebsanteil eines Organs, an den
   die spezifische Organfunktion gebunden ist.

E. Unter Stroma wird das Bindegewebsgerüst eines Organs
   verstanden.

2.002　　　　　　8.1　　　　　　　　Fragentyp A 3

Welche Aussage trifft <u>nicht</u> zu? Haftkomplexe (junctional
complexes)

A. erscheinen im lichtmikroskopischen Präparat als
   Schlußleisten

B. bestehen aus aufeinanderfolgenden tight junctions
   und Desmosomen

C. kommen vor allem zwischen hochprismatischen Epithelzellen vor

D. hemmen einen Transport durch den Intercellularraum

E. sind Orte eines Substanzaustausches zwischen benachbarten Zellen

2.003
2.004   8.1   Fragentyp B

Ordnen Sie bitte den in Liste 1 aufgeführten Begriffen
die jeweils zutreffende Erklärung (Liste 2) zu.

Liste 1   Liste 2

2.003 Aplasie (=Agenesie)   A. Abnahme der Größe eines
                                Organs
2.004 Atrophie
                             B. regressive Veränderung
                                der Zellstruktur

                             C. Unterentwicklung eines
                                Organs

                             D. kongenitales Fehlen
                                eines Organs

                             E. Umwandlung eines defi-
                                nierten Gewebes in ein
                                anderes definiertes Ge-
                                webe

2.005
2.006
2.007   8.1   Fragentyp B

Ordnen Sie bitte den in Liste 1 aufgeführten Begriffen
die jeweils zutreffende Erklärung (Liste 2) zu.

Liste 1   Liste 2

2.005 Differenzierung   A. Auftreten von spezifischen
                                strukturellen und histo-
2.006 Hyperplasie   chemischen Eigenschaften
                                während der Histogenese
2.007 Hypertrophie
                             B. Größenzunahme eines Organs
                                auf Grund von Zellvermeh-
                                rung

                             C. Größenzunahme eines Organs
                                auf Grund von Zellvergrö-
                                ßerung

                             D. Auftreten eines Gewebes
                                an atypischer Stelle

                             E. Ersatz verlorengegangenen
                                Gewebes

2.008
2.009
2.010   8.1   Fragentyp B

Ordnen Sie bitte den in Liste 1 aufgeführten Begriffen
die jeweils zutreffende Erklärung (Liste 2) zu.

Liste 1   Liste 2

2.008 Involution   A. Rückbildung eines Organs

2.009 Proliferation   B. Vergrößerung durch Kernver-
                          mehrung oder Zellteilung
2.010 Wachstum
                       C. Zellvermehrung

                       D. Ausbildung neuer gewebsspe-
                          zifischer Eigenschaften

                       E. Vergrößerung durch Zellver-
                          größerung, Zellvermehrung
                          oder Vermehrung der Inter-
                          cellularsubstanz durch Zell-
                          leistung

2.011
2.012
2.013   8.1   Fragentyp B

Ordnen Sie bitte den in Liste 1 aufgeführten Begriffen
die jeweils zutreffende Erklärung (Liste 2) zu.

Liste 1   Liste 2

2.011 Regeneration   A. unvollständige Ausbildung
                          eines Organs während der Ent-
2.012 Hypoplasie   wicklung

2.013 Metaplasie   B. Umwandlung eines definierten
                          Gewebes in ein anderes defi-
                          niertes Gewebe

                       C. Ersatz verlorengegangenen Ge-
                          webes durch gleichartig diffe-
                          renziertes Gewebe

                       D. funktionell unzureichender
                          Ersatz verlorengegangenen Ge-
                          webes durch Narbenbildung

                       E. Zellvermehrung durch funktio-
                          nelle Mehrbelastung

2.014   8.1   Fragentyp C

Zwischen Zellen, die durch Desmosomen aneinanderhaften,
ist der Intercellularspalt undurchgängig,

weil

im Bereich von Desmosomen die benachbarten Zellen durch
feine Kanälchen kommunizieren.

2.015   8.1   Fragentyp D

Welche Aussagen treffen zu?

1) Ein Nexus (gap junction) ist eine Zellhaftung, in deren Bereich Zellen durch feine Kanälchen kommunizieren.

2) Im Bereich einer tight junction verschmelzen die äußeren Schichten gegenüberliegender Zellmembranen miteinander.

3) Im Bereich eines Desmosoms ist die Intercellularsubstanz verdichtet.

4) Hemidesmosomen treten an Zellmembranen auf, die einer
   Basallamina gegenüberliegen.

Wählen Sie bitte die zutreffende Aussagenkombination.

A. Nur 1 ist richtig

B. Nur 1 und 2 sind richtig

C. Nur 2 und 3 sind richtig

D. Nur 1, 2 und 3 sind richtig

E. Alle Aussagen sind richtig

b) Epithelgewebe

2.016   8.2   Fragentyp A 1

Welche Aussage trifft zu? Epithelien

A. sind Zellverbände ohne Intercellularräume

B. bestehen aus Zellen, die durch Maculae oder Zonulae adhaerentes oder occludentes verbunden sind

C. sind in vielschichtiger Ausbildung capillarisiert

D. kommen nur an inneren oder äußeren Körperoberflächen vor

E. verhindern den Durchtritt von Abwehrzellen (z.B. Lymphocyten) zur Körperoberfläche

---

2.017   8.2   Fragentyp A 1

Welche Aussage trifft zu? Als Basalmembran wird bezeichnet

A. das basale Plasmalemm von Epithelzellen

B. die an der Basis von Epithelzellen gelegene Glykocalyx

C. eine Basallamina mit reticulärem Faserfilz

D. die Dura mater an der Hirnbasis

2.018   8.2   Fragentyp A 1

Welche Aussage trifft zu? Die Crusta des Übergangsepithels

A. ist ein Sekretionsprodukt der Epithelzellen

B. ist eine Cytoplasmadifferenzierung der Epithelzellen

C. ist eine Ausfällung des Harns

D. besteht aus Lipiden

E. grenzt die basale Zellschicht gegen das Bindegewebe ab

2.019   8.2   Fragentyp A 1

Welche Aussage trifft zu? Tonofilamente

A. strahlen in Desmosomen ein

B. überbrücken in der Epidermis die Intercellularspalten

C. dienen der elektrischen Kopplung benachbarter Epithelzellen

D. werden intercellulär gebildet

E. sind Vorläufer der Keratohyalingranula

2.020   8.2   Fragentyp A 3

Welche Aussage trifft nicht zu? Epithelgewebe ist, je
nach Differenzierung, fähig zur

A. Hormonbildung

B. Bildung intercellulärer Fasern

C. Bildung exokriner Sekrete

D. Reparation

E. Metaplasie

2.021   8.2   Fragentyp A 3

Welche Aussage trifft nicht zu? Im mehrschichtigen un-
verhornten Plattenepithel

A. erfolgen die Zellteilungen im Stratum basale

B. wandern die neugebildeten Zellen an die Oberfläche

C. gehen die Zellen im Stratum superficiale zugrunde

D. werden im Stratum granulosum Keratohyalingranula gebildet

E. werden Desmosomen auf- und abgebaut

2.022   8.2   Fragentyp A 3

Welche Aussage trifft nicht zu? Endothelzellen kleiden
aus

A. Sinus durae matris

B. Blutcapillaren

C. Lebersinusoide

D. Gallencapillaren

E. Lymphcapillaren

2.023
2.024   8.2   Fragentyp B

Ordnen Sie bitte den in der Liste 1 genannten Epithel-
formationen das jeweils zutreffende Organ bzw. den Or-
ganteil (Liste 2) zu.

     Liste 1   Liste 2

2.023 einschichtiges   A. Trachea
      Plattenepithel
                            B. Cutis
2.024 Übergangsepithel
                            C. Ductus epididymidis

                            D. Lungenalveole

                            E. Ureter

2.025
2.026   8.2   Fragentyp B

Ordnen Sie bitte den in der Liste 1 genannten Epithel-
formationen das jeweils zutreffende Organ bzw. den Or-
ganteil (Liste 2) zu.

     Liste 1   Liste 2

2.025 einschichtiges iso-   A. Oesophagus
      prismatisches Epithel
                            B. Linsenepithel
2.026 einschichtiges hoch-
      prismatisches Epithel C. Trachea

                            D. Ileum

                            E. Peritoneum

2.027
2.028   8.2   Fragentyp B

Ordnen Sie bitte den in der Liste 1 genannten Epithel-
formationen das jeweils zutreffende Organ bzw. den Or-
ganteil (Liste 2) zu.

        Liste 1   Liste 2

2.027 mehrschichtiges unver-   A. Vagina
      hortes Plattenepithel
                                B. Ductus lactiferus
2.028 mehrschichtiges unver-
      horntes hochprismati-   C. Eileiter
      sches Plattenepithel
                                D. Plexus choroideus

                                E. Fornix conjunctivae

2.029
2.030   8.2   Fragentyp B

Ordnen Sie bitte den in der Liste 1 genannten Epithel-
formationen das jeweils zutreffende Organ bzw. den Or-
ganteil (Liste 2) zu.

        Liste 1   Liste 2

2.029 mehrschichtiges ver-   A. Mundhöhle
      horntes Plattenepithel
                                B. Uterus
2.030 zweireihiges Epithel
                                C. Epidermis

                                D. Ductus parotideus

                                E. Harnblase

2.031
2.032   8.2   Fragentyp B

Ordnen Sie bitte den in Liste 1 genannten Leistungen des
Epithelgewebes das jeweils zutreffende Charakteristikum
(Liste 2) zu.

        Liste 1   Liste 2

2.031 Sekretion   A. Pinocytosebläschen

2.032 Resorption   B. Microtubuli

                             C. Glykocalyx

                             D. Zymogengranula

                             E. Basalkörnchen

2.033   8.2   Fragentyp C

Mehrschichtige Epithelien (z.B. das Vaginalepithel) können hormonell beeinflußt werden,

weil

mehrschichtige Epithelien vascularisiert sind.

2.034   8.2   Fragentyp C

Das genetische weibliche Geschlecht kann auch an abge-
schabten Mundhöhlenepithelien nachgewiesen werden,

weil

auch abgeschabte Mundhöhlenepithelien Sex-Chromatin zeigen.

2.035   8.2   Fragentyp D

Welche Aussagen treffen zu?

1) Beim mehrreihigen Epithel erreichen alle Zellen die
   freie Oberfläche, aber nicht alle die Basalmembran.

2) Ein mehrschichtiges Epithel wird nach der Form seiner
   obersten Zellen benannt.

3) Übergangsepithel ist mehrreihig.

4) Mehrschichtiges verhorntes hochprismatisches Epithel gibt es nicht.

Wählen Sie bitte die zutreffende Aussagenkombination.

A. Nur 1 ist richtig

B. Nur 1 und 2 sind richtig

C. Nur 2 und 3 sind richtig

D. Nur 2, 3 und 4 sind richtig

E. Alle Aussagen sind richtig

2.036   8.2   Fragentyp D

Welche Aussagen treffen zu?

1) Die Biosynthese der Proteinanteile von Sekreten erfolgt an Ribosomen

2) Der Transport dieser Proteinanteile vom endoplasmatischen Reticulum zum Golgi-Apparat erfolgt durch Vesikel.

3) Im Golgi-Apparat werden die Proteine u.a. gestapelt.

4) Die Abgabe von eiweißreichem Sekret erfolgt in der Regel durch Exocytose.

Wählen Sie bitte die zutreffende Aussagenkombination.

A. Nur 1 ist richtig

B. Nur 1 und 2 sind richtig

C. Nur 2 und 3 sind richtig

D. Nur 1, 2 und 3 sind richtig

E. Alle Aussagen sind richtig

c) Bindegewebe

2.037   8.3   Fragentyp A 1

Welche Aussage trifft zu? Fibrocyten

A. sind elektronenmikroskopisch an intracellulären Kollagenfibrillen zu erkennen

B. zeichnen sich durch reich entwickeltes rauhes (granuliertes) endoplasmatisches Reticulum aus

C. gehören zu den freien Bindegewebszellen

D. haben in der Regel einen kugeligen Zelleib

E. bilden Syncytien

2.038   8.3   Fragentyp A 1

Welche Aussage trifft zu? Mesothel

A. ist hochprismatisch

B. stammt aus dem Mesoderm

C. dichtet die Oberfläche seröser Häute zuverlässig gegen jeden Flüssigkeitsdurchtritt ab

D. weist Stereocilien auf

E. sitzt einer Basalmembran auf

2.039   8.3   Fragentyp A 1

Welche Aussage trifft zu?

A. Uni- und plurivacuoläres Fettgewebe sind am Paraffinschnitt nach Herauslösen des Fettes nicht mehr unterscheidbar.

B. Plurivacuoläre Fettzellen sind mehrkernig.

C. Univacuoläre Fettzellen sind einkernig.

D. Braunes Fettgewebe ist univacuolär.

E. Weißes Fettgewebe ist plurivacuolär.

2.040 8.3 Fragentyp A 1

Welche Aussage trifft zu? Histiocyten

A. kommen im strömenden Blut vor
B. zeigen ausgeprägte Phagocytoseaktivität
C. bilden Histamin
D. leiten sich von den Monocyten ab
E. sind wegen ihres Ergastoplasmas stark basophil

2.041 8.3 Fragentyp A 1

Welche Aussage trifft zu? Kollagenfibrillen

A. weisen eine im Lichtmikroskop erkennbare Querstreifung auf
B. sind im ungefärbten Präparat deutlich doppelbrechend
C. bilden Netze
D. sind resistent gegen Kochen
E. sind resistent gegen Säuren und Pepsin

2.042 8.3 Fragentyp A 1

Welche Aussage trifft zu? Elastische Fasern

A. treten in Form von Netzen auf
B. zeigen im ungedehnten Zustand starke Doppelbrechung
C. sind aus Tonofibrillen zusammengesetzt
D. kommen in elastischem Knorpel maskiert vor
E. sind mit der Azanfärbung selektiv anzufärben

2.043   8.3   Fragentyp A 1

Welche Aussage trifft zu? T-Lymphocyten

A. sind für zellgebundene Immunitätsreaktionen verant-
   wortlich
B. werden in den Tonsillen "geprägt"
C. kommen in Lymphknoten praktisch nicht vor
D. sind "Endzellen", ohne weitere Differenzierungsmög-
   lichkeit
E. haben durchschnittlich eine sehr kurze Lebensdauer

2.044   8.3   Fragentyp A 3

Welche Aussage trifft nicht zu? Bindegewebe sind

A. hinsichtlich ihrer Faseranteile vielgestaltig
B. durch ihre Intercellularsubstanzen charakterisiert
C. zur Regeneration befähigt
D. in allen Organen anzutreffen
E. in der Zusammensetzung ihrer Grundsubstanzen einheit-
   lich

2.045   8.3   Fragentyp A 3

Welche Aussage trifft nicht zu?

A. Der Intercellularraum von Bindegewebe enthält als
   Grundsubstanzen Mucosubstanzen und intercelluläre
   Flüssigkeit.
B. Bindegewebsgrundsubstanzen regulieren den Gewebstur-
   gor durch Wasserbindung.
C. Bindegewebsgrundsubstanzen beeinflussen den Stoff-
   austausch zwischen Blut und Zellen.
D. Bindegewebsgrundsubstanzen werden zeitlebens erneu-
   ert.
E. Überalterte Bindegewebsgrundsubstanzen werden zu
   Knorpel.

| 2.046 | 8.3 | Fragentyp A 3 |

Welche Aussage trifft nicht zu?

A. Mesenchym ist die Quelle nahezu allen Stützgewebes.

B. Ursegmente sind die Quelle allen Mesenchyms.

C. Die Mesenchymzellen bilden ein dreidimensionales Maschenwerk, ihre Fortsätze sind durch Desmosomen miteinander verbunden.

D. Die Mesenchymzellen sind teilungsaktiv und neigen zur Form- und Ortsveränderung.

E. Aus Mesenchymzellen gehen fixe Bindegewebszellen (Fibroblasten) hervor.

| 2.047 | 8.3 | Fragentyp A 3 |

Welche Aussage trifft nicht zu? Fibroblasten

A. bilden Tropokollagen

B. produzieren amorphe Intercellularsubstanz

C. vermehren sich im wachsenden Bindegewebe

D. sind die Stammzellen des reticulohistiocytären Systems

E. haben geringe Phagocytoseaktivität

| 2.048 | 8.3 | Fragentyp A 3 |

Welche Aussage trifft nicht zu? Zu den freien Bindegewebszellen gehören

A. Mastzellen

B. Plasmazellen

C. Histiocyten

D. Reticulumzellen

E. Monocyten

2.049   8.3   Fragentyp A 3

Welche Aussage trifft nicht zu? Mastzellen

A. sind mit dem basischen Farbstoff Toluidinblau meta-
chromatisch anzufärben

B. sind reich an Histamin

C. sind besonders phagocytoseaktiv

D. zeichnen sich lichtmikroskopisch durch eine deutliche Granulierung aus

E. fehlen im strömenden Blut

2.050   8.3   Fragentyp A 3

Welche Aussage trifft nicht zu? Kollagenfasern

A. sind bis zu 15% ihrer Länge reversibel dehnbar

B. bestehen aus Kollagenfibrillen

C. haben im histologischen Präparat häufig einen haar-
lockenartigen Verlauf

D. färben sich bei der Azan-Färbung blau

E. bilden zugfeste Gitter

2.051   8.3   Fragentyp A 3

Welche Aussage trifft nicht zu? Elastische Fasernetze

A. sind Essigsäure-resistent

B. haben unterschiedliche Kaliber

C. bilden in der Wand herznaher Arterien gefensterte
Membranen

D. sind unzerreißbar

E. sind mit Resorcin-Fuchsin anfärbbar

2.052   8.3   Fragentyp A 3

Welche Aussage trifft nicht zu? Reticulinfasern sind

A. die Fortsätze der Reticulumzellen
B. argyrophil
C. von ihrer Zusammensetzung her dem Kollagen verwandt
D. häufig gitterförmig angeordnet
E. verformbar

2.053   8.3   Fragentyp A 3

Welche Aussage trifft nicht zu? B-Lymphocyten

A. werden im Knochenmark gebildet
B. sind für die humorale Abwehr verantwortlich
C. sind vor allem im zirkulierenden Blut anzutreffen
D. sind in den Lymphknoten überwiegend in den Lymph-
   follikeln angesiedelt
E. sind Vorläufer der Plasmazellen

2.054
2.055   8.3   Fragentyp B

Ordnen Sie bitte den in Liste 1 genannten Fasern jeweils die zutreffende Struktur (Liste 2) zu.

      Liste 1   Liste 2

2.054 Kollagenfasern   A. Sehne
2.055 Reticulinfasern   B. Gliagrenzmembran
                            C. Basalmembran
                            D. Linse
                            E. Membrana tectoria

2.056
2.057   8.3   Fragentyp B

Ordnen Sie bitte den in Liste 1 aufgeführten Bindege-
weben das jeweils zutreffende Gewebe bzw. Organ (Liste 2) zu.

	Liste 1		Liste 2
2.056	straffes geflechtarti- ges Bindegewebe	A.	Sehne
		B.	Ligamenta flava
2.057	straffes parallelfase- riges Bindegewebe	C.	Sklera
		D.	Lymphknoten
		E.	Nabelschnur

2.058
2.059   8.3   Fragentyp B

Ordnen Sie bitte den in Liste 1 aufgeführten Bindegewe-
ben das jeweils zutreffende Organ bzw. die zutreffende
Struktur (Liste 2) zu.

	Liste 1		Liste 2
2.058	reticuläres Bindegewebe	A.	Nierenkapsel
2.059	gallertiges Bindegewebe	B.	Omentum minus
		C.	Nabelschnur
		D.	Lymphknoten
		E.	Dura mater

2.060
2.061   8.3   Fragentyp B

Ordnen Sie bitte den in Liste 1 genannten Zellarten die
jeweils zutreffende Eigenschaft (Liste 2) zu.

Liste 1   Liste 2

2.060 Plasmazellen   A. zeigen ausgepräge Phagocy-
                                    tose
2.061 Lymphocyten
                                 B. produzieren γ-Globuline

                                 C. sind mehrkernig

                                 D. haben einen segmentierten
                                    Zellkern

                                 E. sind zur Diapedese befä-
                                    higt

2.062   8.3   Fragentyp C

Der erwachsene Organismus enthält nur Speicherfett und
kein Baufett,

weil

das Baufett beim Aufbau des Körpers verbraucht wird.

2.063   8.3   Fragentyp C

Histologisch ist eine Elasticafärbung immer an ange-
schnittenen Arterien vom musculären Typ zu erkennen,

weil

Arterien vom musculären Typ eine Elastica interna haben.

2.064   8.3   Fragentyp C

Mikrofibrillen weisen Querstreifung auf,

weil

Mikrofibrillen aus Actinomyosin bestehen.

2.065   8.3   Fragentyp D

Welche Aussagen treffen zu?

1) Fixe Bindegewebszellen (Fibroblasten) bilden Intercellularsubstanzen.

2) Freie Bindegewebszellen sind amöboid beweglich.

3) Freie Bindegewebszellen sind mobilisierte Fibroblasten und können sich wieder in diese rückverwan-
   deln.

4) Die meisten Formen freier Bindegewebszellen kommen
   auch im Blut vor.

Wählen Sie bitte die zutreffende Aussagenkombination.

A. Nur 1 und 2 sind richtig

B. Nur 2 und 3 sind richtig

C. Nur 1, 2 und 3 sind richtig

D. Nur 1, 2 und 4 sind richtig

E. Alle Aussagen sind richtig

2.066   8.3   Fragentyp D

Welche Aussagen treffen zu? Reticulumzellen können

1) Fasern bilden (fibroblastische Reticulumzelle)

2) phagocytieren (histiocytäre Reticulumzelle)

3) als dendritische Reticulumzelle die T-Region lymphatischer Gewebe kennzeichnen

4) als interdigitierende Reticulumzelle die B-Region
   lymphatischer Gewebe bilden

Wählen Sie bitte die zutreffende Aussagenkombination.

A. Nur 1 ist richtig

B. Nur 1 und 2 sind richtig

C. Nur 1, 2 und 3 sind richtig

D. Nur 2, 3 und 4 sind richtig

E. Alle Aussagen sind richtig

2.067   8.3   Fragentyp D

Welche Aussagen treffen zu?

1) Fettgewebe kann aus reticulärem Bindegewebe entstehen.

2) Fettzellen werden von elastischen Fasernetzen umgeben, die die prall-elastische Konsistenz des Fettgewebes bedingen.

3) Fettgewebe ist reich vascularisiert.

4) Im Fettgewebe gehen im Laufe der Zeit die Zellstrukturen zugrunde, so daß die Fetttröpfchen zu größeren Fettkugeln zusammenfließen.

Wählen Sie bitte die zutreffende Aussagenkombination.

A. Nur 1 ist richtig

B. Nur 1 und 2 sind richtig

C. Nur 1 und 3 sind richtig

D. Nur 1, 2 und 3 sind richtig

E. Alle Aussagen sind richtig

2.068   8.3   Fragentyp D

Welche Aussagen treffen zu?

1) Kollagenfaserbündel können Scherengitter bilden.

2) Elastische Fasern bilden Netze.

3) Reticulinfasern sind aus Fibrillen aufgebaut, die denen der Kollagenfasern gleichen.

4) Reticulinfasern lassen sich mit Versilberungsmethoden schwärzen und bilden Gitter.

Wählen Sie bitte die zutreffende Aussagenkombination.

A. Nur 1 und 2 sind richtig

B. Nur 1 und 4 sind richtig

C. Nur 1, 2 und 4 sind richtig

D. Nur 1, 3 und 4 sind richtig

E. Alle Aussagen sind richtig

2.069   8.3   Fragentyp D

Welche Aussagen treffen zu?

1) Neutrophile Granulocyten sind Mikrophagen.
2) Makrophagen können Antigene phagocytieren und "antigene Informationen" bilden.
3) Zum reticulo-endothelialen System gehören Zellen, die
   an ihrer Oberfläche Receptoren für Immunoglobuline haben und begierig phagocytieren.
4) Unspezifisch wird eine Immunität, wenn sie ange-
   boren ist.

Wählen Sie bitte die zutreffende Aussagenkombination.

A. Nur 3 ist richtig
B. Nur 1 und 2 sind richtig
C. Nur 2 und 3 sind richtig
D. Nur 2, 3 und 4 sind richtig
E. Alle Aussagen sind richtig

d) Knorpelgewebe

2.070   8.4   Fragentyp A 1

Welche Aussage trifft zu? Die subperichondrale Zone des
hyalinen Knorpels ist

A. zellfrei
B. kollagenfaserfrei
C. stark basophil
D. stark schmerzempfindlich
E. unscharf gegen das Perichondrium abgegrenzt

2.071   8.4   Fragentyp A 1

Welche Aussage trifft zu? Elastischer Knorpel

A. hat keine Kollagenfasern
B. bildet keine Asbestfasern

C. ist reich vascularisiert

D. verknöchert im Alter

E. besitzt sehr zellreiche Chondrone

2.072   8.4   Fragentyp A 3

Welche Aussage trifft nicht zu? Knorpel

A. besteht in der Regel nur aus organischem Material

B. gliedert sich in eine perichondrale Manschette und in eine enchondrale Markzone

C. enthält Zellen, die in Knorpelhöhlen liegen

D. ist in ausdifferenziertem Zustand gefäßlos

E. wächst zunächst interstitiell, später auch appositionell

2.073   8.4   Fragentyp A 3

Welche Aussage trifft nicht zu? Aus elastischem Knorpel besteht der

A. Knorpel der Epiglottis

B. Trachealknorpel

C. Knorpel kleiner Bronchien

D. Knorpel der Tuba auditiva

E. Processus vocalis des Arytaenoidknorpels

2.074   8.4   Fragentyp D

Welche Aussagen treffen zu?

1) Neugebildeter Knorpel ist zellreich und enthält Blutgefäße.

2) Hyaliner Gelenkknorpel kann während des ganzen Lebens regenerieren.

3) Elastischer Knorpel hat eine gelbe Eigenfarbe, hervorgerufen durch die elastischen Fasernetze.

4) Im hyalinen Knorpel lassen sich die Kollagenfasern
   mit der Azanfärbung darstellen.

Wählen Sie bitte die zutreffende Aussagenkombination.

A. Nur 1 ist richtig

B. Nur 1 und 3 sind richtig

C. Nur 2 und 4 sind richtig

D. Nur 1, 2 und 3 sind richtig

E. Alle Aussagen sind richtig

2.075   8.4   Fragentyp D

Welche Aussagen treffen zu?

1) Gruppen von Knorpelzellen bilden mit der umgebenden
   basophilen, metachromatischen Knorpelkapsel (Zellhof)
   Territorien.

2) Die Interterritorialsubstanz ist wegen ihres geringen
   Gehaltes an Chondroitinsulfat schwächer basophil als
   die Knorpelkapsel.

3) Asbestfaserung entsteht bei Demaskierung kollagener
   Fasern, die im älteren Knorpel auftritt.

4) In ungefärbten Schnitten durch hyalinen Knorpel können die Kollagenfasern polarisationsoptisch nachgewiesen werden.

Wählen Sie bitte die zutreffende Aussagenkombination.

A. Nur 1 ist richtig

B. Nur 2 und 3 sind richtig

C. Nur 2 und 4 sind richtig

D. Nur 1, 2 und 4 sind richtig

E. Alle Aussagen sind richtig

2.076   8.4   Fragentyp D

Welche Aussagen treffen zu?

1) Die Nasenknorpel bestehen aus elastischem Knorpelgewebe.
2) Die Menisci des Kniegelenks enthalten Faserknorpel.
3) Der Ohrknorpel ist hyaliner Knorpel.
4) Faserknorpel findet man in den Zwischenwirbelscheiben.

Wählen Sie bitte die zutreffende Aussagenkombination.

A. Nur 1 ist richtig
B. Nur 1 und 2 sind richtig
C. Nur 2 und 4 sind richtig
D. Nur 1, 3 und 4 sind richtig
E. Alle Aussagen sind richtig

e) Knochengewebe

2.077   8.5   Fragentyp A 1

Welche Aussage trifft zu? Der zentrale Kanal eines
Osteons wird unmittelbar umgeben von

A. Speziallamellen
B. inneren Generallamellen
C. äußeren Generallamellen
D. Schaltlamellen
E. Längslamellen

2.078   8.5   Fragentyp A 1

Welche Aussage trifft zu? Unter enchondraler Ossifikation versteht man

A. den Ersatz der diaphysären Knochenmanschette durch Lamellenknochen

B. den Ersatz von fetalem Knorpel durch Geflechtknochen an der Diaphysen-Epiphysen-Grenze

C. den Ersatz von Faserknorpel durch Geflechtknochen

D. den Ersatz von Faserknorpel durch Lamellenknochen

E. den Ersatz von Geflechtknochen durch Lamellenknochen

2.079   8.5   Fragentyp A 1

Welche Aussage trifft zu? Osteoclasten

A. sind mehrkernige Riesenzellen

B. bauen Knochen auf

C. bauen Knorpel ab

D. produzieren Knochengrundsubstanz

E. sind Vorläuferzellen der Osteocyten

2.080   8.5   Fragentyp A 1

Welche Aussage trifft zu? Unter perichondraler Ossifikation versteht man

A. die Verknöcherung der Epihysenfuge

B. die Einlagerung von Kalk in die Knorpelgrundsubstanz der Eröffnungszone

C. die Verknöcherung von Blasenknorpel im Bereich der Eröffnungszone

D. die Bildung einer Knochenmanschette um den Diaphysenknorpel

E. das Auftreten von Knochenkernen in der Epiphyse

2.081   8.5   Fragentyp A 1

Welche Aussage trifft zu? Unter desmaler Ossifikation
versteht man

A. die Bildung von Knochen aus Knorpel
B. den Umbau der Knochenmanschette zu Lamellenknochen
C. die Bildung von Knochen aus Mesenchym
D. den Abbau von Knorpel und den gleichzeitigen Aufbau
   von Knochen in der Eröffnungszone
E. heterotope Knochenbildung in der Haut

2.082   8.5   Fragentyp A 3

Welche Aussage trifft nicht zu? Das Periost wirkt mit
bei

A. dem Dickenwachstum des Knochens
B. dem Längenwachstum des Knochens
C. der Ernährung des Knochens
D. der Callusbildung
E. der Verankerung breitflächiger Sehnen

2.083   8.5   Fragentyp C

Beim normalen menschlichen Skelet bestehen zwischen den
Skeletteilen regelhafte Größenbeziehungen,

weil

beim normalen menschlichen Skelet die Ossifikationsvor-
gänge gleichzeitig einsetzen.

2.084   8.5   Fragentyp D

Welche Aussagen treffen zu?

1) Bei der desmalen Ossifikation differenzieren sich auf
   der Anbauseite Mesenchymzellen zu Osteoblasten, die
   die Bausteine der kollagenen Fasern und eine Kittsub-
   stanz liefern.

2) Das Dickenwachstum des Knochens wird durch Apposition
   vom Periost her, das Längenwachstum durch Knochenneubildung in den Wachstumsfugen unterhalten.

3) Beim reifen Neugeborenen sind alle Ossifikationspunkte
   ausgebildet.

4) In der Regel ist das Periost bei der Frakturheilung
   an der Knochenneubildung beteiligt.

Wählen Sie bitte die zutreffende Aussagenkombination.

A. Nur 1 ist richtig

B. Nur 2 und 3 sind richtig

C. Nur 1 und 3 sind richtig

D. Nur 1, 2 und 4 sind richtig

E. Alle Aussagen sind richtig

2.085   8.5   Fragentyp D

Welche Aussagen treffen zu?

1) Bei der chondralen Ossifikation wird der Knorpel
   schrittweise abgebaut und durch Knochengewebe ersetzt.

2) In die Eröffnungszone des Knorpels treten Blutgefäße
   ein.

3) Knorpelreste werden von Osteoblasten mit Knochen
   überkleidet.

4) Der Ausbildung von Lamellenknochen geht die Bildung
   von Geflechtknochen voraus.

Wählen Sie bitte die zutreffende Aussagenkombination.

A. Nur 1 und 2 sind richtig

B. Nur 2 und 3 sind richtig

C. Nur 3 und 4 sind richtig

D. Nur 2, 3 und 4 sind richtig

E. Alle Aussagen sind richtig

2.086 8.5 Fragentyp D

Welche Aussagen treffen zu?

1) Die Fähigkeit des menschlichen Organismus zum Knochenumbau hält auch nach Abschluß des Längenwachstums an.

2) Die Osteoblasten bilden während der desmalen Ossifikation ein Osteoid, das später verkalkt.

3) Howshipsche Lacunen sind Stellen, an denen der Knochen durch Osteoclasten abgebaut wurde.

4) Der Knochen wird vom Periost und vom Markraum her ernährt.

Wählen Sie bitte die zutreffende Aussagenkombination.

A. Nur 1 und 2 sind richtig

B. Nur 1 und 4 sind richtig

C. Nur 2 und 3 sind richtig

D. Nur 3 und 4 sind richtig

E. Alle Aussagen sind richtig

44

2.087   8.5   Fragentyp D

Welche Aussagen treffen zu?

1) Die Druckfestigkeit des Knochens beruht hauptsächlich auf seinem Gehalt an Mineralsalzen.

2) Die Mineralsalze sind in Form von Apatitkristallen den kollagenen Fibrillen angelagert.

3) Die hohe Zugfestigkeit des Lamellenknochens beruht hauptsächlich auf seinem Gehalt an Kollagenfasern.

4) Sharpeysche Fasern nennt man die Kollagenfibrillen in den Speziallamellen der Osteone.

Wählen Sie bitte die zutreffende Aussagenkombination.

A. Nur 1 und 2 sind richtig

B. Nur 2 und 3 sind richtig

C. Nur 3 und 4 sind richtig

D. Nur 1, 2 und 3 sind richtig

E. Alle Aussagen sind richtig

f) Muskelgewebe

2.088   8.6   Fragentyp A 1

Welche Aussage trifft zu? Herzmuskelzellen

A. sind unverzweigt

B. sind auch im Alter in hohem Maße teilungsfähig

C. haben ein stark entwickeltes T-System, in das sich der Extracellularraum hinein fortsetzt

D. haben überwiegend Mitochondrien vom tubulären Typ

E. bilden ein Syncytium

2.089   8.6   Fragentyp A 1

Welche Aussage trifft zu? Die Disci intercalares des Herzmuskels sind

A. identisch mit den Zellgrenzen von jeweils zwei aneinanderstoßenden Herzmuskelzellen

B. Artefakte (stellenweise Überfärbung)

C. scheibenförmige Nervenendformationen an Herzmuskelzellen

D. große transversale Tubuli

E. die anisotropen Streifen der Herzmuskelzellen

2.090	8.6	Fragentyp A 3

Welche Aussage trifft nicht zu? Die glatte Muskelzelle
enthält

A. Glykogen (daher PAS-positiv)

B. Actin und Myosin

C. einen zentral gelegenen stäbchenförmigen Zellkern

D. reichlich pinocytotische Bläschen unter der Zellmembran

E. ein längs ausgerichtetes sarkoplasmatisches Reticulum
(longitudinales System)

2.091	8.6	Fragentyp A 3

Welche Aussage trifft nicht zu? Glatte Muskulatur kommt
vor

A. in der Wand der Gallenblase

B. in der Bronchiolenwand

C. in der Wand des Ureters

D. in der Tunica muscularis des Anfangsteils der Speiseröhre

E. in der Prostata

2.092   8.6   Fragentyp A 3

Welche Aussage trifft nicht zu? Skeletmuskelfasern

A. bestehen aus End-zu-End-verbundenen Muskelzellen

B. besitzen Actin- und Myosinfilamente

C. enthalten randständige Zellkerne

D. besitzen sarkoplasmatisches Reticulum (longitudinales System)

E. besitzen schlauchförmige Einstülpungen der Zellmembran (transversales System)

2.093   8.6   Fragentyp A 3

Welche Aussage trifft nicht zu? Als Querstreifen sind lichtmikroskopisch in der Skeletmuskelfaser zu unterscheiden

A. A-Streifen: anisotrop, d.h. im polarisierten Licht stark doppelbrechend, bei Färbung dunkel

B. I-Streifen: isotrop, d.h. im polarisierten Licht schwach doppelbrechend, bei Färbung hell

C. Z-Streifen: dunkle Querlinie zwischen A- und I-Streifen

D. H-Zone (Hensensche Zone): helle Zone in der Mitte des A-Streifens

E. M-Streifen: feiner dunkler Streifen in der Mitte der H-Zone

2.094   8.6   Fragentyp A 3

Welche Aussage trifft nicht zu?

A. Im A-Streifen liegen sowohl Actin- als auch Myosin-Filamente.

B. Der I-Streifen enthält nur Myosin-Filamente.

C. Der H-Streifen enthält nur Myosin-Filamente.

D. Im Z-Streifen sind Actin-Filamente durch Z-Filamente verknüpft.

E. Der M-Streifen enthält nur Myosin-Filamente.

2.095   8.6   Fragentyp A 3

Welche Aussage trifft nicht zu? Herzmuskelzellen haben

A. zentral gelegene Zellkerne

B. Actin- und Myosin-Filamente

C. motorische Endplatten

D. zwischen den Zellen End-zu-End-Verbindungen

E. kleinere Durchmesser als die meisten Skeletmuskelfasern des Menschen

2.096   8.6   Fragentyp A 3

Welche Aussage trifft nicht zu? Die Muskelzellen des
Kammeranteils des Erregungsleitungssystems

A. haben in der Regel einen größeren Durchmesser als die
   Arbeitsmuskelzellen des Herzens

B. sind glykogenreich

C. sind sarkoplasmareich und myofibrillenarm

D. leiten die Erregung schneller als die Arbeitsmuskel-
   fasern des Herzens

E. können sich nicht kontrahieren

2.097
2.098   8.6   Fragentyp B

Ordnen Sie bitte den in Liste 1 aufgeführten Strukturen
die jeweils zutreffende Erklärung (Liste 2) zu.

        Liste 1   Liste 2

2.097 Sarkomer   A. Myofibrillenabschnitt zwi-
                             schen zwei aufeinanderfol-
2.098 Myofilament   genden Z-Streifen

                          B. Proteinfaden aus Actin oder
                             Myosin

                          C. Myofibrillenabschnitt in
                             der Mitte eines Sarkomers

                          D. Myofibrillenabschnitt mit
                             Actin, aber ohne Myosin

                          E. Synonym für Muskelmito-
                             chondrien

2.099
2.100
2.101   8.6   Fragentyp B

Ordnen Sie bitte den in Liste 1 genannten Muskelarten
die jeweils zutreffenden Eigenschaften (Liste 2) zu.

Liste 1	Liste 2
2.099 Herzmuskelzellen	A. zahlreiche Zellkerne
2.100 Skeletmuskelfasern	B. kein Actin
2.101 glatte Muskelzellen	C. Glanzstreifen (Disci intercalares)
	D. Myofibrillen fehlen
	E. spindelförmige Zellen

2.102   8.6   Fragentyp C

Die Kontraktionen der glatten Muskulatur können im allgemeinen nicht willkürlich ausgelöst werden,

weil

nicht jede glatte Muskelzelle innerviert wird.

2.103   8.6   Fragentyp C

Bei isotonischer Kontraktion des Skeletmuskels verkür-
zen sich die A-Abschnitte,

weil

bei isotonischer Kontraktion die Actinfilamente tiefer
zwischen die Myosinfilamente gleiten.

2.104   8.6   Fragentyp D

Welche Aussagen treffen zu?

1) Die glatten Muskelzellen hypertrophieren im graviden Uterus unter hormonellem Einfluß.

2) Glatte Muskelzellen enthalten Actomyosinfilamente, die im Polarisationsmikroskop anisotrop erscheinen.

3) Glatte Muskelzellen werden von einer Gitterfaserhülle umschlossen.

4) Die Mm. arrectores pilorum haben elastische Sehnen.

Wählen Sie bitte die zutreffende Aussagenkombination.

A. Nur 1 ist richtig

B. Nur 2 ist richtig

C. Nur 1 und 3 sind richtig

D. Nur 2 und 3 sind richtig

E. Alle Aussagen sind richtig

2.105   8.6   Fragentyp D

Welche Aussagen treffen zu?

1) Glatte Muskelfasern zeichnen sich durch langsame Kontraktion aus.

2) Beim Menschen besteht gewöhnlich jeder Muskel aus jeweils einem Muskelfasertyp.

3) Skeletmuskelfasern vom Typ 1 sind mitochondrien- und sarkoplasmareich.

4) Skeletmuskelfasern vom Typ 2 kontrahieren sich schnell.

Wählen Sie bitte die zutreffende Aussagenkombination.

A. Nur 1 ist richtig

B. Nur 2 und 3 sind richtig

C. Nur 3 und 4 sind richtig

D. Nur 1, 3 und 4 sind richtig

E. Alle Aussagen sind richtig

2.106   8.6   Fragentyp D

Welche Aussagen treffen zu?

1) Das Sarkolemm der Skeletmuskelfasern enthält Reticulinfibrillen.

2) Bei der Arbeitshypertrophie des Skeletmuskels vermehrt sich die Zahl der Muskelfasern.

3) Am Übergang einer Skeletmuskelfaser in eine Sehne gehen Myofibrillen kontinuierlich in Sehnenfibrillen
   über.

4) Jede Skeletmuskelfaser wird durch eine Muskelspindel
   innerviert.

Wählen Sie bitte die zutreffende Aussagenkombination.

A. Nur 1 ist richtig

B. Nur 2 und 3 sind richtig

C. Nur 3 und 4 sind richtig

D. Nur 2, 3 und 4 sind richtig

E. Alle Aussagen sind richtig

2.107   8.6   Fragentyp D

Welche Aussagen treffen zu?

1) Als Primärbündel des Skeletmuskels bezeichnet man
   eine Gruppe von Muskelfasern, deren Sehnenfasern
   sich zu einem gemeinsamen Sehnenfaserbündel vereinigen.

2) Das Endomysium besteht aus lockerem Bindegewebe, in
   dem Blutcapillaren liegen.

3) Das Perimysium internum umhüllt die Primärbündel des
   Skeletmuskels und gestattet die Verschiebung der Primärbündel gegeneinander.

4) Die Bindegewebsfasern der Perimysien haben Scheren-
   gitteranordnung, so daß sie die Verdickung der sich
   kontrahierenden Muskelfasern nicht hemmen.

Wählen Sie bitte die zutreffende Aussagenkombination.

A. Nur 1 ist richtig

B. Nur 2 ist richtig

C. Nur 2 und 3 sind richtig

D. Nur 2, 3 und 4 sind richtig

E. Alle Aussagen sind richtig

g) Nervengewebe

2.108	8.7	Fragentyp A 1

Welche Aussage trifft zu? Als Neuron bezeichnet man

A. eine Nervenzelle (Perikaryon mit Fortsätzen) in ihrem
   funktionellen Verband
B. die Gesamtheit aller Nervenzellen eines Nerven
C. ein Bündel von Nervenfasern mit gleichem Verlauf
D. eine Kette aufeinanderfolgender Nervenzellen.
E. Keine der Aussagen trifft zu

2.109	8.7	Fragentyp A 1

Welche Aussage trifft zu? Nervenzellperikaryen

A. kommen nur im Zentralnervensystem vor
B. sind im Ursprungskegel frei von Nissl-Substanz
C. produzieren die Synapsenbläschen
D. bilden in der Regel mehrere Neuriten aus
E. sind auch beim Menschen durch gap junctions miteinan-
   der verbunden

2.110	8.7	Fragentyp A 1

Welche Aussage trifft zu? Unter dem Ausdruck "Perikaryon"
versteht man

A. eine Form von Gliazellen
B. die Schwannsche Scheide
C. den Zelleib (Soma) einer Nervenzelle
D. das in Kernnähe gelegene Golgi-Feld
E. die Kernmembran

2.111   8.7   Fragentyp A 1

Welche Aussage trifft zu? Die Nervenzellen des Nucleus supraopticus zeichnen sich aus durch

A. Phagocytosebereitschaft

B. Kontraktionsvermögen

C. Antikörperbildung

D. Sekretbildung

E. Myelinbildung

2.112   8.7   Fragentyp A 1

Welche Aussage trifft zu? Die Achsenzylinder im peripheren Nerven werden unmittelbar umgeben von

A. Oligodendrogliazellen

B. Schwannschen Zellen

C. Mikrogliazellen (Hortega-Glia)

D. Bindegewebszellen

E. Astrocyten

2.113   8.7   Fragentyp A 1

Welche Aussage trifft zu? Die elektive Darstellung der Myelinscheide gelingt durch

A. Nissl-Färbung mit Thionin

B. H.E.-Färbung

C. van Gieson-Färbung

D. PAS-Reaktion

E. Sudan-Schwarz B

2.114   8.7   Fragentyp A 1

Welche Aussage trifft zu? Ein Neurit erreicht beim Menschen maximal eine Länge von etwa

A. 10 m

B. 1 m

C. 10 cm

D. 100 μm

E. 10 μm

2.115   8.7   Fragentyp A 3

Welche Aussage trifft nicht zu? Nervenzellen

A. besitzen große Kerne mit deutlichem Nucleolus

B. besitzen basophile Ergastoplasmaschollen (Nissl-
Schollen)

C. haben einen deutlichen Golgi-Apparat

D. enthalten mit Versilberungsmethoden darstellbare Neurofibrillen

E. bleiben bis ins hohe Alter teilungsfähig

2.116   8.7   Fragentyp A 3

Welche Aussage trifft nicht zu? Nervenzellen unterscheiden sich von Gliazellen dadurch, daß sie

A. stark basophiles Cytoplasma besitzen

B. durch innigen Kontakt zur Capillarwand ihren großen
O_2-Bedarf decken

C. Synapsen ausbilden

D. Transmittersubstanzen erzeugen

E. sich nach der Geburt gewöhnlich nicht mehr teilen

2.117   8.7   Fragentyp A 3

Welche Aussage trifft <u>nicht</u> zu? Jede periphere markhalti-
ge Nervenfaser besitzt

A. Ranviersche Schnürringe

B. Schmidt-Lantermansche Einkerbungen

C. Varikositäten

D. eine perineurale Bindegewebsscheide

E. eine Axonscheide (Schwannsche Scheide)

2.118   8.7   Fragentyp A 3

Welche Aussage trifft <u>nicht</u> zu? Eine marklose Nervenfaser besitzt

A. Schmidt-Lantermansche Einkerbungen

B. Schwannsche Zellen

C. Mikrotubuli

D. Mitochondrien

E. eine relativ langsame Erregungsleitung

2.119   8.7   Fragentyp A 3

Welche Aussage trifft <u>nicht</u> zu? Nach Durchtrennung eines
Neuriten

A. kommt es im Perikaryon zur Chromatolyse

B. geht der distale Teil des Axons zugrunde

C. wächst nach einiger Zeit der proximale Axonstumpf aus

D. wandern die Schwannschen Zellen des distalen Stumpfes
   als Phagocyten ins Bindegewebe ab

E. entsteht ein Neurinom, wenn sich an der Durchtren-
   nungsstelle eine bindegewebige Narbe bildet

2.120   8.7   Fragentyp A 3

Welche Aussage trifft nicht zu? Zur Glia gehören

A. Oligodendrocyten
B. Astrocyten
C. Ependymocyten
D. Pericyten
E. Pituicyten

2.121   8.7   Fragentyp A 3

Welche Aussage trifft nicht zu? Gliazellen

A. können Markscheiden bilden
B. können bei Schädigung der Nervenzellen deren Funktion
   übernehmen
C. sind teilweise mesodermaler Herkunft
D. haben als Oligodendrocyten enge Beziehung zum Peri-
   karyon der Nervenzellen
E. bekleiden als Ependymzellen die Wände des Ventrikel-
   systems

2.122   8.7   Fragentyp A 3

Welche Aussage trifft nicht zu? Neurogliazellen

A. bilden im peripheren Nerven das Endoneurium
B. behalten ihre Teilungsfähigkeit bis ins hohe Alter
C. dienen dem Stofftransport zwischen Blutgefäß und Ner-
   venzelle
D. sind Isolierstruktur der Axone
E. haben Stützfunktion im Zentralnervensystem

2.123
2.124   8.7   Fragentyp B

Ordnen Sie bitte den in Liste 1 genannten Strukturen die
jeweils zutreffende Eigenschaft (Liste 2) zu.

Liste 1   Liste 2

2.123 Ergastoplasma   A. Erregungsübertragung

2.124 Synapsen   B. Proteinsynthese

                              C. Energiestoffwechsel

                              D. Lipidsynthese

                              E. Konvergente Ausrichtung
                                 der Neurotubuli

2.125   8.7   Fragentyp C

Bei fortschreitender Regeneration eines zuvor durch-
schnittenen Neuriten verschwindet im zugehörigen Perikaryon die Nissl-Substanz zunehmend,

weil

die Nissl-Substanz zur Regeneration des Neuriten benötigt wird.

2.126   8.7   Fragentyp C

Die Erregungsfortleitung in Aα-Fasern erfolgt mit hoher
Geschwindigkeit,

weil

Aα-Fasern lange Internodien besitzen.

2.127   8.7   Fragentyp C

Neuriten können nicht regenerieren,

weil

Neuriten kein Ergastoplasma besitzen.

2.128   8.7   Fragentyp D
_____

Welche Aussagen treffen zu?

1) Bei unipolaren Nervenzellen ist der eine vorhandene
   Fortsatz immer ein Dendrit.

2) Pseudounipolare Nervenzellen sind für Spinalganglien
   typisch.

3) Bipolare Nervenzellen kommen beim Erwachsenen nicht
   mehr vor.

4) Die überwiegende Mehrzahl der Nervenzellen ist multi-
   polar.

Wählen Sie bitte die zutreffene Aussagenkombination.

A. Nur 1 ist richtig

B. Nur 2 und 3 sind richtig

C. Nur 2 und 4 sind richtig

D. Nur 1, 2 und 4 sind richtig

E. Alle Aussagen sind richtig

2.129   8.7   Fragentyp D
_____

Welche Aussagen treffen zu?

1) Dendriten sind rezeptive Strukturen.

2) Auch Dendriten können von einer Markscheide umgeben
   sein.

3) Neuriten sind effektorische und transmittierende
   Strukturen.

4) Neuriten sind grundsätzlich unverzweigt.

Wählen Sie bitte die zutreffende Aussagenkombination.

A. Nur 1 ist richtig

B. Nur 2 und 3 sind richtig

C. Nur 2 und 4 sind richtig

D. Nur 1, 2 und 3 sind richtig

E. Alle Aussagen sind richtig

2.130   8.7   Fragentyp D

Welche Aussagen treffen zu?

1.) Als Nervenfaser bezeichnet man die Einheit aus Axon
    und Axonscheide.

2) Internodium heißt das Axolemm im Bereich des Ranvierschen Schnürrings.

3) Der Abstand zwischen zwei Ranvierschen Schnürringen
   ist um so größer, je dicker der Faserdurchmesser ist.

4) Zu den Reifezeichen des Neugeborenen zählt der Abschluß der Markreifung.

Wählen Sie bitte die zutreffende Aussagenkombination.

A. Nur 1 ist richtig

B. Nur 1 und 3 sind richtig

C. Nur 2 und 4 sind richtig

D. Nur 1, 2 und 4 sind richtig

E. Alle Aussagen sind richtig

2.131   8.7   Fragentyp D

Welche Aussagen treffen zu?

1) Kollateralen sind Abzweigungen von Axonen.

2) Im Axon ist sowohl ein zentrifugaler als auch ein
   zentripetaler Stofftransport nachweisbar.

3) Die Erregungsleitung im Axon erfolgt in den Neurofibrillen.

4) Ein Axon kann mit zahlreichen Synapsen endigen.

Wählen Sie bitte die zutreffende Aussagenkombination.

A. Nur 1 ist richtig

B. Nur 2 und 3 sind richtig

C. Nur 2 und 4 sind richtig

D. Nur 1, 2 und 4 sind richtig

E. Alle Aussagen sind richtig

2.132   8.7   Fragentyp D

Welche Aussagen treffen zu? Das Axon wird im Bereich des
Schnürrings

1) von Plasmalemm umhüllt

2) durch eine Basalmembran vom umgebenden Bindegewebe
   abgegrenzt

3) lückenlos von einer Markscheide umgeben

4) in seiner Kontinuität nicht unterbrochen

Wählen Sie bitte die zutreffende Aussagenkombination.

A. Nur 1 ist richtig

B. Nur 2 und 3 sind richtig

C. Nur 2 und 4 sind richtig

D. Nur 1, 2 und 4 sind richtig

E. Alle Aussagen sind richtig

2.133   8.7   Fragentyp D

Welche Aussagen treffen zu?

1) Markscheidenhaltige Nervenfasern der Fasergruppe Aγ
   leiten Erregungen zu intrafusalen Muskelfasern.

2) Dicke markscheidenhaltige Nervenfasern (Fasergruppe
   Aα) leiten die Erregung langsam (unter 3 m/sec).

3) Dünne, markarme Nervenfasern (Fasergruppe B) haben
   lange Internodien.

4) Dünne Nervenfasern (Fasergruppe C, Durchmesser bis
   1 μm) leiten die Erregung rasch (90 m/sec).

Wählen Sie bitte die zutreffende Aussagenkombination.

A. Nur 1 ist richtig

B. Nur 2 und 3 sind richtig

C. Nur 2 und 4 sind richtig

D. Nur 1, 2 und 4 sind richtig

E. Alle Aussagen sind richtig

2.134   8.7   Fragentyp D

Welche Aussagen treffen zu?

1) Synapsen sind Orte der Erregungsübertragung zwischen Nervenzellen untereinander sowie zwischen Nervenzellen und Zellen des Erfolgsorgans.

2) Synapsen erkennt man im Elektronenmikroskop an der prä- und postsynaptischen Membranverdickung und an einer Anhäufung von synaptischen Vesikeln und Mitochondrien.

3) Beim Menschen erfolgt die Erregungsübertragung an den Synapsen auf chemischem Weg.

4) Synapsen können excitatorisch oder inhibitorisch wirken.

Wählen Sie bitte die zutreffende Aussagenkombination.

A. Nur 1 ist richtig

B. Nur 2 und 3 sind richtig

C. Nur 2 und 4 sind richtig

D. Nur 1, 2 und 4 sind richtig

E. Alle Aussagen sind richtig

2.135   8.7   Fragentyp D

Welche Aussagen treffen zu? Die Myelogenese

1) beginnt bereits im 4 Embryonalmonat

2) erfolgt im peripheren Nervensystem durch Schwannsche Zellen

3) wird im Zentralnervensystem durch Mikroglia bewirkt

4) erfolgt dadurch, daß die markscheidenbildenden Zellen das Axon umfließen

Wählen Sie bitte die zutreffende Aussagenkombination.

A. Nur 1 ist richtig

B. Nur 2 und 3 sind richtig

C. Nur 2 und 4 sind richtig

D. Nur 1, 2 und 4 sind richtig

E. Alle Aussagen sind richtig

2.136   8.7   Fragentyp D

Welche Aussagen treffen zu?

1) Mesogliazellen können phagocytieren.

2) Die Hirnventrikel werden vom Ependym ausgekleidet.

3) Eine Blut-Hirnschranke besteht in nahezu allen Gebie-
   ten des Zentralnervensystems.

4) Die Blut-Hirnschranke geht hauptsächlich auf die tight
   junctions der Endothelzellen der Hirncapillaren zurück.

Wählen Sie bitte die zutreffende Aussagenkombination.

A. Nur 1 ist richtig

B. Nur 2 und 3 sind richtig

C. Nur 2 und 4 sind richtig

D. Nur 1, 2 und 4 sind richtig

E. Alle Aussagen sind richtig

h) Histologische und histochemische Technik

2.137   8.8   Fragentyp A 1

Welche Aussage trifft zu? Die übliche Schnittdicke licht-
mikroskopischer Präparate beträgt etwa

A. 0,1 µm

B.   1 µm

C. 10 µm

D. 50 µm

E. 100 µm

2.138   8.8   Fragentyp A 1

Welche Aussage trifft zu? Bei der Azan-Färbung färbt

A. Azokarmin reticuläre Fasern rot

B. Anilinblau kollagene Fasern blau

C. Azokarmin Basalmembranen rot

D. Anilinblau Muskelfasern blau

E. Anilinblau Kerne blau

2.139   8.8   Fragentyp A 1

Welche Aussage trifft zu? Zur elektiven Färbung von elastischen Fasern ist geeignet

A. Hämatoxylin

B. Azokarmin

C. Resorcinfuchsin

D. Sudan III

E. Eosin

2.140   8.8   Fragentyp A 1

Welche Aussage trifft zu? Fette

A. werden bei der Paraffin-Einbettung herausgelöst

B. lassen sich mit der H.E.-Färbung darstellen

C. werden mit wäßrigen Farblösungen gefärbt

D. zeigen Metachromasie

E. sind nach Alkoholfixierung darstellbar

2.141   8.8   Fragentyp A 1

Welche Aussage trifft zu? Bei der Perjodsäure-Leuko-
fuchsin-(PAS)-Reaktion werden dargestellt

A. Fettzellen

B. Bürstensäume von Dünndarm und proximalem Nierentubulus

C. Zellkerne von Epithelien

D. Ergastoplasma in Drüsen- und Nervenzellen

E. Lysosomen in Makrophagen

2.142   8.8   Fragentyp A 1

Welche Aussage trifft zu? Zur Darstellung von Glykogen
sind geeignet

A. H.-E.
B. Sudan III
C. PAS
D. van Gieson
E. Azan

2.143   8.8   Fragentyp A 1

Welche Aussage trifft zu? Unter Metachromasie versteht
man

A. die Nachfärbung eines Präparates
B. den Farbwechsel eines Farbstoffs bei Anfärbung einer
   Struktur
C. die Wiederfärbung eines ausgeblichenen Präparates
D. die Anfärbung von Strukturen durch nachträgliche
   Farbstoffdiffusion
E. keine der Aussagen trifft zu

2.144   8.8   Fragentyp A 3

Welche Aussage trifft nicht zu? Die histologische Fixie-
rung führt zur

A. Ausfällung von Proteinen
B. Entstehung von Artefakten
C. vollständigen Erhaltung aller Gewebestrukturen
D. Verhinderung der Autolyse
E. Wiedergabe der Gewebestrukturen in Form von Äquiva-
   lentbildern

2.145   8.8   Fragentyp A 3

Welche Aussage trifft nicht zu? Zur Einbettung von Geweben, die histologisch aufgearbeitet werden sollen, lassen sich verwenden

A. Paraffin

B. Glas

C. Kunststoffe

D. Gelatine

E. Bienenwachs

2.146   8.8   Fragentyp A 3

Welche Aussage trifft nicht zu? Die durch vermehrten RNA-Gehalt bedingte Basophilie des Cytoplasmas wird beobachtet bei

A. Sekretbildung seröser Drüsen

B. Antikörperbildung in Plasmazellen

C. vermehrter Zellteilung rasch proliferierender Gewebe

D. basophilen Granulocyten

E. der Bildung von Pepsinogen

2.147   8.8   Fragentyp A 3

Welche Aussage trifft nicht zu? Für elektronenmikroskopische Untersuchungen

A. kann auch unfixiertes Gewebe verwendet werden

B. ist Kunststoff das beste Einbettungsmittel

C. dürfen die Schnitte nicht dicker als 20-50 nm sein

D. sind die in der Lichtmikroskopie üblichen Mikrotome ungeeignet

E. liegt die Auflösungsgrenze etwa bei 0,3-1,5 nm

Welche Aussagen treffen zu?

1) Beim histochemischen Enzymnachweis wird ein angebotenes Substrat umgesetzt und anschließend das Reaktionsprodukt sichtbar gemacht.

2) Mit Hilfe der Autoradiographie kann der zeitliche Ablauf von Stoffumsätzen ermittelt werden.

3) Autofluorescenz entsteht in bestimmten Zellen und Geweben bei Bestrahlung durch UV-Licht.

4) Antikörper können durch Sekundärfluorescenz (Koppelung an ein Fluorochrom) sichtbar gemacht werden.

Wählen Sie bitte die zutreffende Aussagenkombination.

A. Nur 1 ist richtig

B. Nur 2 und 3 sind richtig

C. Nur 2 und 4 sind richtig

D. Nur 1, 2 und 4 sind richtig

E. Alle Aussagen sind richtig

3. Allgemeine Entwicklungsgeschichte und Placentation

a) Keimzellen und Keimzellenbildung

Welche Aussage trifft zu? Die ersten Urkeimzellen werden bei 3 Wochen alten Embryonen gefunden

A. in der Somatopleura

B. in der Wand des Sinus urogenitalis

C. im metanephrogenen Gewebe

D. in der Wand des Dottersacks

E. in der Wand des Amnion

Welche Aussage trifft nicht zu? Urkeimzellen

A. können sich amöboid bewegen

B. erreichen etwa zu Beginn der 5. Embryonalwoche die Gonade

C. entwickeln sich beim männlichen Geschlecht pränatal zu Spermatocyten

D. werden beim weiblichen Geschlecht, umgeben von Keim-epithel, in die oberflächlichen Rindenschichten des Ovars verlagert

E. entwickeln sich beim weiblichen Geschlecht pränatal zu Oocyten

3.003   9.1
                         17.6   Fragentyp A 3

Welche Aussage trifft nicht zu? Während des Ovarialcyclus
folgen nacheinander

A. Follikelreifung

B. Follikelsprung

C. Follikelatresie

D. Gelbkörperbildung

E. Gelbkörperrückbildung

3.004   9.1
                         17.6   Fragentyp A 3

Welche Aussage trifft nicht zu?

A. Unregelmäßigkeiten im Menstruationscyclus gehen meist
   zu Lasten der Proliferationsphase.

B. Bei normalem Cyclus beträgt die Spanne zwischen Ovulation und Beginn der Menstruation etwa 14 Tage.

C. Nach dem Eisprung steigt die Basaltemperatur an.

D. Der biphasische Cyclus ist allein durch die Oestrogen-
   produktion bedingt.

E. Die Oestrogensekretion hat ihre Maxima zum Ovulations-
   termin und in der Mitte der Corpus luteum-Phase.

3.005   9.1
                         17.6   Fragentyp A 3

Welche Aussage trifft nicht zu?

A. Die Gonadotropine werden im Hypothalamus gebildet
   und im Hypophysenhinterlappen in die Blutbahn abgegeben.

B. FSH und LH sind nicht geschlechtsspezifisch.

C. FSH regt die Primärfollikel zum Wachstum an.

D. Bei der geschlechtsreifen Frau wird die Spontanovula-
   tion durch einen deutlichen Anstieg der LH-Ausschüt-
   tung bei vermehrter FSH-Ausschüttung ausgelöst.

E. Paracyclische Ovulationen treten auch beim Menschen
   auf.

3.006   9.1
              17.6   Fragentyp A 3

Welche Aussage trifft nicht zu? Bei der Spermatogenese

A. entwickelt sich das Akrosom aus dem Centriol

B. kondensiert sich das Chromatin im Spermienkopf

C. ordnen sich die Mitochondrien im Mittelstück ringför-
mig um den Schwanzfaden an

D. wird Cytoplasma abgegeben

E. dauert die Entwicklung von der Spermatogonie bis zum
Spermatozoon etwa 61 Tage

3.007   9.1
              17.6   Fragentyp C

Progesteron-artige Verbindungen können die Ovulation
künstlich verhindern,

weil

Progesteron-artige Verbindungen die Ausschüttung von LH
durch die Hypophyse unterdrücken.

3.008   9.1   Fragentyp C

Der Gesamtgehalt an DNS entspricht in sekundären Spermatocyten -trotz haploidem Chromosomensatz- der DNS-Menge
diploider Somazellen der G_o-Phase,

weil

die DNS in den primären Spermatocyten redupliziert wurde.

3.009   9.1   Fragentyp D

Welche Aussagen treffen zu?

1. Bei der 1. Reifeteilung können die homologen Chromosomen Chromatidenabschnitte austauschen.

2. Die Oocyten beginnen die 1. Reifeteilung vor der Geburt und beenden sie erst nach der Pubertät.

3) Die Spermatocyten vollziehen ihre Reifeteilungen erst ab dem Beginn der Pubertät.

4) Zwischen 1. und 2. Reifeteilung verdoppeln die Keimzellen ihre DNA.

Wählen Sie bitte die zutreffende Aussagenkombination.

A. Nur 1 und 3 sind richtig

B. Nur 2 und 4 sind richtig

C. Nur 1, 2 und 3 sind richtig

D. Nur 1, 2 und 4 sind richtig

E. Nur 2, 3 und 4 sind richtig

	9.1	
3.010	17.6	Fragentyp D

Welche Aussagen treffen zu?

1) Die Ovulation erfolgt, bevor die 2. Reifeteilung abgeschlossen ist.

2) Bei der Ovulation spielt die Aktivität der im Liquor folliculi enthaltenen Enzyme eine maßgebliche Rolle.

3) Nach dem Follikelsprung gelangt die Eizelle mit der Corona radiata in der Regel in die freie Bauchhöhle.

4) Die Sekrete der Drüsenzellen in der Tuba uterina tragen wahrscheinlich zur Ernährung des Keims während der Tubenwanderung bei.

Wählen Sie bitte die zutreffende Aussagenkombination.

A. Nur 1 und 3 sind richtig

B. Nur 2 und 4 sind richtig

C. Nur 1, 2 und 3 sind richtig

D. Nur 1, 2 und 4 sind richtig

E. Nur 2, 3 und 4 sind richtig

b) Befruchtung, Furchung, Implantation

3.011   9.2   Fragentyp A 3

Welche Aussage trifft nicht zu?

A. Imprägnation und Befruchtung finden beim Menschen
   meist in der Ampulla tubae uterinae statt.

B. Unter Imprägnation versteht man das Eindringen zu-
   mindest des Spermienkopfes in die Eizelle.

C. Die menschliche Eizelle beendet ihre 2. Reifeteilung
   erst nach der Imprägnation.

D. Die Befruchtung besteht in der Verschmelzung von
   männlichem und weiblichem Vorkern.

E. Männlicher und weiblicher Vorkern sind morphologisch
   leicht zu unterscheiden.

3.012   9.2   Fragentyp A 3

Welche Aussage trifft nicht zu?

A. Die Furchung der Zygote erfolgt während der Tubenwanderung.

B. Die Tubenwanderung dauert beim Menschen 8-9 Tage.

C. Das Endstadium der Furchung beim Menschen ist die
   Blastocyste.

D. Die Blastocyste besteht aus einer äußeren und einer
   exzentrisch gelegenen inneren Zellmasse.

E. Die Wand der Keimblase wird als Trophoblast bezeichnet.

3.013   9.2   Fragentyp A 3

Welche Aussage trifft nicht zu?

A. Die menschliche Blastocyste nistet sich normalerweise
   in die Schleimhaut der hinteren oder vorderen Uterus-
   wand ein.

B. Bei einer Nidation nahe dem inneren Muttermund entwickelt sich (meist) eine Placenta praevia.

C. Extrauteringraviditäten können u.a. durch Verlänge-
   rung der extrauterinen Wegstrecke oder durch Versagen
   des Transportmechanismus bedingt sein.

D. Häufigster Implantationsort der Extrauteringravidität
   ist das Bauchfell.

E. Entwickelt sich die Blastocyste direkt im Ovarium,
   so entsteht eine primäre Ovarialgravidität.

3.014   9.2   Fragentyp C

Im Uterus ist bei normalem Ovarialcyclus eine Befruchtung
der Eizelle nicht mehr möglich,

weil

im Uterus die Spermien nicht befruchtungsfähig sind.

3.015   9.2   Fragentyp C

Die Zona pellucida verhindert bei normal ablaufendem
Tubentransport eine vorzeitige Implantation des Keims,

weil

sich die Zona pellucida beim Menschen normalerweise
erst im Cavum uteri auflöst.

3.016   9.2   Fragentyp D

Welche Aussagen treffen zu?

1) Eine Superfecundatio (Überschwängerung) liegt vor, wenn Eizellen aus demselben Cyclus nacheinander befruchtet werden.

2) Die Superfecundatio kann auch beim Menschen zur Geburt von lebensfähigen Zwillingen führen.

3) Bei einer Superfetatio (Überfruchtung) wurden Eizellen aus verschiedenen Cyclen befruchtet.

4) Eine Superfetatio ist für den Menschen nachgewiesen worden.

Wählen Sie bitte die zutreffende Aussagenkombination.

A. Nur 1 und 2 sind richtig

B. Nur 1 und 3 sind richtig

C. Nur 3 und 4 sind richtig

D. Nur 1, 2 und 3 sind richtig

E. Alle Aussagen sind richtig

                 9.2
3.017   17.6   Fragentyp D

Welche Aussagen treffen zu?

1) Während der Proliferationsphase treten in der Schleimhaut der Tuba uterina in zunehmendem Maße Flimmerepithelzellen auf.

2) Die Flimmerepithelien der Tube erzeugen eine uteruswärts gerichtete Flüssigkeitsströmung.

3) Nach der Ovulation kommt es zu einer Vermehrung der Drüsenzellen in der Eileiterschleimhaut.

4) Die Tubenwanderung der befruchteten Eizelle wird durch Kontraktionen der Tubenmuskulatur gefördert.

Wählen Sie bitte die zutreffende Aussagenkombination.

A. Nur 1 und 2 sind richtig

B. Nur 1 und 3 sind richtig

C. Nur 2 und 3 sind richtig

D. Nur 3 und 4 sind richtig

E. Alle Aussagen sind richtig

c) Placentation

3.018   9.3   Fragentyp A 1

Welche Aussage trifft zu?

A. Proteohormone können die Placentarschranke nicht
   passieren.

B. Der Gasaustausch zwischen Fetus und Mutter findet
   über die Allantois statt.

C. (Rohrsches) Fibrinoid liegt in der Basalplatte als
   unterschiedlich dicke Schicht unter der Syncytio-
   trophoblastschicht.

D. In den Haftzotten anastomosieren fetale und materne
   Capillaren.

E. Im Bindegewebsstroma der reifen Placentarzotten bilden
   marklose Nervenfasern ein Geflecht, das bis an die
   Basallamina heranreicht.

3.019   9.3   Fragentyp A 3

Welche Aussage trifft nicht zu?

A. Primärzotten des Trophoblasten bestehen aus dem Cy-
   totrophoblastkern und aus dem Syncytiotrophoblasten.

B. Sekundärzotten enthalten einen Mesenchymkern, der von
   der Cytotrophoblastschicht und dem Syncytiotrophoblasten umhüllt wird.

C. Die Blutgefäße der Tertiärzotten wachsen vom Endo-
   kardschlauch des Embryos aus.

D. Die Placentarschranke, die mütterlichen und fetalen
   Kreislauf trennt, besteht beim Menschen ausschließlich aus fetalem Gewebe.

E. Cytotrophoblastzellen (Langhanssche Zellen) sind
   -in verminderter und unterschiedlicher Zahl- noch in
   der geburtsreifen Placenta nachweisbar.

3.020   9.3   Fragentyp A 3

Welche Aussage trifft nicht zu?

A. Die fetale Seite der Geburtsplacenta ist vom Amnionepithel überzogen.

B. Das Chorion laeve entwickelt sich in der Regel im
   Bereich der Decidua basalis.

C. Die Oberfläche der mütterlichen Seite der Geburtsplacenta besteht aus Decidua basalis.

D. Die menschliche Geburtsplacenta ist ein scheibenför-
   miges Organ von 15 - 25 cm Durchmesser und einem Gewicht von ungefähr 500 g.

E. Die Furchen auf der mütterlichen Seite der Placenta
   liegen an der Basis der Placentarsepten.

3.021   9.3   Fragentyp A 3

Welche Aussage trifft nicht zu? In einem Querschnitt
durch die geburtsreife Nabelschnur nahe beim Hautnabel
werden bei normaler Entwicklung angetroffen

A. Reste des Ductus omphaloentericus

B. Reste des Allantoisgangs

C. Dotterbläschen

D. zwei Aa. umbilicales

E. eine V. umbilicalis

3.022   9.3   Fragentyp A 3

Welche Aussage trifft nicht zu?

A. Der distale Anteil der Allantois liegt im Haftstiel.

B. Der Nabelstrang entsteht aus der Verschmelzung von
   Bauchstiel (Haftstiel) und Dottergang bzw. Dottersack.

C. Die Nabelschnur ist von Amnionepithel umhüllt.

D. Das Meckelsche Divertikel ist ein persistierender
   Teil der Allantois.

E. Die Länge der Nabelschnur bei der Geburt beträgt
   20 - 150 cm.

3.023
3.024   9.3   Fragentyp B

Geben Sie bitte für die in Liste 1 genannten Strukturen
an, durch welchen Kennbuchstaben (A - E) sie in der
schematischen Darstellung (Abb. 1) einer sehr jungen
Placenta bezeichnet sind.

Liste 1

3.023 Amnion-
      epithel

3.024 Cytotropho-
      blast

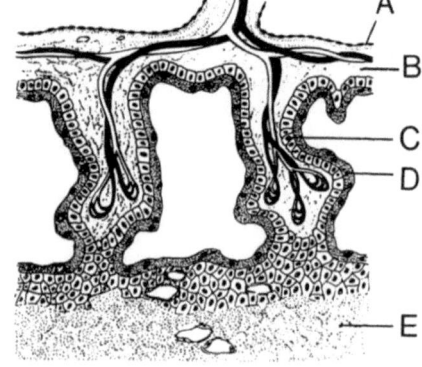

Abb. 1

3.025
3.026   9.3   Fragentyp B

Geben Sie bitte für die in Liste 1 genannten Blutgefä-
ße/Bluträume an, durch welchen Kennbuchstaben (A - E)
sie in der schematischen Darstellung (Abb. 2) einer
sehr jungen Placenta bezeichnet sind.

Liste 1

3.025 intervillöser
      Raum

3.026 materne Gefäße

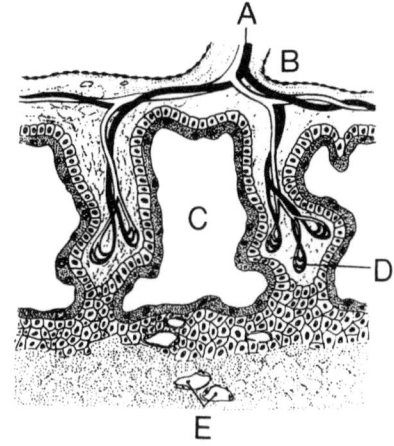

Abb. 2

3.027   9.3   Fragentyp C

Aus den intervillösen Räumen kann das materne Blut nur
über den Randsinus abfließen,

weil

die intervillösen Räume keine basalen Venenabflüsse besitzen.

3.028   9.3   Fragentyp C

Eine Rh-Incompatibilität kann nur bei einer rh-negativen Mutter entstehen,

weil

nur eine rh-negative Mutter Antikörper gegen die Erythrocyten eines Rh-positiven Feten bilden kann.

3.029   9.3   Fragentyp C

Bei rh-negativen Eltern kann keine Rh-Incompatibilität entstehen,

weil

bei rh-negativen Eltern kein transplacentarer Antikörpertransfer möglich ist.

3.030   9.3   Fragentyp C

Die Ovarien können nach dem 4. Graviditätsmonat ohne Schaden für die Schwangerschaft entfernt werden,

weil

die Placenta zu diesem Zeitpunkt die für die Erhaltung der Gravidität notwendigen Hormone selbst produziert.

3.031   9.3   Fragentyp D

Welche Aussagen treffen zu?

1) Die Nachgeburt besteht aus Placenta, Fruchthüllen und Nabelschnur.
2) Die Ablösung der Placenta nach der Geburt erfolgt in der Zona spongiosa der Decidua basalis.
3) Die Wand der Fruchtblase besteht in der 2. Schwangerschaftshälfte (von innen nach außen) aus Amnion, Chorion und Decidua.
4) Amnion und Chorion sind an der Nachgeburt zu einer einheitlichen Schicht verschmolzen.

Wählen Sie bitte die zutreffende Aussagenkombination.

A. Nur 1 und 2 sind richtig
B. Nur 3 und 4 sind richtig
C. Nur 1, 2 und 3 sind richtig
D. Nur 2, 3 und 4 sind richtig
E. Alle Aussagen sind richtig

d) Primitiventwicklung

3.032   9.4   Fragentyp A 1

Welche Aussage trifft zu? Das Neuralrohr kommuniziert über den Neuroporus anterior mit

A. dem Coelom
B. dem extraembryonalen Coelom
C. der Amnionhöhle
D. der Mundhöhle
E. dem Dottersack

3.033   9.4   Fragentyp A 3

Welche Aussage trifft nicht zu? Aus dem Entoderm entstehen bei ungestörter Entwicklung u.a.

A. Leberparenchym

B. reticuläres Grundgewebe des Thymus

C. Nierenparenchym

D. Pankreasparenchym

E. Kehlkopfepithel

3.034   9.4   Fragentyp A 3

Welche Aussage trifft <u>nicht</u> zu? Mesodermabkömmlinge sind

A. die Zellen des Blutes

B. die Schmelzpulpa

C. das Endothel der Aorta

D. das Fettgewebe der Subcutis

E. die Synovialmembran der Gelenkkapseln

3.035   9.4   Fragentyp A 3

Welche Aussage trifft <u>nicht</u> zu? Zu den fetalen Anteilen der "Eihäute" gehören

A. der Dottersack

B. das Chorion

C. die Allantois

D. die Decidua capsularis

E. das Amnion

3.036   9.4   Fragentyp A 3

Welche Aussage trifft nicht zu?

A. Der reiche Dottervorrat des sekundären Dottersacks liefert dem menschlichen Keim die ersten Nährstoffe.

B. Als Restbildung des Dottersacks kann ein Dotterbläschen an den geburtsreifen Eihäuten zwischen Amnion und Chorion vorgefunden werden.

C. Der Ductus omphaloentericus verbindet Dottersack und Darmlumen.

D. Die Allantois kommuniziert mit dem Enddarm.

E. Der Neuroporus posterior kommuniziert mit der Amnionhöhle.

3.037   9.4   Fragentyp A 3

Welche Aussage trifft nicht zu?

A. Der Primitivknoten wandert im Laufe der Entwicklung caudalwärts.

B. Der Primitivstreifen mündet mit seinem hinteren Ende in das Darmrohr.

C. Im Primitivstreifen treten Zellen in die Tiefe, die Mesoderm bilden.

D. Die Rachenmembran wird von Ektoderm und Entoderm gebildet.

E. Die Analmembran reißt im 3. Entwicklungsmonat ein.

3.038   9.4   Fragentyp A 3

Welche Aussage trifft nicht zu?

A. Der Chordakanal liegt im Chordafortsatz und öffnet sich dorsal in die Primitivgrube.

B. Aus der Primitivgrube entwickelt sich die primäre Mundbucht.

C. Der Canalis neurentericus ist eine Restbildung des Chordakanals und verbindet vorübergehend Dottersack und Amnionhöhle.

D. Das Neuralrohr entsteht durch Abfaltung aus dem Ektoderm.

E. Die Bildung des Neuralrohrs wird durch die Chorda
dorsalis induziert.

3.039   9.4   Fragentyp A 3

Welche Aussage trifft nicht zu?

A. Die Ausbildung der Somiten schreitet von cranial
nach caudal voran.

B. Aus den Myotomen der Somiten entsteht autochthone
Rückenmuskulatur.

C. Aus den Sclerotomen der Somiten geht Mesenchym für
das Achsenskelet hervor.

D. Aus den Dermatomen der Somiten entsteht die Epidermis

E. Aus den Nephrotomen entstehen die Nierenanlagen.

3.040   9.4   Fragentyp A 3

Welche Aussage trifft nicht zu? Die cranio-caudale
Krümmung der zunächst flach ausgebreiteten Embryonalanlage führt

A. zur Vorwölbung der Dorsalseite des Embryos in die
Amnionhöhle

B. zur Entstehung der Kopf- und der Schwanzfalte

C. zur Einbeziehung eines zunehmend größeren Teils des
entodermalen Dottersacks in den Embryonalkörper

D. zur Ausbildung und anschließenden Einengung des
Ductus omphaloentericus

E. zum Sichtbarwerden der Kiemenbogen als Stauchungs-
falten

3.041   9.4   Fragentyp A 3

Welche Aussage trifft <u>nicht</u> zu?

A. Das craniale Ende des Vorderdarms ist bis Ende der 3. Embryonalwoche durch die Rachenmembran verschlossen.

B. Die Prächordalplatte liefert in der Rachenmembran die Mesodermschicht zwischen Ektoderm und Entoderm.

C. Nach Einreißen der Rachenmembran besteht eine offene Verbindung zwischen Darmlumen und Amnionhöhle.

D. Das Septum urorectale unterteilt die Kloakenmembran in Urogenital- und Analmembran.

E. Der distale Abschnitt des Rectum geht aus dem unterhalb der Analmembran gelegenen Proctodaeum hervor.

3.042   9.4   Fragentyp C

Bei den ersten Blastomeren muß die prospektive Potenz größer sein als ihre prospektive Bedeutung,

<u>weil</u>

nach Trennung der ersten Blastomeren sich aus jeder Blastomere ein ganzer Organismus entwickeln kann.

3.043   9.4   Fragentyp D

Welche Aussagen treffen zu?

1) Der Embryoblast gliedert sich beim menschlichen Keim zunächst in zwei Zellagen, in Ektoderm und Entoderm.

2) Der Embryoblast des Menschen ist durch den Haftstiel mit dem Chorion verbunden.

3) Die menschliche Amnionhöhle entsteht durch Spaltbildung zwischen Ektoderm und Trophoblast.

4) Die Ektodermschicht geht ohne scharfe Grenze in die Zellschicht über, die an die Amnionhöhle grenzt.

Wählen Sie bitte die zutreffende Aussagenkombination.

A. Nur 1 und 2 sind richtig

B. Nur 1 und 3 sind richtig

C. Nur 2 und 3 sind richtig

D. Nur 2, 3 und 4 sind richtig

E. Alle Aussagen sind richtig

3.044   9.4   Fragentyp D

Welche Aussagen treffen zu? Der Haftstiel

1) verbindet Chorionmesenchym und Amnionmesenchym

2) heftet sich beim jungen Keim zunächst am Kopfende der Embryonalanlage an

3) verlagert sich bei der Abfaltung der Embryonalanlage auf deren ventrale Seite

4) ist gemeinsam mit dem Dottersack Ort der Entstehung der ersten Gefäßanlagen

Wählen Sie bitte die zutreffende Aussagenkombination.

A. Nur 1 ist richtig

B. Nur 1 und 2 sind richtig

C. Nur 3 und 4 sind richtig

D. Nur 1, 3 und 4 sind richtig

E. Nur 2, 3 und 4 sind richtig

3.045   9.4   Fragentyp D

Welche Aussagen treffen zu? Extraembryonales Mesenchym

1) stammt vom Trophoblasten ab

2) umschließt den primären Dottersack

3) unterlagert das Amnionepithel

4) begrenzt das extraembryonale Coelom

Wählen Sie bitte die zutreffende Aussagenkombination.

A. Nur 1 und 3 sind richtig

B. Nur 2 und 4 sind richtig

C. Nur 1, 2 und 3 sind richtig

D. Nur 2, 3 und 4 sind richtig

E. Alle Aussagen sind richtig

3.046   9.4   Fragentyp D

Welche Aussagen treffen zu?

1) Das Endstadium der Mesodermbildung beim Menschen
   ist die Gastrula.

2) Am Mesoderm kann man einen medialen, segmentierten
   und einen lateralen, unsegmentierten Abschnitt unterscheiden.

3) Das Ursegment liefert das Baumaterial für jeweils
   einen ganzen Wirbel.

4) Die Somiten hängen durch die Somitenstiele mit dem
   unsegmentierten Mesoderm zusammen.

Wählen Sie bitte die zutreffende Aussagenkombination.

A. Nur 1 ist richtig

B. Nur 4 ist richtig

C. Nur 1 und 3 sind richtig

D. Nur 2 und 4 sind richtig

E. Alle Aussagen sind richtig

3.047   9.4   Fragentyp D

Welche Aussagen treffen zu?

1) Das Coelom entsteht beiderseits im lateralen unsegmentierten Mesoderm.

2) Nach der Entstehung des Coeloms unterscheidet man
   an der Seitenplatte die mediale Splanchnopleura und
   die laterale Somatopleura.

3) Das intraembryonale Coelom steht vor der Abfaltung
   des Embryos mit dem extraembryonalen Coelom in Verbindung.

4) Aus dem Kopfcoelom geht die unpaare Perikardhöhle
   hervor.

Wählen Sie bitte die zutreffende Aussagenkombination.

A. Nur 1 und 2 sind richtig

B. Nur 3 und 4 sind richtig

C. Nur 1, 2 und 3 sind richtig

D. Nur 2, 3 und 4 sind richtig

E. Alle Aussagen sind richtig

Welche Aussagen treffen zu?

1) Aus den Epithelien der Riechplakode entstehen primäre
   Sinneszellen.
2) Aus der Linsenplakode entsteht der Augenbecher.
3) Im Augenbecher entstehen primäre Sinneszellen.
4) Aus der Ohrplakode gehen Neurone des N.vestibulo-
   cochlearis hervor.

Wählen Sie bitte die zutreffende Aussagenkombination.

A. Nur 1 und 2 sind richtig
B. Nur 3 und 4 sind richtig
C. Nur 1, 2 und 3 sind richtig
D. Nur 1, 3 und 4 sind richtig
E. Alle Aussagen sind richtig

e) Ausbildung der äußeren Körperform

Welche Aussage trifft nicht zu?

A. Die cranio-caudale Krümmung der Embryonalanlage wird
   durch das intensive Wachstum des Neuralrohrs verursacht.
B. Die spezifisch menschliche Körperform bildet sich
   am Kopfende früher aus als am caudalen Körperende.
C. In der Mitte des 2. Monats läßt sich der Hals noch
   nicht abgrenzen.
D. Die Beinanlage erscheint zeitlich vor der Armanlage.
E. Kindsbewegungen können von der Mutter spätestens im
   5. Monat wahrgenommen werden.

3.050	9.5	Fragentyp A 3

Welche Aussage trifft nicht zu?

A. Der Fundus uteri steht im 6. Monat etwa in Nabelhöhe.

B. Am Ende des 6. Lunarmonats hat der Fetus eine Schei-
tel-Steiß-Länge von ca. 20 cm.

C. Am Ende der Schwangerschaft steht der Fundus uteri
tiefer als im 9. Lunarmonat.

D. Die Körpergröße des Neugeborenen (Scheitel-Fersen-
Länge) beträgt etwa 50 cm.

E. Beim Neugeborenen liegt der Hoden bei normaler Entwicklung im äußeren Leistenring.

3.051	9.5	Fragentyp A 3

Welche Aussage trifft nicht zu? Bei einem reifen neugeborenen Mädchen

A. beträgt das Geburtsgewicht in der Regel über 3000 g

B. übertrifft der Beckenumfang den Umfang des Kopfes

C. bedecken die großen Labien die kleinen Schamlippen

D. ragen die Nägel etwas über Finger- und Zehenbeeren vor

E. ist der Knochenkern der proximalen Tibiaepiphyse röntgenologisch nachweisbar

f) Mehrlingsbildungen, Mißbildung

3.052	9.6	Fragentyp A 1

Welche Aussage trifft zu? Eineiige Zwillinge entstehen

A. durch Verdoppelung der embryonalen Körperachse unter
mechanischen Einflüssen

B. durch Zweiteilung der Blastocyste während der Nidation

C. durch Trennung der frühesten Blastomeren, z.B. der
beiden Blastomeren im 2-Zellen-Stadium

D. durch Doppelbefruchtung einer Oocyte mit zwei Samen-
zellen

E. durch gleichzeitige Befruchtung zweier Eizellen aus
   dem selben Cyclus

3.053   9.6   Fragentyp A 3

Welche Aussage trifft nicht zu?

A. Patienten mit Klinefelter-Syndrom sind phänotypisch
   männlich.

B. Beim Klinefelter-Syndrom weisen die Zellen im typischen Fall bei insgesamt 47 Chromosomen/Zelle die
   Heterosomen XXY auf.

C. Sex-Chromatin ist bei Patienten mit Klinefelter-
   Syndrom nicht nachweisbar.

D. Die Trisomie als Ursache des Mongolismus betrifft
   Autosomen und nicht Geschlechtschromosomen.

E. Das Turner-Syndrom geht zumeist auf "non-disjunction"
   in männlichen Gameten während der Meiose zurück.

3.054   9.6   Fragentyp A 3

Welche Aussage trifft nicht zu?

A. Ein Kolobom entsteht durch einen mangelnden Schluß
   der Augenbecherspalte.

B. Cyclopie nennt man die Störung der Linsenentwicklung
   in einem Auge.

C. Hasenscharten entstehen durch primäre oder sekundäre
   Störung der Vereinigung von medialem Nasenwulst und
   Oberkieferwulst.

D. Gaumenspalten entstehen, wenn sich die Gaumenfort-
   sätze nicht vereinigen.

E. Eine gespaltene Uvula ist Ausdruck einer noch nicht
   völlig abgeschlossenen Verwachsung der Gaumenfort-
   sätze.

3.055   9.6   Fragentyp C

Eineiige Zwillinge lassen sich bei Nachweis getrennter
Chorionhüllen nicht ausschließen,

<u>weil</u>

eineiige Zwillinge bei Trennung im 2-Zellen-Stadium
getrennte Chorionhüllen besitzen können.

3.056   9.6   Fragentyp C

Zweieiige Zwillinge lassen sich von eineiigen Zwillingen
anhand der "Eihaut"-Verhältnisse eindeutig unterscheiden,

<u>weil</u>

bei zweieiigen Zwillingen Placenten und Chorionhüllen
nicht verschmelzen können.

3.057   9.6   Fragentyp C

Mißbildungen des Embryos können auf Ursachen zurück-
gehen, die vor der Befruchtung liegen,

<u>weil</u>

Mißbildungen des Embryos Folge einer Störung des Chro-
mosomenmusters der primären Spermato- und Oocyten sein
können.

3.058   9.6   Fragentyp D

Welche Aussagen treffen zu?

1) Mehrlinge können sowohl aus einer Ovulatio uniova-
   rialis als auch aus einer Ovulatio biovarialis entstehen.

2) Eineiige Mehrlinge sind stets gleichgeschlechtlich.

3) Eineiige Zwillinge können eine gemeinsame Placenta
   besitzen.

4) Bei zweieiigen Zwillingen bleiben die Placenten stets
   getrennt.

Wählen Sie bitte die zutreffende Aussagenkombination.

A. Nur 1 und 2 sind richtig

B. Nur 3 und 4 sind richtig

C. Nur 1, 2 und 3 sind richtig

D. Nur 2, 3 und 4 sind richtig

E. Alle Aussagen sind richtig

3.059   9.6   Fragentyp D

Welche Aussagen treffen zu?

1) Mißbildungen an Organen können besonders zum Zeitpunkt ihrer Determination verursacht werden (teratogenetische Determinationsperiode).

2) Genetisch bedingte Mißbildungen können nur durch Frauen übertragen werden, wenn der Gen-Defekt im X-Chromosom lokalisiert ist.

3) Die teratogenetische Determinationsperiode tritt für alle Organe zum gleichen Zeitpunkt ein.

4) Mosaizismus kann durch "non-disjunction" der Geschlechtschromosomen während der mitotischen Furchungsteilungen entstehen.

Wählen Sie bitte die zutreffende Aussagenkombination.

A. Nur 1 und 2 sind richtig

B. Nur 3 und 4 sind richtig

C. Nur 1, 2 und 3 sind richtig

D. Nur 1, 2 und 4 sind richtig

E. Nur 2, 3 und 4 sind richtig

3.060　　　　　　9.6　　　　　　　　Fragentyp D

Welche Aussagen treffen zu?

1) Die Mißbildungsrate ist bei spontanen Aborten nicht
höher als bei Neugeborenen.

2) Eine teratogen wirksame Substanz kann sowohl zu Mißbildungen als auch zum Tod der Frucht führen.

3) Die Art der durch das Rubeola-Virus hervorgerufenen
Mißbildungen hängt davon ab, in welcher Entwicklungs-
phase des Embryos die Mutter an Röteln erkrankt.

4) Durch das Herpes-simplex-Virus kann die Frucht in
der Spätphase der Schwangerschaft infiziert werden.

Wählen Sie bitte die zutreffende Aussagenkombination.

A. Nur 1 ist richtig

B. Nur 1 und 2 sind richtig

C. Nur 3 und 4 sind richtig

D. Nur 2, 3 und 4 sind richtig

E. Alle Aussagen sind richtig

3.061　　　　　　9.6　　　　　　　　Fragentyp D

Welche Aussagen treffen zu?

1) Ein vollständiges Fehlen der Extremitäten wird als
Amelie bezeichnet.

2) Bei der Meromelie sind Hände und Füße direkt am
Rumpf befestigt.

3) Bei der Mikromelie sind die Teile der Extremitäten
sehr kurz.

4) Sympodie nennt man die Verschmelzung von Fingern oder
Zehen.

Wählen Sie bitte die zutreffende Aussagenkombination.

A. Nur 1 und 2 sind richtig

B. Nur 3 und 4 sind richtig

C. Nur 1, 2 und 3 sind richtig

D. Nur 2, 3 und 4 sind richtig

E. Alle Aussagen sind richtig

4. Allgemeine Anatomie

a) Gestalt

4.001   10.1   Fragentyp A 1

Welche Aussage trifft zu?

A. Die Transversalebene teilt den Körper in zwei seitengleiche Hälften.

B. Die Leibeshöhle und ihr Inhalt sind beim Menschen nie segmental gegliedert.

C. Die Metamerie der Leibeswand läßt sich beim Erwachsenen nicht mehr nachweisen.

D. Die segmentale Anordnung der Spinalnerven hat ihre Ursache in der segmentalen Gliederung der Wirbelsäule.

E. Die Branchiomerie ist die Folgeerscheinung der Segmentation der Occipitalsomiten.

4.002   10.1   Fragentyp A 3

Welche Aussage trifft nicht zu? Primäre Geschlechtsmerkmale der Frau sind

A. das Ovar

B. die Tuba uterina

C. der Uterus

D. die Vagina

E. die Mamma

4.003   10.1   Fragentyp C

Als Norm wird in der Anatomie die häufigste Ausprägung
einer Baueigentümlichkeit bezeichnet,

weil

das als Norm gekennzeichnete Merkmal bei allen gesunden
Individuen vorkommt.

4.004   10.1   Fragentyp D

Welche Aussagen treffen zu? Die Körpermitte liegt

1) beim Feten oberhalb des Nabels

2) beim Neugeborenen etwa in Nabelhöhe

3) beim 6jährigen etwa in halber Höhe zwischen Nabel und
   Schambeinfuge

4) bei der erwachsenen Frau etwas unterhalb der Schambeinfuge

Wählen Sie bitte die zutreffende Aussagenkombination.

A. Nur 1 und 2 sind richtig

B. Nur 3 und 4 sind richtig

C. Nur 1, 2 und 3 sind richtig

D. Nur 2, 3 und 4 sind richtig

E. Alle Aussagen sind richtig

4.005   10.1   Fragentyp D

Welche Aussagen treffen zu?

1) Ein 2jähriger Knabe hat etwa 50% seiner bei Abschluß
   des Wachstums zu erwartenden Körpergröße erreicht.

2) Das Längenwachstum ist bei Mädchen in der Regel mit
   17 bis 18 Jahren abgeschlossen.

3) Als Pubertät bezeichnet man bei Mädchen den Zeitpunkt
   der ersten Menstruation.

4) Die Geschlechtsreife tritt bei Knaben in Deutschland
   z.Z. etwa mit 14 Jahren ein.

Wählen Sie bitte die zutreffende Aussagenkombination.

A. Nur 1 und 3 sind richtig

B. Nur 2 und 4 sind richtig

C. Nur 1, 2 und 3 sind richtig

D. Nur 1, 2 und 4 sind richtig

E. Nur 2, 3 und 4 sind richtig

b) Allgemeine Anatomie des Bewegungsapparates

4.006   10.2   Fragentyp A 1

Welche Aussage trifft zu? Der Zusammenhang der Gelenkflächen wird beim Lebenden in erster Linie gesichert
durch

A. Adhäsionskräfte

B. Unterdruck im Gelenkspalt

C. Zugwirkung von Bändern

D. Muskelkräfte

E. Elastizität der Haut

4.007   10.2   Fragentyp A 1

Welche Aussage trifft zu? Ein komplex gefiederter Muskel
besitzt gegenüber einem parallelfaserigen Muskel gleichen
Volumens

A. dickere Muskelfasern

B. längere Muskelfasern

C. einen größeren physiologischen Querschnitt

D. eine bessere Gleitfähigkeit

E. einen günstigeren virtuellen Hebelarm

4.008   10.2   Fragentyp A 3

Welche Aussage trifft nicht zu?

A. Bei langen Knochen umhüllt im Bereich der Epiphysen
eine relativ dünne Substantia corticalis das Bälkchen-
werk der Substantia spongiosa.

B. Die Diaphyse der Röhrenknochen besteht aus massiver
Substantia compacta, die eine einheitliche Markhöhle
umschließt.

C. Kurzen Knochen fehlt eine einheitliche Markhöhle.

D. Bei kurzen Knochen wird die Diploe von einer kräftigen
Substantia compacta umschlossen.

E. Die platten Knochen des Schädeldachs bestehen aus
äußerer und innerer Compactaschicht, die ein derbes
knöchernes Balkenwerk einschließen.

4.009   10.2   Fragentyp A 3

Welche Aussage trifft nicht zu?

A. Am Periost lassen sich beim wachsenden Knochen eine
äußere Faserschicht und eine innere zellreiche Schicht
(Cambiumschicht) unterscheiden.

B. Das Periost dient als Anheftungsfläche für Sehnen und
Bänder.

C. Das Periost ist nicht sensibel innerviert.

D. Aus dem periostalen Gefäßnetz treten Blutgefäße in die
Volkmannschen Kanäle.

E. Die Faserschicht des Periosts setzt sich in das Stratum fibrosum der Gelenkkapsel fort.

4.010   10.2   Fragentyp A 3

Welche Aussage trifft nicht zu? Bei der Ossifikation der
Röhrenknochen

A. ist das Skeletstück knorpelig präformiert

B. wird eine perichondrale Knochenmanschette gebildet

C. treten dia- und epiphysäre Knochenkerne auf

D. erfolgt das Längenwachstum als interstitielles Knor-
pelwachstum

E. erfolgt das Dickenwachstum nur an Epiphysenfugen

4.011   1O.2   Fragentyp A 3

Welche Aussage trifft <u>nicht</u> zu? Die kontinuierliche Verbindung von Skeletstücken kann ausgebildet sein als

A. Sutura
B. Syndesmosis
C. Synchondrosis
D. Synostosis
E. Synovia

4.012   1O.2   Fragentyp A 3

Welche Aussage trifft <u>nicht</u> zu? Scharniergelenke sind

A. das Humeroulnargelenk
B. die Mittelgelenke der Finger II-V
C. das Daumengrundgelenk
D. die Articulatio carpometacarpea I
E. die Endgelenke der Finger

4.013   1O.2   Fragentyp A 3

Welche Aussage trifft <u>nicht</u> zu?

A. Schleimbeutel mindern die Reibung und wirken als
   Druckverteiler.
B. Gelenknahe Schleimbeutel können mit der Gelenkhöhle
   kommunizieren.
C. Die Wand der Sehnenscheiden und der Schleimbeutel ist
   ähnlich gebaut wie eine Gelenkkapsel.
D. Zwischen Vagina fibrosa und Vagina synovialis einer
   Sehnenscheide liegt der mit Synovia gefüllte Gleit-
   spalt.
E. Das Mesotendineum führt der Sehne Blutgefäße und Ner-
   ven zu.

4.017   10.2   Fragentyp D

Welche Aussagen treffen zu?

1) Das Knochenmark macht knapp 5% des Körpergewichts aus.

2) Beim Kind ist rotes Knochenmark in allen Markräumen vorhanden.

3) Beim Erwachsenen ist der Anteil von rotem Knochenmark und Fettmark etwa gleich groß.

4) Fettmark ist beim Erwachsenen nur in den kurzen und den platten Knochen ausgebildet.

Wählen Sie bitte die zutreffende Aussagenkombination.

A. Nur 1 und 2 sind richtig

B. Nur 3 und 4 sind richtig

C. Nur 1, 2 und 3 sind richtig

D. Nur 2, 3 und 4 sind richtig

E. Alle Aussagen sind richtig

4.018   10.2   Fragentyp D

Welche Aussagen treffen zu?

1) In der Compacta der Röhrenknochen sind die Osteonenzüge vorwiegend längs gerichtet.

2) Spongiosabälkchen sind so angeordnet, daß sie auf axialen Druck oder Zug beansprucht werden.

3) Bei Minderung der mechanischen Beanspruchung wird Knochengewebe abgebaut.

4) Durch musculäre Zuggurtungen (z.B. Tractus iliotibialis) wird die Biegsamkeit der Knochen gesteigert.

Wählen Sie bitte die zutreffende Aussagenkombination.

A. Nur 1 und 3 sind richtig

B. Nur 2 und 4 sind richtig

C. Nur 1, 2 und 3 sind richtig

D. Nur 2, 3 und 4 sind richtig

E. Alle Aussagen sind richtig

4.014   10.2   Fragentyp C

Das Scharniergelenk muß als ein Gelenk mit zwei Frei-
heitsgraden angesehen werden,

<u>weil</u>

das typische Scharniergelenk sowohl Beuge- als auch
Streckbewegungen ermöglicht.

4.015   10.2   Fragentyp C

Als Zuggurtung wirkende Muskeln können durch ihre Kontraktion die Beanspruchung von Röhrenknochen herabsetzen,

<u>weil</u>

musculäre Zuggurtungen der bei einer exzentrischen Belastung auftretenden Biegebeanspruchung entgegenwirken.

4.016   10.2   Fragentyp C

Mehrgelenkige Muskeln sind (oft) passiv insuffizient,

<u>weil</u>

mehrgelenkige Muskeln -bei einer durchschnittlichen Ver-
kürzungsfähigkeit gedehnter Muskelfasern um etwa 30%-
durch ihre Kontraktion nicht alle übersprungenen Gelenke
in Endstellung bringen können.

4.019   1O.2   Fragentyp D

Welche Aussagen treffen zu?

1) Syndesmosen können als Bandverbindung oder als Kno-
   chennaht ausgebildet sein.

2) Synarthrosen sind vor allem Zuwachsstellen der Knochen und besitzen meist eine geringe Beweglichkeit

3) Gelenke (Juncturae synoviales) sind Bewegungsstellen
   des Skelets.

4) Straffe Gelenke, deren massiver Bandapparat nur geringgradige Bewegungen erlaubt, bezeichnet man als
   Hemiarthrosen,

Wählen Sie bitte die zutreffende Aussagenkombination.

A. Nur 1 und 3 sind richtig

B. Nur 2 und 4 sind richtig

C. Nur 1, 2 und 3 sind richtig

D. Nur 2, 3 und 4 sind richtig

E. Alle Aussagen sind richtig

4.020   1O.2   Fragentyp D

Welche Aussagen treffen zu?

1) Die Gelenkkapsel wird von zahlreichen Nervenfasern
   innerviert und ist überaus schmerzempfindlich.

2) Die Festigkeit der Gelenkkapsel wird durch die Synovialmembran gewährleistet.

3) Die Synovia setzt die Reibung an den Gelenkflächen
   herab und vermittelt u.a. den Stoffwechsel des Gelenk-
   knorpels sowie der Disci und Menisci.

4) Pfannenlippen und Gelenkzwischenscheiben sind reich
   vascularisiert und innerviert.

Wählen Sie bitte die zutreffende Aussagenkombination.

A. Nur 1 und 3 sind richtig

B. Nur 2 und 4 sind richtig

C. Nur 1, 2 und 3 sind richtig

D. Nur 2, 3 und 4 sind richtig

E. Alle Aussagen sind richtig

4.021   10.2   Fragentyp D

Welche Aussagen treffen zu?

1) Beim Sattelgelenk ist der Gelenkkopf in zwei senkrecht
   aufeinander stehenden Ebenen konvex gekrümmt.

2) In einem Eigelenk lassen sich Bewegungen um zwei Haupt-
   achsen ausführen.

3) Ein Nußgelenk besitzt als eingeschränktes Kugelgelenk
   nur zwei Freiheitsgrade.

4) Kollateralbänder verhindern in Scharniergelenken Ab-
   und Adduktionsbewegungen.

Wählen Sie bitte die zutreffende Aussagenkombination.

A. Nur 1 und 3 sind richtig

B. Nur 2 und 4 sind richtig

C. Nur 1, 2 und 3 sind richtig

D. Nur 2, 3 und 4 sind richtig

E. Alle Aussagen sind richtig

4.022   10.2   Fragentyp D

Welche Aussagen treffen zu?

1) Beim parallelfaserigen Muskel ist der Fiederungswinkel
   gering.

2) Das Drehmoment eines Muskels ist das Produkt aus Sehnenkraft und virtuellem Hebelarm.

3) Beim parallelfaserigen Muskel sind Muskelkraft und
   Sehnenkraft annähernd gleich groß.

4) Die aktive Insuffizienz mehrgelenkiger Muskeln resul-
   tiert aus einer unzureichenden Länge der Ansatzsehnen.

Wählen Sie bitte die zutreffende Aussagenkombination.

A. Nur 1 und 3 sind richtig

B. Nur 2 und 4 sind richtig

C. Nur 1, 2 und 3 sind richtig

D. Nur 2, 3 und 4 sind richtig

E. Alle Aussagen sind richtig

4.023   10.2   Fragentyp D

Welche Aussagen treffen zu?

1) Muskeln, die bei der Durchführung einer Bewegung gleichsinnig zusammenarbeiten, nennt man Synergisten.

2) Die Hubhöhe eines parallelfaserigen Muskels wird von seinem physiologischen Querschnitt bestimmt.

3) Die Zugrichtung eines Muskels, der über ein Hypomochlion wirkt, wird durch die wirksame Endstrecke der Sehne bestimmt.

4) Das Baumaterial aller quergestreiften Muskeln stammt aus den Myotomen.

Wählen Sie bitte die zutreffende Aussagenkombination.

A. Nur 1 und 3 sind richtig

B. Nur 2 und 4 sind richtig

C. Nur 1, 2 und 3 sind richtig

D. Nur 2, 3 und 4 sind richtig

E. Alle Aussagen sind richtig

c) Allgemeine Anatomie des Kreislaufsystems

4.024   10.3   Fragentyp A 3

Welche Aussage trifft nicht zu? Blutcapillaren fehlen normalerweise in

A. Cornea

B. Dentin

C. Epithelgewebe

D. Herzklappen

E. Iris

4.025   10.3   Fragentyp A 3

Welche Aussage trifft nicht zu? Regionäre Lymphknoten können Lymphe erhalten

A. aus einem Organ

B. aus mehreren Organen

C. aus Lymphknoten einer Region

D. aus mehreren Regionen

E. aus Organen mehrerer Regionen

4.026   10.3   Fragentyp A 3

Welche Aussage trifft <u>nicht</u> zu? Für die histologische
Diagnose "Lymphknoten" sind wichtig

A. Randsinus

B. Intermediärsinus

C. Läppchengliederung

D. Marksinus

E. Lymphfollikel als "Rindenknötchen"

4.027   10.3   Fragentyp C

Die V. umbilicalis führt sauerstoffarmes Blut,

<u>weil</u>

die V. umbilicalis im venösen Schenkel des großen Kreislaufs Blut zum Herzen befördert.

4.028   10.3   Fragentyp C

Die Leber ist beim älteren Feten relativ voluminös,

<u>weil</u>

durch die Leber alles Blut aus der V. umbilicalis fließt.

4.029   10.3   Fragentyp C

Arterien können auch sauerstoffarmes, Venen auch sauerstoffreiches Blut enthalten,

weil

die Bezeichnung Arterie und Vene nur die Strömungsrich-
tung des Blutes im Kreislauf angibt.

4.030   10.3   Fragentyp C

Venenklappen sind an den Venen der unteren Extremität
funktionell besonders wichtig,

weil

durch Venenklappen die Rückförderung des Blutes -ent-
gegen der Schwerkraft- erleichtert wird.

4.031   10.3   Fragentyp C

Die Wand der Venen ist deutlicher in drei Schichten gegliedert als die der Arterien,

weil

in der Venenwand die Tunica adventitia scharf gegen die
Tunica media abgegrenzt ist.

4.032   10.3   Fragentyp D

Welche Aussagen treffen zu?

1) Der Motor des kleinen (Lungen-) Kreislaufs ist die
   rechte Herzkammer.

2) Der große (Körper-) Kreislauf setzt sich aus (Organ-)
   Kreisläufen zusammen, deren Venenblut hinsichtlich
   der von ihm transportierten Stoffe große Unterschiede
   aufweisen kann.

3) Die Lymphbahnen sind im Hinblick auf die Strömungs-
   richtung Parallelwege der Venen.

4) Alle lymphatischen Organe besitzen lymphatische Vasa
   afferentia.

Wählen Sie bitte die zutreffende Aussagenkombination.

A. Nur 4 ist richtig

B. Nur 1 und 2 sind richtig

C. Nur 2 und 3 sind richtig

D. Nur 1, 2 und 3 sind richtig

E. Alle Aussagen sind richtig

4.033   10.3   Fragentyp D

Welche Aussagen treffen zu?

1) Im Venenplexus anastomosieren Venen geflechtartig miteinander.

2) Die Gefäßkollaterale bildet eine zum Hauptgefäßweg parallele Anastomose.

3) Die Pfortader speist ein venöses Wundernetz.

4) Als arteriovenöse Anastomose bezeichnet man das Capillarbett zwischen präcapillärer Arterie und postcapillärer Vene.

Wählen Sie bitte die zutreffende Aussagenkombination.

A. Nur 1 ist richtig

B. Nur 2 und 3 sind richtig

C. Nur 1, 2 und 3 sind richtig

D. Nur 2, 3 und 4 sind richtig

E. Alle Aussagen sind richtig

4.034   10.3   Fragentyp D

Welche Aussagen treffen zu?

1) Organeigene, nur der Ernährung des betreffenden Organs dienende Blutgefäße werden als Vasa privata bezeichnet.

2) Vasa publica stehen unmittelbar im Dienst des Gesamtorganismus.

3) Sperrarterien können die Durchblutung des nachfolgenden Capillarbetts vermindern.

4) Drosselvenen können den Abfluß aus dem vorgeschalteten Capillarbett begrenzen.

Wählen Sie bitte die zutreffende Aussagenkombination.

A. Nur 2 ist richtig

B. Nur 1 und 2 sind richtig

C. Nur 2 und 4 sind richtig

D. Nur 2, 3 und 4 sind richtig

E. Alle Aussagen sind richtig

4.035   10.3   Fragentyp D

Welche Aussagen treffen zu? Eine Membrana elastica interna besitzen

1) Arterien vom elastischen Typ

2) Arterien vom musculären Typ

3) Arteriolen

4) Venen

Wählen Sie bitte die zutreffende Aussagenkombination.

A. Nur 1 ist richtig

B. Nur 1 und 2 sind richtig

C. Nur 1, 2 und 3 sind richtig

D. Nur 1, 2 und 4 sind richtig

E. Alle Aussagen sind richtig

4.036 10.3 Fragentyp D

Welche Aussagen treffen zu?

1) Das Endothel ist in den Glomeruluscapillaren der Niere mit Poren versehen.

2) Die Wand der Arteriolen enthält nur ein bis zwei Lagen glatter Muskelzellen.

3) Die Wand der Sinus durae matris ist frei von Muskelgewebe.

4) Das Endothel der Lebersinusoide besitzt Poren.

Wählen Sie bitte die zutreffende Aussagenkombination.

A. Nur 2 ist richtig

B. Nur 1 und 2 sind richtig

C. Nur 3 und 4 sind richtig

D. Nur 1, 2 und 4 sind richtig

E. Alle Aussagen sind richtig

4.037 10.3 Fragentyp D

Welche Aussagen treffen zu?

1) Die Klappenabstände im Ductus thoracicus sind größer als in den peripheren Lymphgefäßen.

2) Die Lymphe ist wie das Blut gerinnungsfähig.

3) Epithelien und Knorpelgewebe besitzen keine Lymphgefäße.

4) Im Gegensatz zu den meisten Blutcapillaren haben die Lymphcapillaren häufig keine vollständige Basallamina.

Wählen Sie bitte die zutreffende Aussagenkombination.

A. Nur 1 und 2 sind richtig

B. Nur 2 und 3 sind richtig

C. Nur 1, 3 und 4 sind richtig

D. Nur 2, 3 und 4 sind richtig

E. Alle Aussagen sind richtig

4.038   10.3   Fragentyp D

Welche Aussagen treffen zu?

1) Lymphcapillaren beginnen blind (ohne dauerhafte Öffnung) im zwischenzelligen Raum.
2) Die Leitgefäße der Lymphbahnen bilden Gefäßnetze.
3) Die Transportgefäße der Lymphbahnen bestehen aus
   kontraktilen Klappensegmenten
4) Die Lymphe ist frei von Blutkörperchen.

Wählen Sie bitte die zutreffende Aussagenkombination.

A. Nur 4 ist richtig
B. Nur 1 und 2 sind richtig
C. Nur 2 und 4 sind richtig
D. Nur 1, 2 und 3 sind richtig
E. Alle Aussagen sind richtig

4.039   10.3   Fragentyp D

Welche Aussagen treffen zu?

1) Lymphfollikel können während des ganzen Lebens neu
   entstehen.
2) Die Lymphfollikel in der Rinde der Lymphknoten enthalten hauptsächlich B-Lymphocyten.
3) T-Lymphocyten sind vorwiegend in der paracorticalen
   Zone der Lymphknoten angesiedelt.
4) Die aus dem Netz der Lymphcapillaren hervorgehenden
   Lymphgefäße sind aus kurzen Klappensegmenten zusammengesetzt.

Wählen Sie bitte die zutreffende Aussagenkombination.

A. Nur 1 ist richtig
B. Nur 1 und 4 sind richtig
C. Nur 2 und 3 sind richtig
D. Nur 1, 2 und 3 sind richtig
E. Alle Aussagen sind richtig

d) Blutzellen und Blutzellbildung

4.040	1O.4	Fragentyp A 1

Welche Aussage trifft zu? Als erhöht gilt beim Erwachsenen eine Leukocyten-Zahl pro mm^3 Blut ab

A. 3000

B. 6000

C. 10 000

D. 18 000

E. 24 000

4.041	1O.4	Fragentyp A 1

Welche Aussage trifft zu? Die größten Zellen, die man in einem Knochenmarkausstrich finden kann, sind

A. Plasmazellen

B. Myeloblasten

C. Proerythroblasten

D. Makroblasten

E. Megakaryocyten

4.042	1O.4	Fragentyp A

Welche Aussage trifft zu? Blutbildung im Knochenmark setzt ein

A. beim Embryo in der 4. Schwangerschaftswoche

B. beim Embryo in der 8. Schwangerschaftswoche

C. beim Feten in der 2. Schwangerschaftshälfte

D. im Laufe des 1. Lebensjahres

E. mit Abschluß des Längenwachstums

4.043   10.4   Fragentyp A 1

Welche Aussage trifft zu? Eine Linksverschiebung des
weißen Blutbilds liegt vor, wenn

A. vermehrt stabkernige neutrophile Granulocyten auftreten

B. vermehrt übersegmentierte neutrophile Granulocyten
auftreten

C. die normal segmentierten Granulocyten absolut ver-
mindert sind

D. vermehrt Lymphocyten auftreten

E. Lymphocyten gegenüber Granulocyten in der Minderheit
sind

4.044   10.4   Fragentyp A 3

Welche Aussage trifft nicht zu? Im strömenden Blut findet
man regelmäßig

A. Monocyten

B. Stabkernige Granulocyten

C. Reticulocyten

D. Plasmazellen

E. basophile Granulocyten

4.045   10.4   Fragentyp A 3

Welche Aussage trifft nicht zu? Lymphfollikel in Gestalt
von Sekundärknötchen kommen regelmäßig vor

A. in der Lamina propria der Dünndarmwand

B. im Bindegewebe der Zungenbälge

C. in der Thymusrinde

D. in der Wand der Appendix vermiformis

E. in der Lamina propria der Pars pylorica des Magens

Ordnen Sie bitte jedem der in Liste 1 genannten Leukocy-
ten den zutreffenden, im normalen Blut vorkommenden Pro-
zentanteil (Liste 2) zu.

	Liste 1	Liste 2
4.046	Eosinophiler Granulocyt	A. unter 1 %
4.047	Lymphocyt	B. 1 - 5 %
		C. 5 - 10 %
		D. 20 - 30 %
		E. über 50 %

Ordnen Sie bitte jedem der in Liste 1 genannten Leukocy-
ten den zutreffenden, im normalen Blut vorkommenden Pro-
zentanteil (Liste 2) zu.

	Liste 1	Liste 2
4.048	Neutrophiler Granulocyt	A. unter 1 %
4.049	Basophiler Granulocyt	B. 1 - 5 %
		C. etwa 40 %
		D. 60 - 70 %
		E. über 90 %

4.050
4.051   10.4   Fragentyp B
_____

Ordnen Sie bitte jeder der in Liste 1 genannten Zellen
die jeweils zutreffende Verweildauer im strömenden Blut
(Liste 2) zu.

Liste 1   Liste 2
_____   _____

4.050 Erythrocyten   A. etwa 1 Tag

4.051 Neutrophile Granulocyten   B. unbestimmt, da
                                    Rezirkulation

                                 C. 100 - 120 Tage

                                 D. 7 Jahre

                                 E. das ganze Leben

4.052
4.053   10.4   Fragentyp B
_____

Ordnen Sie bitte jeder der in Liste 1 genannten Zellen
die jeweils zutreffende funktionelle bzw. morphologische
Eigenschaft (Liste 2) zu.

Liste 1   Liste 2
_____   _____

4.052 Erythrocyten   A. Metachromasie

4.053 Blutplättchen   B. Radspeichenstruktur des
                                    Zellkerns

                                 C. Zusammenlagerung in
                                    "Geldrollenform"

                                 D. enthalten Thrombokinase

                                 E. enthalten Substantia
                                    granulo-filamentosa

4.054
4.055   10.4   Fragentyp B
_____

Ordnen Sie bitte jeder der in Liste 1 genannten Zellen
die jeweils zutreffende Eigenschaft (Liste 2) zu.

Liste 1

4.054 neutrophile Granulocyten

4.055 eosinophile Granulocyten

Liste 2

A. zellständiger Anti-
   körper

B. mehrfach segmentier-
   ter Kern

C. Granula mit Kristall-
   struktur

D. Lipofuscingehalt

E. Metachromasie

4.056   10.4   Fragentyp C

Der ausgereifte Erythrocyt ist nicht mehr zur Synthese
von Proteinen (Hämoglubin) befähigt,

weil

der ausgereifte Erythrocyt u.a. weder Zellkern noch Ribosomen besitzt.

4.057   10.4   Fragentyp C

Reticulocyten zeichnen sich durch das Vorkommen von Substantia granulo-filamentosa aus,

weil

bei Reticulocyten der Zellkern in einzelne Teile zerfal-
len ist.

4.058   10.4   Fragentyp C

Thrombocyten können als Zellfragmente bezeichnet werden,

weil

Thrombocyten von Makroblasten ausgestoßen werden.

4.059   10.4   Fragentyp C

Die Bestimmung der Verweildauer der Lymphocyten im strömenden Blut ist unsicher,

weil

die Lymphocyten bei Rezirkulation aus dem Blut ins Gewebe eintreten können.

4.060   10.4   Fragentyp D

Welche Aussagen treffen zu?

1) Monocyten sind durchschnittlich größer als Lymphocyten.

2) Granulocyten sind durchschnittlich größer als Erythrocyten.

3) Granulocyten sind durchschnittlich größer als Monocyten.

4) Lymphocyten sind durchschnittlich größer als Thrombocyten.

Wählen Sie bitte die zutreffende Aussagenkombination.

A. Nur 1 ist richtig

B. Nur 1 und 2 sind richtig

C. Nur 1, 2 und 4 sind richtig

D. Nur 2, 3 und 4 sind richtig

E. Alle Aussagen sind richtig

e) Allgemeine Anatomie der Drüsen

4.061   10.5   Fragentyp A 1

Welche Aussage trifft zu? Talgdrüsen sezernieren

A. holokrin

B. apokrin

C. merokrin

D. ekkrin

E. endokrin

4.062   10.5   Fragentyp A 1

Welche Aussage trifft zu? Mucöse Drüsenzellen

A. haben überwiegend runde Zellkerne

B. sitzen halbmondförmig serösen Endstücken auf

C. sezernieren in der Regel apokrin

D. erscheinen bei H.E.-Färbung hell

E. produzieren ein dünnflüssiges Sekret

4.063   10.5   Fragentyp A 3

Welche Aussage trifft nicht zu? Die Epithelzellen seröser Drüsen

A. besitzen runde Kerne, die annähernd im Massenmittelpunkt der Zellen liegen

B. werden durch eine Basalmembran vom umgebenden Stroma abgegrenzt

C. besitzen im Cytoplasma reichlich rauhes endoplasmatisches Reticulum

D. bilden ein Mucopolysaccharid-reiches Sekret (PAS-positiv)

E. geben das Sekret durch Exocytose in das Acinuslumen ab

4.064   1O.5   Fragentyp A 3

Welche Aussage trifft nicht zu? Endokrine Drüsen

A. haben keine Ausführungsgänge
B. sind reich durchblutet
C. sind nervenfrei
D. produzieren Hormone
E. dienen der Regulation und Integration von Körperfunktionen

4.065   1O.5   Fragentyp A 3

Welche Aussage trifft nicht zu? Drüsen können eingeteilt werden nach der

A. Gestalt des Drüsenendstücks
B. Art der Sekretextrusion
C. Art und Weg des Sekretabtransports
D. Innervation des Drüsenendstücks
E. chemischen Beschaffenheit des Sekrets

4.066   1O.5   Fragentyp A 3

Welche Aussage trifft nicht zu?

A. Exokrine Drüsen besitzen stets einen Ausführungsgang.
B. Endokrine Drüsen besitzen niemals einen Ausführungsgang.
C. Exokrine Zellen kommen nur im Drüsenverband vor.
D. Endokrine Zellen kommen auch, außer in endokrinen Drüsen, in anderen Organen vor.
E. Exokrine Drüsen geben ihr Produkt nie direkt in die Blutbahn ab.

4.067   1O.5   Fragentyp C

In holokrinen Drüsen kann das Drüsenepithel nicht einschichtig sein, weil

in holokrinen Drüsen die bei der Sekretion zugrunde-
gehenden Zellen stetig durch nachwachsende Zellen ersetzt
werden.

| 4.068 | 10.5 | Fragentyp C |

Das Sekret der exokrinen Pankreaszellen kann lichtmikroskopisch nicht gesehen werden,

weil

das Sekret der exokrinen Pakreaszellen in Form von sehr
kleinen Sekretgranula abgegeben wird, die ohne Eröffnung
der Zellmembran durch Exocytose die Zelle verlassen.

| 4.069 | 10.5 | Fragentyp C |

Das vegetative Nervensystem kann Einfluß auf die Entleerung von Drüsen nehmen, die Myoepithelzellen besitzen,

weil

das vegetative Nervensystem die Myoepithelzellen innerviert.

| 4.070 | 10.5 | Fragentyp C |

Myoepithelzellen können zur Entleerung sog. apokriner
Drüsen beitragen,

weil

Myoepithelzellen als kontraktile Elemente zwischen Drüsenzellen und Basalllamina liegen.

4.071   10.5   Fragentyp D

Welche Aussagen treffen zu?

1) Die Proteinsynthese in Drüsenzellen findet an Ribosomen statt, die dem endoplasmatischen Reticulum an-
   liegen.

2) Die Proteine gelangen in Vesikeln zum Golgi-Apparat.

3) Im Golgi-Apparat erfolgt Stapelung, bei einigen Sekreten auch weitere chemische Umwandlung des Sekrets.

4) Drüsenzellen, die Proteinsekrete bilden, sind stark
   acidophil.

Wählen Sie bitte die zutreffende Aussagenkombination.

A. Nur 1 ist richtig

B. Nur 1 und 3 sind richtig

C. Nur 1, 2 und 3 sind richtig

D. Nur 2, 3 und 4 sind richtig

E. Alle Aussagen sind richtig

4.072   10.5   Fragentyp D

Welche Aussagen treffen zu?

1) Milchdrüse und Duftdrüse stimmen hinsichtlich ihres
   Sekretionstyps überein.

2) In ekkrinen Schweißdrüsen und in endokrinen Drüsen
   wird das Produkt in gleichartiger Weise aus den Zellen geschleust.

3) In apokrinen Drüsen entsteht lichtmikroskopisch der
   Eindruck, daß bei der Sekretion Cytoplasmateile abge-
   schnürt werden.

4) In holokrinen Drüsen gehen die Drüsenzellen bei der
   Sekretion zugrunde.

Wählen Sie bitte die zutreffende Aussagenkombination.

A. Nur 4 ist richtig

B. Nur 1, 2 und 3 sind richtig

C. Nur 1, 2 und 4 sind richtig

D. Nur 2, 3 und 4 sind richtig

E. Alle Aussagen sind richtig

4.073   10.5   Fragentyp D

Welche Aussagen treffen zu?

1) Die Epithelzellen seröser Drüsen besitzen meist ba-
   salständige, platte Zellkerne.
2) Die Epithelzellen mucöser Zellen enthalten in der Regel mittelständige, runde Zellkerne.
3) Die Myoepithelzellen sind entweder korbartig oder
   spindelförmig.
4) Gemischte Drüsen enthalten Zellen mit unterschiedli-
   chen Extrusionsformen.

Wählen Sie bitte die zutreffende Aussagenkombination.

A. Nur 3 ist richtig
B. Nur 1 und 2 sind richtig
C. Nur 1, 3 und 4 sind richtig
D. Nur 2, 3 und 4 sind richtig
E. Alle Aussagen sind richtig

4.074   10.5   Fragentyp D

Welche Aussagen treffen zu?

1) Im Ausführungsgangsystem von großen Drüsen wird die
   Zusammensetzung des Sekrets nicht mehr verändert.
2) Schaltstücke werden von platten Epithelzellen ausgekleidet.
3) In den Streifenstücken (Sekretrohren) weisen die Epithelzellen tiefe basale Einfaltungen des Plasmalemms
   auf.
4) Ein Ductus excretorius der großen Speicheldrüsen hat
   gewöhnlich ein zweireihiges Epithel.

Wählen Sie bitte die zutreffende Aussagenkombination.

A. Nur 1 ist richtig
B. Nur 2 und 3 sind richtig
C. Nur 3 und 4 sind richtig
D. Nur 1, 3 und 4 sind richtig
E. Nur 2, 3 und 4 sind richtig

f) Allgemeine Anatomie der Schleimhäute und der serösen Höhlen

---

4.075	1O.6	Fragentyp A 3

Welche Aussage trifft nicht zu? Schleimhäute bedecken
die inneren Oberflächen der Hohlorgane des

A. Verdauungssystems

B. Bronchialbaums

C. Harnsystems

D. Kreislaufsystems

E. Genitalapparats

4.076	1O.6	Fragentyp A 3

Welche Aussage trifft nicht zu? Die Epithelschicht der
Schleimhaut besteht

A. in der Speiseröhre aus mehrschichtigem unverhorntem
   Plattenepithel

B. im Magen aus zweireihigem, hochprismatischem Epithel

C. im Dickdarm aus einschichtigem, hochprismatischem Epithel

D. im Harnleiter aus Übergangsepithel

E. in der Luftröhre aus mehrreihigem Flimmerepithel

4.077	1O.6	Fragentyp A 3

Welche Aussage trifft nicht zu? Seröse Häute

A. kleiden capilläre Spalträume aus

B. besitzen einschichtiges hochprismatisches Epithel

C. besitzen eine Serosabindegewebsschicht

D. überkleiden als Serosa visceralis innere Organe

E. bedecken als Serosa parietalis die Wand seröser Höhlen

4.078   10.6   Fragentyp A 3

Welche Aussage trifft <u>nicht</u> zu? An eine seröse Höhle
grenzt unmittelbar

A. die Lunge

B. das Herz

C. die Niere

D. die Leber

E. der Hoden

4.079   10.6   Fragentyp C

Im Schleimhautbindegewebe des Ileum liegt ein Teil des
spezifischen Abwehrsystems,

<u>weil</u>

das Schleimhautbindegewebe des Ileum Nodi lymphatici
aggregati enthält.

4.080   10.6   Fragentyp C

Die Schleimhaut der Harnblase wird als Tunica mucosa bezeichnet,

<u>weil</u>

die Schleimhaut der Harnblase eine Lamina muscularis
mucosae ausbildet.

4.081 10.6 Fragentyp D

Welche Aussagen treffen zu?

1) Das Schleimhautepithel im Harnleiter besitzt schleim-
bildende Becher-Zellen.

2) Sezernierendes Schleimhautepithel in den Magendrüsen
wird aus Haupt-, Neben- und Belegzellen zusammengesetzt.

3) Resorbierendes Schleimhautepithel ist im Magen-Darm-
Trakt einschichtig hochprismatisch.

4) Protektives Schleimhautepithel in Mundhöhle und Speiseröhre ist ein mehrschichtiges unverhorntes Plattenepithel.

Wählen Sie bitte die zutreffende Aussagenkombination.

A. Nur 1 ist richtig

B. Nur 1 und 2 sind richtig

C. Nur 2 und 3 sind richtig

D. Nur 2, 3 und 4 sind richtig

E. Alle Aussagen sind richtig

4.082 10.6 Fragentyp D

Welche Aussagen treffen zu? Die submucöse Bindegewebsschicht enthält

1) im Magen Leitungsbahnen für die Schleimhaut

2) im Duodenum Glandulae duodenales (Brunnersche Drüsen)

3) im Jejunum den vegetativen Plexus myentericus

4) im Colon lockeres Bindegewebe als Verschiebeschicht

Wählen Sie bitte die zutreffende Aussagenkombination.

A. Nur 3 ist richtig

B. Nur 1 und 2 sind richtig

C. Nur 1, 2 und 3 sind richtig

D. Nur 1, 2 und 4 sind richtig

E. Alle Aussagen sind richtig

4.083   10.6   Fragentyp D

Welche Aussagen treffen zu?

1) In serösen Höhlen sind Eingeweide gegeneinander beweglich.
2) In serösen Höhlen öffnen sich Lymphgefäße und sondern Lymphe ab.
3) Aus serösen Höhlen kann Flüssigkeit in großen Mengen
   resorbiert werden.
4) Seröse Höhlen ermöglichen die Beweglichkeit zwischen
   Eingeweiden und Rumpfrand.

Wählen Sie bitte die zutreffende Aussagenkombination.

A. Nur 1 ist richtig
B. Nur 1 und 2 sind richtig
C. Nur 1 und 3 sind richtig
D. Nur 1, 3 und 4 sind richtig
E. Alle Aussagen sind richtig

4.084   10.6   Fragentyp D

Welche Aussagen treffen zu?

1) Das Peritoneum viscerale intraperitoneal gelegener
   Organe bildet Umschlaglinien mit dem Peritoneum parietale.
2) Das Peritoneum viscerale bedeckt retroperitoneal gelegene Organe einseitig und bildet eine Umschlaglinie
   mit dem Peritoneum parietale.
3) Retroperitoneal gelegene Organe werden über ein "Meso"
   mit Leitungsbahnen versorgt.
4) Extraperitoneal gelegene Organe besitzen keine unmit-
   telbare räumliche Beziehung zum Peritoneum parietale.

Wählen Sie bitte die zutreffende Aussagenkombination.

A. Nur 4 ist richtig
B. Nur 1 und 2 sind richtig
C. Nur 1 und 4 sind richtig
D. Nur 2, 3 und 4 sind richtig
E. Alle Aussagen sind richtig

g) Allgemeine Anatomie des Nervensystems

4.085   10.7   Fragentyp A 1

Welche Aussage trifft zu? Das Neuropil

A. wird von der Gesamtheit der zwischen den Perikarya
   gelegenen Fortsätze der Nervenzellen und den Glia-
   zellen gebildet
B. ist die gemeinsame Bezeichnung für Dendriten und
   Neurit
C. ist die Summe der Neurofibrillen
D. sind die Bindegewebsfasern im Zentralnervensystem
E. sind die Nervenfasern im Filum terminale

4.086   10.7   Fragentyp A 1

Welche Aussage trifft zu? Unter einem präganglionären
Neuron versteht man

A. das jeweils vorherige Neuron in einer Neuronkette
B. jedes sensorische Neuron
C. das 1. efferente Neuron eines vegetativen Nerven
D. das 2. Neuron der Sehbahn
E. das afferente Neuron eines Reflexbogens

4.087   10.7   Fragentyp A 1

Welche Aussage trifft zu? Das erste efferente Neuron des
Sympathicus entspringt

A. im Mittelhirn
B. in der Medulla oblongata
C. im cervicalen oder im sacralen Bereich des Rückenmarks
D. im thoracolumbalen Bereich des Rückenmarks
E. in den prävertebralen Ganglien

4.088   10.7   Fragentyp A 3

Welche Aussage trifft <u>nicht</u> zu? Zu einem Reflexbogen gehören

A. Receptor
B. afferentes Neuron
C. intrafusale Fasern
D. efferentes Neuron
E. Effektor

4.089   10.7   Fragentyp A 3

Welche Aussage trifft <u>nicht</u> zu? Bestandteile einer Muskelspindel sind

A. intrafusale Muskelfasern
B. Bindegewebskapsel
C. motorische Endplatte (Aγ-Faser)
D. sensible Endapparate (von Aα-Fasern)
E. motorische Endplatte (Aα-Faser)

4.090   10.7   Fragentyp A 3

Welche Aussage trifft <u>nicht</u> zu? Bestandteile einer
Synapse sind

A. präsynaptische Membran
B. Transmitterorganellen
C. Synapsenspalt
D. Basalmembran
E. subsynaptische Membran

4.091   1O.7   Fragentyp A 3

Welche Aussage trifft nicht zu? Myoneurale Verbindungen

A. haben keine synaptischen Bläschen

B. haben im Synapsenspalt ein Basallamina-ähnliches Material

C. sind durch subneurale Faltenfelder ausgezeichnet

D. kommen an einigen Muskelfasern in großer Zahl vor

E. sind markscheidenfrei

4.092   1O.7   Fragentyp A 3

Welche Aussage trifft nicht zu? Das intramurale Nervensystem

A. liegt in der Wand innerer Hohlorgane

B. wird von Perikaryen und Geflechten vegetativer Nervenfasern gebildet

C. enthält in der Regel Perikarya zweiter efferenter Parasympathicusneurone

D. des Colon descendens steht unter dem Einfluß des N.vagus

E. des Rectum wird von den Nn. splanchnici pelvini beeinflußt.

4.093   1O.7   Fragentyp A 3

Welche Aussage trifft nicht zu? Ein Dermaton

A. wird hauptsächlich von Spinalnerven eines bestimmten Rückenmarkssegments innerviert

B. wird zusätzlich von den Spinalnerven der benachbarten Rückenmarkssegmente überlappend innerviert

C. kann sich (durch die Art der Verschaltung des efferenten Neurons) als Headsche Zone bemerkbar machen

D. wird bei Zerstörung der Hinterwurzel eines einzigen Rückenmarksnerven nicht völlig anaesthetisch

E. wird immer von dem Spinalnerven versorgt, der auch die unterlagerte Muskulatur innerviert

4.094
4.095
4.096   10.7   Fragentyp B

Ordnen Sie bitte den in Liste 1 genannten Begriffen die
jeweils zutreffende Erklärung (Liste 2) zu.

Liste 1	Liste 2

4.094 Cortex   A. Ansammlung von Perikarya
                             im ZNS außerhalb der Hirn-
4.095 Fasciculus   rinde

4.096 Nucleus   B. Nervenfasergeflecht

                          C. Ansammlung von Perikarya
                             im peripheren Nervensystem

                          D. Nervenfaserbündel

                          E. graue Substanz an der Hirn-
                             oberfläche

4.097   10.7   Fragentyp C

Im peripheren vegetativen Nervensystem liegt der Neurit
des 2. efferenten Neurons nackt im Bindegewebe,

weil

der Neurit des 2. efferenten Neurons keine Markscheide
besitzt.

4.098   10.7   Fragentyp C

Im Bereich des Plexus brachialis lassen sich Dermatome
nicht abgrenzen,

weil

in den Plexusnerven Fasern aus mehreren Spinalnerven verlaufen.

4.099   10.7   Fragentyp D

Welche Aussagen treffen zu?

1) Das Zentralnervensystem läßt sich in Gehirn und
   Rückenmark gliedern.

2) Die weiße Substanz des Zentralnervensystems besteht
   im wesentlichen aus markhaltigen Nervenfasern.

3) Die graue Substanz des Zentralnervensystems wird von
   Nervenzellansammlungen gebildet.

4) Im peripheren Nervensystem fehlen Nervenzellen.

Wählen Sie bitte die zutreffende Aussagenkombination.

A. Nur 1 ist richtig

B. Nur 2 und 3 sind richtig

C. Nur 2 und 4 sind richtig

D. Nur 1, 2 und 3 sind richtig

E. Alle Aussagen sind richtig

4.100   10.7   Fragentyp D

Welche Aussagen treffen zu?

1) Hirnnerven sind periphere Nerven, die vom Gehirn ausgehen bzw. dorthin führen.

2) Der Mensch hat 25 Paar Rückenmarksnerven.

3) Im Spinalganglion wird die vegetative Afferenz vom
   1. auf das 2. Neuron umgeschaltet.

4) Die meisten Kopfganglien sind motorisch.

Wählen Sie bitte die zutreffende Aussagenkombination.

A. Nur 1 ist richtig

B. Nur 2 und 3 sind richtig

C. Nur 2 und 4 sind richtig

D. Nur 1, 2 und 4 sind richtig

E. Alle Aussagen sind richtig

4.101   10.7   Fragentyp D

Welche Aussagen treffen zu?

1) Interneurone können sowohl inhibitorisch als auch
   excitatorisch wirken.
2) Bei der Vorwärtshemmung liegt das hemmende Interneu-
   ron zwischen erregter Zelle und Folgezelle.
3) Für die Rückwärtshemmung sorgen im Rückenmark die
   Renshaw-Zellen.
4) Eine präsynaptische Hemmung kommt dadurch zustande,
   daß inhibitorische Neurone Synapsen mit der Endstrecke eines erregenden Axon bilden.

Wählen Sie bitte die zutreffende Aussagenkombination.

A. Nur 1 ist richtig

B. Nur 2 und 3 sind richtig

C. Nur 2 und 4 sind richtig

D. Nur 1, 2 und 4 sind richtig

E. Alle Aussagen sind richtig

4.102   10.7   Fragentyp D

Welche Aussagen treffen zu?

1) Synapsen sind zumeist polar in prä- und postsynapti-
   sche Struktur gegliedert.
2) Bei reziproken Synapsen bildet jede der beiden betei-
   ligten Zellen sowohl die prä- als auch die postsyn-
   aptische Struktur.
3) Chemische Erregungsübertragung ist auch über größere
   Entfernungen als die eines 20 nm breiten Synapsen-
   spaltes möglich.
4) Erregungsübertragung kann auch auf andere Weise als
   durch Transmitter erfolgen.

Wählen Sie bitte die zutreffende Aussagenkombination.

A. Nur 1 ist richtig

B. Nur 1 und 3 sind richtig

C. Nur 1 und 4 sind richtig

D. Nur 1, 3 und 4 sind richtig

E. Alle Aussagen sind richtig

4.103   10.7   Fragentyp D

Welche Aussagen treffen zu?

1) Ein Axon kann über Kollateralen mit zahlreichen Synapsen endigen.

2) An der präsynaptischen Membran kommt es im Zusammenhang mit der Transmitterfreisetzung zu Exocytosen.

3) Die durch Exocytosen in die präsynaptische Membran
   eingebauten Vesikelmembranen werden durch Endocytose
   wieder in den Synapsenkolben zurückgenommen.

4) Axo-axonale Synapsen sind immer Synapsen zwischen
   Kollateralen desselben Axon.

Wählen Sie bitte die zutreffende Aussagenkombination.

A. Nur 1 ist richtig

B. Nur 2 und 4 sind richtig

C. Nur 1, 2 und 3 sind richtig

D. Nur 2, 3 und 4 sind richtig

E. Alle Aussagen sind richtig

4.104   10.7   Fragentyp D

Welche Aussagen treffen zu?

1) Der Transmitter des präganglionären peripheren Neurons des Sympathicus ist Noradrenalin.

2) Der Transmitter des präganglionären peripheren Neurons des Parasympathicus ist Acetylcholin.

3) Der Transmitter des 2. Neurons des Parasympathicus
   ist Acetylcholin.

4) Durch Synapsen kann die Erregungsbildung im nachfolgenden Neuron gehemmt werden.

Wählen Sie bitte die zutreffende Aussagenkombination.

A. Nur 1 ist richtig

B. Nur 2 und 4 sind richtig

C. Nur 1, 2 und 4 sind richtig

D. Nur 2, 3 und 4 sind richtig

E. Alle Aussagen sind richtig

4.105   10.7   Fragentyp D

Welche Aussagen treffen zu?

1) Die cholinerge Innervation von Skeletmuskelfasern erfolgt über myoneurale Synapsen.

2) Der etwa 20 nm breite Synapsenspalt myoneuraler Synapsen enthält ein Basallamina-ähnliches Material.

3) Zur adrenergen Innervation glatter Muskelzellen ist
   keine, den cholinergen Synapsen vergleichbare, myo-
   neurale Synapse erforderlich.

4) Als "Synapsenspalt" dient der oft 500 nm breite Intercellularraum zwischen der Axonauftreibung und den
   glatten Muskelzellen.

Wählen Sie bitte die zutreffende Aussagenkombination.

A. Nur 1 ist richtig

B. Nur 2 und 3 sind richtig

C. Nur 1, 2 und 3 sind richtig

D. Nur 1, 3 und 4 sind richtig

E. Alle Aussagen sind richtig

4.106   10.7   Fragentyp D

Welche Aussagen treffen zu?

1) Die Basallamina des Endoneurium bildet die Myelinscheide.

2) Das Endoneurium umgibt Nervenfasern und führt Blutgefäße.

3) Das Perineurium umgibt Nervenfaserbündel als Stoff-
   wechselbarriere.

4) Das Epineurium schließt Nervenfaserbündel zu Nerven
   zusammen.

Wählen Sie bitte die zutreffende Aussagenkombination.

A. Nur 1 ist richtig

B. Nur 2 und 3 sind richtig

C. Nur 2 und 4 sind richtig

D. Nur 2, 3 und 4 sind richtig

E. Alle Aussagen sind richtig

4.107   10.7   Fragentyp D

Welche Aussagen treffen zu?

1) Die gemeinsame motorische Endstrecke im animalen Nervensystem besteht nur aus einem Neuron.

2) Kennzeichnend für das vegetative Nervensystem ist der Aufbau der efferenten Strecke aus zwei Neuronen.

3) Die Wurzelzellen des Sympathicus liegen in den thorakalen und lumbalen Segmenten des Rückenmarks.

4) Die Transmittersubstanz des Parasympathicus ist Acetylcholin.

Wählen Sie bitte die zutreffende Aussagenkombination.

A. Nur 1 ist richtig

B. Nur 2 und 3 sind richtig

C. Nur 2 und 4 sind richtig

D. Nur 2, 3 und 4 sind richtig

E. Alle Aussagen sind richtig

4.108   10.7   Fragentyp D

Welche Aussagen treffen zu?

1) Die Perikaryen der präganglionären Neurone des Sympathicus liegen überwiegend im Seitenhorn der thorakalen und der lumbalen Segmente des Rückenmarks.

2) Der Grenzstrang besteht etwa zur Hälfte aus afferenten und aus efferenten Fasern.

3) Die präganglionären Fasern des Sympathicus erreichen den Grenzstrang über Rr. communicantes.

4) Die Nn. splanchnici des Grenzstrangs bestehen aus postganglionären Fasern.

Wählen Sie bitte die zutreffende Aussagenkombination.

A. Nur 1 ist richtig

B. Nur 2 und 3 sind richtig

C. Nur 2 und 4 sind richtig

D. Nur 1, 2 und 3 sind richtig

E. Alle Aussagen sind richtig

4.109   10.7   Fragentyp D

Welche Aussagen treffen zu?

1) Postganglionäre Fasern aus dem Ganglion cervicale superius innervieren vor allem Gefäße, Drüsen und glatte Muskeln des Kopfes.

2) Das Ganglion cervicothoracicum entsendet Fasern zum Plexus cardiacus und zum Arm.

3) Nn. cardiaci werden auch vom Ganglion cervicale superius und Ganglion cervicale medium abgegeben.

4) Die in den Thorakalsegmenten VI-XII entspringenden Nn. splanchnici ziehen zu den Baucheingeweiden.

Wählen Sie bitte die zutreffende Aussagenkombination.

A. Nur 1 ist richtig

B. Nur 2 und 3 sind richtig

C. Nur 2 und 4 sind richtig

D. Nur 2, 3 und 4 sind richtig

E. Alle Aussagen sind richtig

4.110   10.7   Fragentyp D

Welche Aussagen treffen zu?

1) Übergeordnete vegetative Zentren liegen im Hypothalamus.

2) Ursprungszellen der präganglionären Fasern des mesencephalen Parasympathicus bilden den parasympathischen Anteil des Oculomotoriuskerns.

3) Nervenfasern aus dem rhombencephalen parasympathischen Kerngebiet, die in den N. glossopharyngeus eintreten, schließen sich größtenteils den sensiblen Fasern des N. tympanicus an.

4) Präganglionäre Neurone des sacralen Parasympathicus treten in den Plexus hypogastricus inferior ein.

Wählen Sie bitte die zutreffende Aussagenkombination.

A. Nur 1 ist richtig

B. Nur 2 und 3 sind richtig

C. Nur 3 und 4 sind richtig

D. Nur 1, 2 und 4 sind richtig

E. Alle Aussagen sind richtig

4.111 10.7 Fragentyp D

Welche Aussagen treffen zu?

1) Sekretorische Fasern zu den Schweißdrüsen des Kopfes verlaufen auch im N. facialis.

2) Die Perikaryen der präganglionären parasympathischen Fasern zu den Mm. sphincter pupillae und ciliaris liegen im Mittelhirn.

3) Aus dem Nucleus salivatorius (superior) ziehen sekretorische Fasern über den N. facialis zum Ganglion submandibulare.

4) Der N. vagus führt sensible Fasern aus dem äußeren Gehörgang und aus der hinteren Schädelgrube.

Wählen Sie bitte die zutreffende Aussagenkombination.

A. Nur 1 ist richtig

B. Nur 2 und 3 sind richtig

C. Nur 2 und 4 sind richtig

D. Nur 1, 2 und 3 sind richtig

E. Alle Aussagen sind richtig

4.112 10.7 Fragentyp D

Welche Aussagen treffen zu?

1) Die Hinterwurzeln aller Rückenmarksnerven führen auch vegetative Fasern.

2) In das Ganglion coeliacum senken sich die Hauptanteile der Nn. splanchnici und des dorsalen Vagusstammes ein.

3) Die sympathischen und animalischen Hautinnervationsfelder für Schmerz und Schweißdrüsensekretion sind annähernd deckungsgleich.

4) Postganglionäre sympathische Nervenfasern ziehen vom Ganglion cervicale superius in periarteriellen Geflechten zu den Speicheldrüsen des Kopfes.

Wählen Sie bitte die zutreffende Aussagenkombination.

A. Nur 1 ist richtig

B. Nur 2 und 3 sind richtig

C. Nur 2 und 4 sind richtig

D. Nur 1, 2 und 3 sind richtig

E. Alle Aussagen sind richtig

h) Haut und Hautanhangsgebilde

4.113   10.8   Fragentyp A 1

Welche Aussage trifft zu? Die Zellen der Epidermis sind abgestorben im

A. Stratum germinativum
B. Stratum basale
C. Stratum corneum
D. Stratum granulosum
E. Stratum spinosum

4.114   10.8   Fragentyp A 1

Welche Aussage trifft zu? Meissnersche Tastkörperchen liegen

A. in der Epidermis
B. im Corium der unbehaarten Haut und in Schleimhäuten
C. in der Subcutis der unbehaarten Haut
D. im Stratum synoviale der Gelenkkapsel
E. in inneren Organen

4.115   10.8   Fragentyp A 1

Welche Aussage trifft nicht zu? Melanocyten

A. liegen überwiegend in der basalen Zellschicht der
   Epidermis

B. enthalten als charakteristisches Zellelement Melano-
   somen

C. produzieren Melanin unter der Wirkung von Thyrosinase

D. geben Pigment an die umgebenden Epithelzellen ab

E. fehlen beim Albino

4.116   10.8   Fragentyp A 3

Welche Aussage trifft nicht zu? Aus Epithelzellen entstehen bzw. bestehen

A. der Haarschaft

B. die "epitheliale Wurzelscheide"

C. die Haarwurzel

D. die Haarpapille

E. die Haarbalgdrüse

4.117   10.8   Fragentyp A 3

Welche Aussage trifft nicht zu? Hormone beeinflussen

A. die Fettverteilung in der Subcutis

B. die Hautdurchblutung

C. Stärke und Verteilung der Terminalbehaarung

D. die Ausbildung der Hautleisten

E. Ausbildung und Sekretion der apokrinen Drüsen

4.118   10.8   Fragentyp C

Die Epidermis regeneriert gut,

weil

die Epidermis gut verhornt.

4.119   10.8   Fragentyp C

Bei Scherbewegungen der Haut von Handteller und Fußsohle
können "Wasserblasen" unter der Epidermis entstehen,

weil

bei Scherbewegungen die zahlreichen Lymphgefäße dieser
Hautpartien zerreißen.

4.120   10.8   Fragentyp C

An der Fußsohle wird das Fettgewebe der Subcutis bei
Unterernährung kaum reduziert,

weil

das Fettgewebe der Fußsohle Baufett ist.

4.121   10.8   Fragentyp C

An der Rumpfwand verlaufen die Hautsegmente annähernd
horizontal,

weil

sich an der Rumpfwand die metamere Gliederung der Leibeswand ausprägt.

4.122   10.8   Fragentyp C

Haar und Haarbalg sind deutlich als Hautderivate zu erkennen,

weil

in Haar und Haarbalg alle Schichten der Epidermis ver-
treten sind.

4.123   10.8   Fragentyp C

Terminalhaare können nach 3-4 Monaten ausgehen,

weil

bei Terminalhaaren die Matrix atrophiert und die ebenfalls atrophische Papille von einem nachwachsenden Haar
verdrängt wird.

4.124   10.8   Fragentyp C

Haare können fettig glänzen,

weil

in den Haarbalg stets eine Talgdrüse mündet.

4.125   10.8   Fragentyp C

Der Tonus des vegetativen Nervensystems läßt sich an
der Haut ablesen,

weil

das vegetative Nervensystem die Blutgefäße, Schweißdrüsen und die M. arrectores pilorum der Haut innerviert.

4.126   10.8   Fragentyp D

Welche Aussagen treffen zu?

1) Das Integumentum besteht aus Cutis und Subcutis.

2) Die Cutis setzt sich aus Epidermis und Corium zusammen.

3) Das Corium wird in das Stratum papillare und das Stratum reticulare gegliedert.

4) Die Subcutis führt Nerven und Gefäße zur Haut und dient als Verschiebeschicht.

Wählen Sie bitte die zutreffende Aussagenkombination.

A. Nur 1 ist richtig

B. Nur 2 und 3 sind richtig

C. Nur 2 und 4 sind richtig

D. Nur 1, 2 und 3 sind richtig

E. Alle Aussagen sind richtig

4.127   10.8   Fragentyp D

Welche Aussagen treffen zu?

1) Das Stratum germinativum ist die Regenerationsschicht der Epidermis.

2) Im Stratum granulosum der Epidermis werden die Desmosomen der Epithelzellen als kleinste Knötchen lichtmikroskopisch sichtbar.

3) Im Stratum lucidum findet Verhornung statt.

4) Hornschuppen enthalten noch Überreste von Zellbestandteilen.

Wählen Sie bitte die zutreffende Aussagenkombination.

A. Nur 1 ist richtig

B. Nur 1 und 4 sind richtig

C. Nur 1, 3 und 4 sind richtig

D. Nur 2, 3 und 4 sind richtig

E. Alle Aussagen sind richtig

4.128   10.8   Fragentyp D

Welche Aussagen treffen zu?

1) Haut, die durch feine Rinnen in polygonale Felder
   unterteilt ist, wird als Felderhaut bezeichnet.

2) Bei der Leistenhaut zeigt die Hautoberfläche parallel
   gerichtete Leisten und Furchen.

3) Beim Menschen überwiegt die Felderhaut.

4) Die Leisten der Leistenhaut entstehen unter mechani-
   schem Einfluß.

Wählen Sie bitte die zutreffende Aussagenkombination.

A. Nur 1 ist richtig

B. Nur 2 und 4 sind richtig

C. Nur 1, 2 und 3 sind richtig

D. Nur 1, 2 und 4 sind richtig

E. Alle Aussagen sind richtig

4.129   10.8   Fragentyp D

Welche Aussagen treffen zu?

1) Die Oberfläche der Haut besitzt einen "Säureschutzmantel".

2) Der Säureschutzmantel der Haut wird an den Körperpar-
   tien unterbrochen, an denen die Haut apokrine Schweißdrüsen besitzt.

3) Der Befestigung der Epidermis am Corium dient die Ver-
   zahnung zwischen Epidermis und Papillarkörper.

4) Der Papillarkörper des Corium bewirkt u.a. durch
   Oberflächenvergrößerung eine optimale Ernährung der
   Epidermis.

Wählen Sie bitte die zutreffende Aussagenkombination.

A. Nur 1 ist richtig

B. Nur 3 und 4 sind richtig

C. Nur 1, 2 und 4 sind richtig

D. Nur 1, 3 und 4 sind richtig

E. Alle Aussagen sind richtig

4.130   10.8   Fragentyp D

Welche Aussagen treffen zu?

1) Das Corium ist reich an Abwehrzellen.
2) Die Kollagenfasern des Stratum reticulare corii haben eine charakteristische Anordnung, so daß bei Ein-
   schnitten in die Haut Spaltlinien entstehen.
3) In der Subcutis befinden sich die Capillarschlingen,
   die maßgeblich an der Wärmeregulation beteiligt sind.
4) Das Corium hat Receptoren der Hautinnervation.

Wählen Sie bitte die zutreffende Aussagenkombination.

A. Nur 1 ist richtig
B. Nur 1 und 2 sind richtig
C. Nur 2 und 4 sind richtig
D. Nur 1, 2 und 4 sind richtig
E. Alle Aussagen sind richtig

4.131   10.8   Fragentyp D

Welche Aussagen treffen zu?

1) Die Haut wird zu den Sinnesorganen gerechnet, da in
   ihr u.a. Druck- und Temperaturreceptoren lokalisiert
   sind.
2) Die Receptoren aller Hautsinne liegen in der Epidermis.
3) Die Haarbälge sind frei von Receptoren.
4) Sogenannte freie Nervenendigungen gibt es nicht.

Wählen Sie bitte die zutreffende Aussagenkombination.

A. Nur 1 ist richtig
B. Nur 2 und 3 sind richtig
C. Nur 2 und 4 sind richtig
D. Nur 1, 2 und 4 sind richtig
E. Alle Aussagen sind richtig

4.132   1O.8   Fragentyp D

Welche Aussagen treffen zu? Vater-Pacinische Lamellen-
körperchen

1) bestehen aus einem zentralen Innenkolben und zwiebel-
   schalenförmig angeordneten lamellären Zellen

2) kommen sowohl im Unterhautbindegewebe als auch im
   Körperinneren (z.B. im Pankreas und in der Nähe von
   Blutgefäßen) vor

3) sind mit bloßem Auge zu erkennen

4) enthalten im Innenkolben das periphere Ende eines
   sensiblen Neurons, dessen Perikaryon im Spinalganglion zu finden ist

Wählen Sie bitte die zutreffende Aussagenkombination.

A. Nur 1 ist richtig

B. Nur 2 und 3 sind richtig

C. Nur 2 und 4 sind richtig

D. Nur 1, 2 und 4 sind richtig

E. Alle Aussagen sind richtig

4.133   1O.8   Fragentyp D

Welche Aussagen treffen zu?

1) Jede nervöse Struktur der Haut kann einer definierten Sinnesempfindung zugeordnet werden.

2) Meissnersche Tastkörperchen kommen gehäuft in Finger-
   und Zehenspitzen vor.

3) Die äußeren Genitalien sind reich an sensiblen Nervenkörperchen.

4) Nervenkörperchen liegen auch im Perimysium und an
   Sehnenansatzstellen.

Wählen Sie bitte die zutreffende Aussagenkombination.

A. Nur 1 ist richtig

B. Nur 1 und 3 sind richtig

C. Nur 2 und 4 sind richtig

C. Nur 2, 3 und 4 sind richtig

E. Alle Aussagen sind richtig

Welche Aussagen treffen zu?

1) In der Haut unterscheidet man ekkrine Schweißdrüsen
   mit saurem Sekret und apokrine.Schweißdrüsen (Duftdrüsen) mit alkalischem Sekret.

2) Die ekkrinen Schweißdrüsen sind unverzweigt und tu-
   bulär.

3) Die Ausführungsgänge der ekkrinen Schweißdrüsen des
   Handtellers treten durch die Epidermis und münden
   immer auf den Hautleisten.

4) Die Ausführungsgänge der Duftdrüsen münden in der
   Axilla in die Haarbälge ein.

Wählen Sie bitte die zutreffende Aussagenkombination.

A. Nur 1 ist richtig

B. Nur 2 und 3 sind richtig

C. Nur 2 und 4 sind richtig

D. Nur 1, 2 und 4 sind richtig

E. Alle Aussagen sind richtig

Welche Aussagen treffen zu?

1) Die Talgdrüsen sezernieren holokrin.

2) Die Talgdrüsen liegen im Corium und sind alveolär gebaut.

3) An Handtellern und Fußsohlen findet man mehr Talg-
   als Schweißdrüsen.

4) Die Glandulae tarsales des Augenlides sind holokrine
   Drüsen.

Wählen Sie bitte die zutreffende Aussagenkombination.

A. Nur 1 ist richtig

B. Nur 2 und 3 sind richtig

C. Nur 2 und 4 sind richtig

D. Nur 1, 2 und 4 sind richtig

E. Alle Aussagen sind richtig

4.136   10.8   Fragentyp D

Welche Aussagen treffen zu?

1) Die Brustdrüse besteht aus mehreren verzweigten tubulo-alveolären Einzeldrüsen.

2) Brustdrüse und Duftdrüsen stimmen hinsichtlich ihres Sekretionstyps überein.

3) Die Abgabe der Milch wird durch einen neuro-hormonalen Reflex gesteuert.

4) Colostrum ist eine fettreiche Vormilch, die bereits kurz vor der Geburt abgesondert wird.

Wählen Sie bitte die zutreffende Aussagenkombination.

A. Nur 1 ist richtig

B. Nur 2 und 3 sind richtig

C. Nur 2 und 4 sind richtig

D. Nur 1, 2 und 4 sind richtig

E. Alle Aussagen sind richtig

4.137   10.8   Fragentyp D

Welche Aussagen treffen zu?

1) Die Haare des Feten und Kindes werden Lanugo genannt.

2) Die Wurzelscheide eines Haars besteht aus einer epithelialen und einer bindegewebigen Wurzelscheide (Haarbalg).

3) Die Haarwurzeln von Terminalhaaren reichen in die Subcutis.

4) Am Haarbalg inserieren glatte Muskelzellen (M. arrector pili), die das schräg in der Haut befestigte Haar aufrichten können.

Wählen Sie bitte die zutreffende Aussagenkombination.

A. Nur 1 ist richtig

B. Nur 2 und 3 sind richtig

C. Nur 2 und 4 sind richtig

D. Nur 1, 2 und 4 sind richtig

E. Alle Aussagen sind richtig

Welche Aussagen treffen zu?

1) Nägel stammen aus der Epidermis und bilden als feste Hornplatten ein Widerlager für·den empfindlichen Tastapparat der Fingerballen.

2) Ein Nagel besteht aus dachziegelartig verbackenen Hornschuppen.

3) Die Neubildung eines Nagels erfolgt nur von dem Teil der Matrix aus, der proximal der Lunula liegt.

4) Die Lederhaut des Nagelbetts ist in ihren Längsleisten und Papillen besonders reich an Capillarschlingen, die die rosige Farbe des Nagels hervorrufen.

Wählen Sie bitte die zutreffende Aussagenkombination.

A. Nur 1 ist richtig

B. Nur 2 und 3 sind richtig

C. Nur 2 und 4 sind richtig

D. Nur 2, 3 und 4 sind richtig

E. Alle Aussagen sind richtig

II. Spezieller Teil

5. Obere Extremität

a) Oberflächenanatomie

5.001   11.1   Fragentyp A 1

Welche Aussage trifft zu? Bei einer Leitungsunterbrechung des

A. N. radialis tritt am Endglied des 4. und 5. Fingers eine vollständige Sensibilitätsstörung auf

B. R. dorsalis n. ulnaris werden die radiale Hälfte des Handrückens und die Dorsalseite von Daumen und Zeigefinger gefühllos

C. N. cutaneus antebrachii posterior ist die Sensibilität auf der Ellenseite der Unterarms herabgesetzt oder aufgehoben

D. N. cutaneus brachii medialis ist -als Folge der Schädigung des N. intercostobrachialis- die Haut über dem 2. Intercostalraum nicht mehr schmerzempfindlich

E. N. axillaris ist die Hautsensibilität über den mittleren Teilen des M. deltoideus aufgehoben

5.002   11.1   Fragentyp A 3

Welche Aussage trifft nicht zu?

A. Am Schultergürtel lassen sich Clavicula, Akromion und Spina scapulae durch die Haut tasten.

B. Die charakteristische Schulterkontur verschwindet, wenn bei einer Schultergelenksluxation das Tuberculum majus humeri nicht mehr an typischer Stelle steht.

C. Die Längsachsen von Oberarmschaft und Elle bilden in Streckstellung einen nach außen offenen Winkel von etwa 170°.

D. Bei gestrecktem Ellenbogengelenk begrenzen die beiden Epicondylen des Humerus und das Olecranon ein rechtwinkliges Dreieck.

E. Am supinierten Unterarm reicht der Processus styloideus radii in der Regel weiter distal als der Griffelfortsatz der Elle.

5.003   11.1   Fragentyp A 3

Welche Aussage trifft <u>nicht</u> zu? Die regionären Achsellymphknoten

A. liegen oberflächlich in und unmittelbar unter der Fascia axillaris

B. nehmen auch Lymphe aus tiefen Lymphbahnen des Arms auf

C. erhalten Lymphe von der vorderen und seitlichen Brustwand zugeführt

D. nehmen Lymphgefäße aus dem unteren Nackenbereich und der dorsalen Schulterregion auf

E. leiten die Lymphe direkt in den Truncus subclavius

5.004   11.1   Fragentyp C

Bei einer unteren Plexuslähmung (Schädigung der Rr.ventrales des 8.Cervical- und des 1.Thoracalnervs) ist die Sensibilität an der Speichenseite des Unterarms gestört,

<u>weil</u>

bei einer unteren Plexuslähmung der N.cutaneus antebrachii lateralis von der Schädigung betroffen ist.

5.005   11.1   Fragentyp C

Die oberflächlichen Lymphgefäße des Arms können bei Entzündungen als rote Streifen durch die Haut sichtbar werden,

<u>weil</u>

die oberflächlichen Lymphgefäße des Arms epifascial verlaufen.

5.006　　　　　　11.1　　　　　　Fragentyp D

Welche Aussagen treffen zu?

1) Die V.basilica tritt etwa in der Mitte des Unterarms unter die Fascia antebrachii.

2) Die V.cephalica tritt durch das von den Mm.deltoideus und pectoralis major sowie der Clavicula begrenzte Dreieck in die V.axillaris.

3) Die Aponeurosis m.bicipitis trennt die V.mediana basilica oder die V.mediana cubiti von der A.brachialis und vom N.medianus.

4) Die V.basilica verläuft im Sulcus bicipitalis medialis und tritt am Hiatus basilicus in die ulnare V. brachialis ein.

Wählen Sie bitte die zutreffende Aussagenkombination.

A. Nur 1 und 2 sind richtig

B. Nur 3 und 4 sind richtig

C. Nur 1, 2 und 3 sind richtig

D. Nur 2, 3 und 4 sind richtig

E. Alle Aussagen sind richtig

b) Schulter und Achselhöhle

5.007　　　　　　11.2　　　　　　Fragentyp A 1

Welche Aussage trifft zu?

A. Die Fasern der Pars descendens des M.trapezius inserieren weiter medial als die Faserbündel der Pars ascendens.

B. Der M.levator scapulae entspringt von den Dornen der oberen 4 Halswirbel.

C. Der M.serratus anterior wird vom N.dorsalis scapulae innerviert.

D. Die Muskelzüge der Pars inferior des M.serratus anterior konvergieren gegen die untere Hälfte des medialen Schulterblattrands.

E. Der M.teres minor entspringt in der Fossa supraspinata.

5.008	11.2	Fragentyp A 1

Welche Aussage trifft zu? Bei einer vollständigen Lähmung des M.trapezius

A. verläuft die Nacken-Schulter-Linie als Gerade oder als schwach konkaver Bogen

B. steht die Scapula näher der Dornfortsatzreihe als in Normalstellung beim Gesunden

C. blickt die Cavitas glenoidalis nach vorn unten

D. ist die Abduktion des Arms in der Frontalebene nicht behindert

E. steht die Scapula bei Erhebung des Arms nach vorn flügelartig vom Brustkorb ab

5.009	11.2	Fragentyp A 3

Welche Aussage trifft nicht zu?

A. Die Scapula ist medial von der Cavitas glenoidalis zum Collum scapulae verschmälert.

B. Die Incisura scapulae schneidet lateral von der Wurzel des Processus coracoideus in den Margo superior scapulae ein.

C. Das Akromion überdeckt das Schultergelenk von hinten oben.

D. Der Processus coracoideus überdeckt das Schultergelenk ventro-cranial.

E. Das Ligamantum coracoacromiale verbindet als ligamentöses Dach des Schultergelenks zwei gegeneinander nicht bewegliche Knochenvorsprünge.

5.010   11.2   Fragentyp A 3

Welche Aussage trifft nicht zu?

A. Der Schultergürtel ist mit dem Brustkorb gelenkig nur durch das Sternoclaviculargelenk verbunden.

B. Das Ligamentum costoclaviculare hemmt ein extremes Heben, aber auch ein übermäßiges Vorführen des Schlüsselbeins.

C. Das Ligamentum interclaviculare wird bei Senkung der Schlüsselbeine angespannt.

D. Das Ligamentum coracoclaviculare verbindet zwei gegeneinander unbewegliche Knochenteile miteinander.

E. In der Articulatio sternoclavicularis ist ein Discus articularis ausgebildet.

5.011   11.2   Fragentyp A 3

Welche Aussage trifft nicht zu?

A. Bei einer Durchtrennung des N.accessorius steht die Schulter auf der geschädigten Seite höher als auf der gesunden Seite.

B. Die Pars descendens des M.trapezius und der M.levator scapulae wirken als Synergisten und ziehen das Schulterblatt nach oben.

C. Die Pars transversa des M.trapezius und die Partes superior et media des M.serratus anterior können die Scapula in transversaler Richtung auf dem Thorax verschieben.

D. Kontrahieren sich M.pectoralis minor und Pars ascendens des M.trapezius gleichzeitig, so senken sie das akromiale Ende des Schlüsselbeins.

E. Der Verkehrsraum des Arms wird nach caudal erweitert, wenn sich die Mm.rhomboidei und pectoralis minor gemeinsam kontrahieren.

5.012   11.2   Fragentyp A 3

Welche Aussage trifft nicht zu?

A. Oberarmkopf und Schaftachse bilden beim Erwachsenen einen Winkel von etwa 130°.

B. Die Gelenkfläche des Humeruskopfes ist etwa viermal so groß wie die Fläche der Cavitas glenoidalis.

C. Epiphysenlösungen im proximalen Oberarmende verlaufen beim Jugendlichen in ganzer Ausdehnung außerhalb der Gelenkkapsel.

D. Das Collum anatomicum liegt unmittelbar distal von der überknorpelten Gelenkfläche des Caput humeri.

E. Das Collum chirurgicum liegt distal von den Tubercula majus und minus humeri.

5.013   11.2   Fragentyp A 3

Welche Aussage trifft nicht zu?

A. Akromion, Processus coracoideus und Ligamentum coracoacromiale bilden das Schultergewölbe, das eine Abduktion des Arms im Schultergelenk über 90° verhindert.

B. Die Vorderwand der weiten schlaffen Kapsel des Schultergelenks wird oben durch die Ligamenta coracohumerale und glenohumerale superius verstärkt.

C. Die Bursa subtendinea m.subscapularis kommuniziert ziemlich regelmäßig zwischen den Ligamenta glenohumeralia superius und medium mit der Gelenkhöhle des Schultergelenks.

D. Das durch Bursa subacromialis und Bursa subdeltoidea gebildete subakromiale Nebengelenk kommuniziert mit dem Gelenkspalt der Articulatio humeri.

E. Die Sehne des langen Bicepskopfes wird im Sulcus intertubercularis durch eine Ausstülpung der Gelenkinnenhaut umhüllt.

5.014   11.2   Fragentyp A 3

Welche Aussage trifft nicht zu? Der M.teres minor und der M.infraspinatus

A. entspringen beide unterhalb der Schultergräte von der Dorsalfläche der Scapula

B. inserieren beide am Trochanter major humeri

C. wirken beide als Kapselspanner

D. drehen beide den Humerus einwärts

E. werden von verschiedenen Nerven versorgt

5.015	11.2	Fragentyp A 3

Welche Aussage trifft <u>nicht</u> zu? Der M.deltoideus

A. wirkt auch bei der Anteversion des Arms mit

B. ist komplex gefiedert

C. wird in seiner Abduktionswirkung vom M.supraspinatus unterstützt

D. ist hinsichtlich seiner Rotationswirkung sein eigener Antagonist

E. kann den unteren Schulterblattwinkel nach außen drehen

5.016	11.2	Fragentyp A 3

Welche Aussage trifft <u>nicht</u> zu?

A. Die A.axillaris tritt durch die Medianusgabel und gelangt auf die Dorsalseite des N.medianus.

B. Bei einer Schädigung des Fasciculus posterior tritt auch eine Sensibilitätsstörung in der Haut der Schulter und des Oberarms ein.

C. Der N.suprascapularis verläßt den Plexus cervicalis bereits unter dem M.sternocleidomastoideus.

D. Durch die laterale Achsellücke ziehen die Vasa circumflexa humeri posteriora und der N.axillaris.

E. Zwischen den Ästen der A.axillaris und denen der Armarterie bestehen häufig keine Anastomosen.

Geben Sie bitte an, durch welchen Kennbuchstaben die in
Liste 1 genannten Gefäße in der schematischen Darstellung (Abb.3) der Arterien von Schultergürtel und Achselhöhle bezeichnet sind.

Liste 1

5.017 A.thoracica lateralis

5.018 A.thoracoacromialis

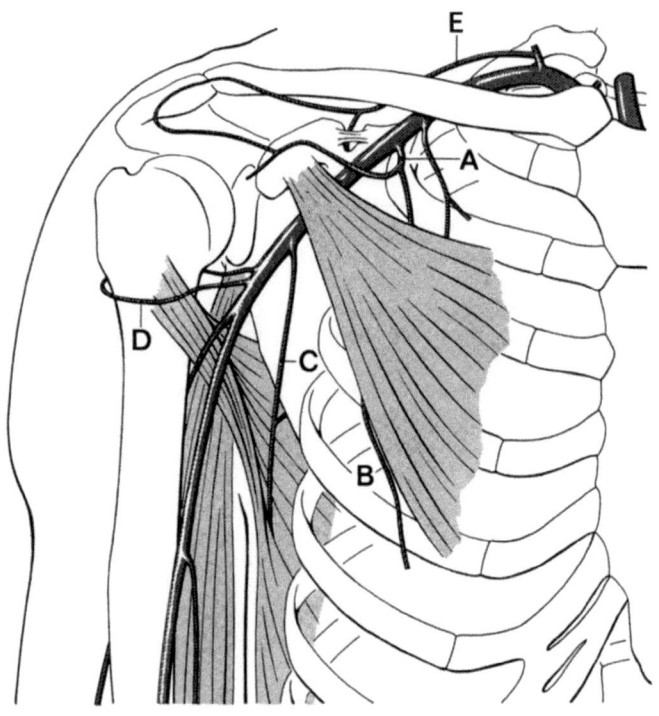

Abb. 3

Geben Sie bitte an, durch welchen Kennbuchstaben die in
Liste 1 genannten Gefäße in der schematischen Darstellung (Abb.4) der Arterien von Schultergürtel und Achselhöhle bezeichnet sind.

Liste 1

5.019 A.thoracodorsalis

5.020 A.profunda brachii

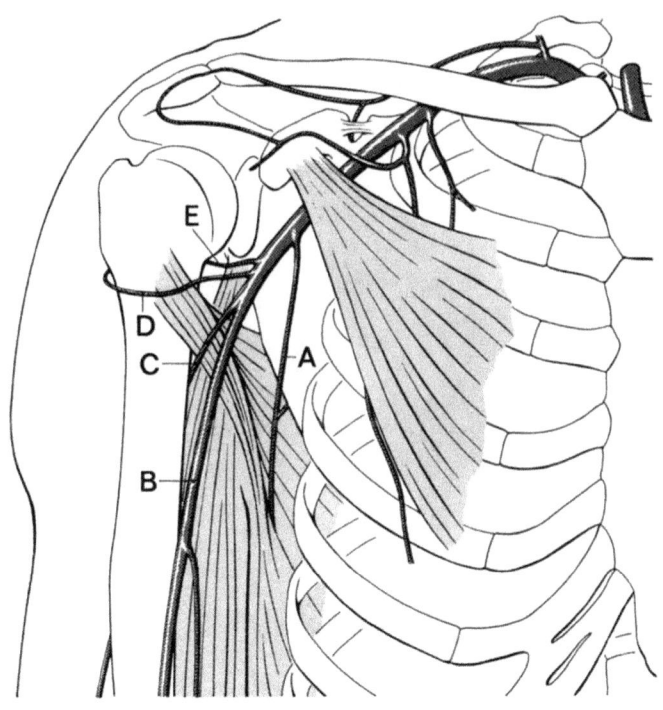

Abb. 4

5.021
5.022   11.2   Fragentyp B

Ordnen Sie bitte den in Liste 1 genannten Muskeln den
Kennbuchstaben zu, mit dem der sie versorgende Nerv in
der schematischen Darstellung (Abb.5) der Äste des
Plexus brachialis bezeichnet ist (Hautnerven des Arms
nicht eingezeichnet).

Liste 1

5.021 M.supraspinatus

5.022 M.serratus anterior

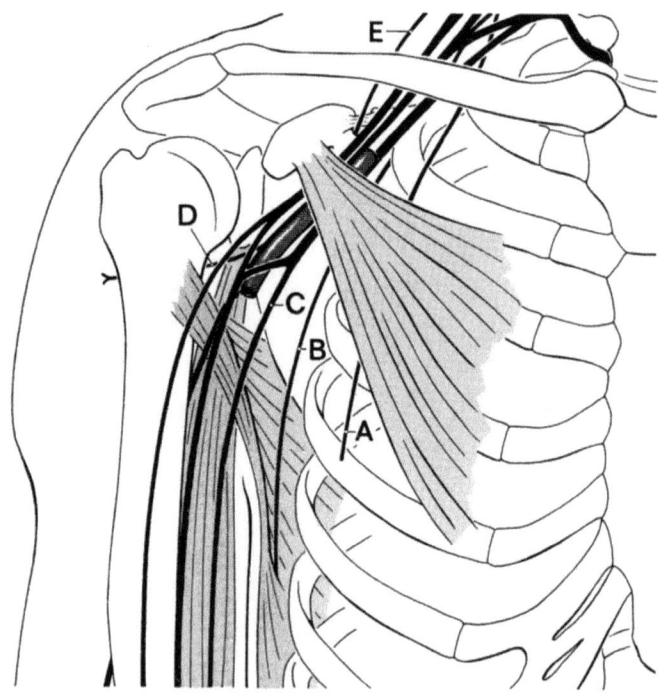

Abb. 5

5.023
5.024   11.2   Fragentyp B

Ordnen Sie bitte den in Liste 1 genannten Muskeln den
Kennbuchstaben zu, mit dem der sie versorgende Nerv in
der schematischen Darstellung (Abb.6) der Äste des Plexus brachialis bezeichnet ist (Hautnerven des Arms nicht
eingezeichnet).

Liste 1

5.023 M.biceps brachii

5.024 M.triceps brachii

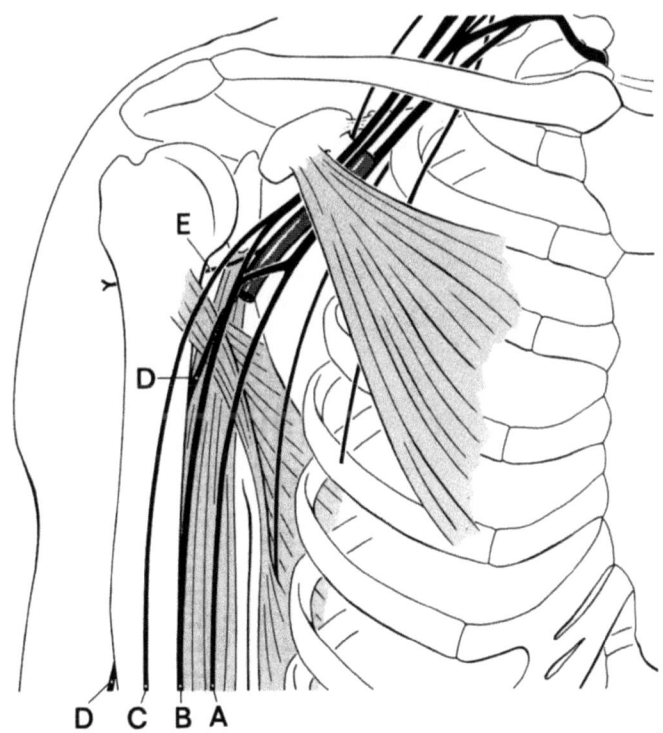

Abb. 6

5.025   11.2   Fragentyp C

Bei einer Fraktur des Schlüsselbeins medial der Anheftung des Ligamentum coracoclaviculare sinkt die Schulter
herab,

weil

bei dieser (häufigeren) Form der Claviculafraktur das
mediale Bruchstück durch den claviculären Kopf des M.
sternocleidomastoideus nach cranial gezogen wird.

5.026   11.2   Fragentyp C

Beim Gehen wird nebem dem pendelnden Arm auch die Clavicula bewegt,

weil

beim Gehen zwangsläufig auch der M.sternocleidomastoi-
deus kontrahiert wird.

5.027   11.2   Fragentyp C

Der M.subclavius kann das Schlüsselbein aus der Ruhelage um etwa 15° abwärts ziehen,

weil

der M.subclavius an der Unterfläche der Clavicula inseriert.

5.028   11.2   Fragentyp C

Caput longum und Caput breve des M.biceps brachii wirken auf das Schultergelenk als Antagonisten,

weil

das Caput longum die Abduktionsachse medial, das Caput
breve dagegen die Abduktionsachse lateral kreuzt.

5.029   11.2   Fragentyp C

Bei einer Durchtrennung des N.axillaris kann der Oberarm
noch auswärts rotiert werden,

weil

bei einer Durchtrennung des N.axillaris der M.infraspi-
natus nicht gelähmt ist.

5.030   11.2   Fragentyp C

Der N.axillaris ist bei Frakturen im Bereich des Collum
chirurgicum (humeri) aufgrund seiner Lage besonders gefährdet,

weil

der N.axillaris nahe dem Ansatz der Gelenkkapsel um das
Collum chirurgicum nach dorsal zieht.

5.031   11.2   Fragentyp C

Welche Aussagen treffen zu? Das Schlüsselbein

1) entsteht zur Zeit der Geburt als Ersatzknochen

2) weist auch noch postnatal am sternalen Ende eine
   knorpelige Wachstumszone auf

3) läßt um das 20.Lebensjahr in der Extremitas sternalis röntgenologisch einen Knochenkern erkennen

4) ist im lateralen Drittel nach ventral konvex geformt

Wählen Sie bitte die zutreffende Aussagenkombination.

A. Nur 1 und 4 sind richtig

B. Nur 2 und 3 sind richtig

C. Nur 1, 2 und 3 sind richtig

D. Nur 2, 3 und 4 sind richtig

E. Alle Aussagen sind richtig

5.032   11.2   Fragentyp D

Welche Aussagen treffen zu? Die Fascia clavipectoralis

1) heftet sich cranial auch am Processus coracoideus an

2) schließt den M.subclavius ein

3) erweitert bei Hebung der Clavicula durch Fascienzug
   das Lumen der V.subclavia

4) grenzt die Brustdrüse gegen den M.pectoralis major ab

Wählen Sie bitte die zutreffende Aussagenkombination.

A. Nur 1 und 2 sind richtig

B. Nur 2 und 3 sind richtig

C. Nur 3 und 4 sind richtig

D. Nur 1, 2 und 3 sind richtig

E. Alle Aussagen sind richtig

5.033   11.2   Fragentyp D

Welche Aussagen treffen zu?

1) Die Kapsel des Schultergelenks ist relativ schwach
   ausgebildet zwischen den Ligamenta glenohumeralia
   und hinter dem Ursprung des M.triceps brachii.

2) Als Kapselspanner wirkt an der vorderen Kapselwand
   des Schultergelenks der M.pectoralis major.

3) Die Entspannungsstellung des Schultergelenks besteht in einer Abduktion des Oberarms um 90°.

4) Eine Retroversion in der Sagittalebene ist im Schultergelenk um etwa 90° möglich.

Wählen Sie bitte die zutreffende Aussagenkombination.

A. Nur 1 ist richtig

B. Nur 4 ist richtig

C. Nur 1 und 2 sind richtig

D. Nur 2 und 3 sind richtig

E. Nur 3 und 4 sind richtig

5.034   11.2   Fragentyp D

Welche Aussagen treffen zu?

1) Die seitliche Randpartie des M.latissimus dorsi kann durch ihre Kontraktion die Brustkyphose verstärken und somit exspiratorisch wirken.

2) Bei Lähmung des M.subscapularis steht der Arm um etwa 60° einwärts rotiert.

3) Auch wenn der M.pectoralis major gelähmt ist, kann der Arm (u.a. mit Hilfe der Mm.latissimus dorsi und teres major) an den Thorax angedrückt werden.

4) Bei herabhängendem Arm kann der M.pectoralis major durch die Pars sternocostalis die Rippen senken und als Exspirator wirken.

Wählen Sie bitte die zutreffende Aussagenkombination.

A. Nur 1 und 3 sind richtig

B. Nur 2 und 4 sind richtig

C. Nur 1, 2 und 3 sind richtig

D. Nur 2, 3 und 4 sind richtig

E. Alle Aussagen sind richtig

5.035   11.2   Fragentyp D

Welche Aussagen treffen zu? An der Begrenzung der Achselhöhle, die bei abduziertem Arm einer Pyramide gleicht, sind beteiligt

1) ventral die Mm.pectoralis major und pectoralis minor

2) dorsal die Mm.subscapularis, teres major und latissimus dorsi

3) medial der M.serratus anterior

4) lateral der M.coracobrachialis

5) basal die Fascia axillaris

Wählen Sie bitte die zutreffende Aussagenkombination.

A. Nur 1 und 2 sind richtig

B. Nur 3 und 4 sind richtig

C. Nur 1, 2 und 3 sind richtig

D. Nur 2, 3 und 5 sind richtig

E. Alle Aussagen sind richtig

c) Oberarm und Ellenbogenbereich

5.036   11.3   Fragentyp A 1

Welche Aussage trifft zu?

A. Von den drei Teilgelenken der Articulatio cubiti besitzt lediglich die Articulatio radioulnaris proximalis eine separate Gelenkkapsel.

B. Die Kapsel des Ellenbogengelenks schließt die Fossa olecrani sowie die Fossa coronoidea mit ein.

C. Der Kontakt der Gelenkflächen von Humerus und Ulna ist bei gestrecktem Ellenbogengelenk am größten.

D. Das Ligamentum collaterale radiale des Ellenbogengelenks zieht vom Epicondylus lateralis humeri zum Collum radii.

E. Bei um 90° gebeugtem Unterarm ist die Supinationsmöglichkeit in den Radioulnargelenken erheblich eingeschränkt.

5.037   11.3   Fragentyp A 3

Welche Aussage trifft nicht zu? Am distalen Humerusende

A. gräbt sich der Sulcus n.radialis an der Hinterfläche des Epicondylus lateralis humeri ein

B. bildet das Capitulum humeri auf der Vorderfläche des Condylus humeri den Gelenkpartner für den Speichenkopf

C. liegt die Fossa coronoidea medial von der Fossa radialis

D. senkt sich auf der Dorsalseite des Condylus humeri die Fossa olecrani ein

E. springt der Epicondylus medialis humeri deutlicher vor als der laterale Epicondylus

5.038   11.3   Fragentyp A 3

Welche Aussage trifft nicht zu?

A. Die Trochlea humeri artikuliert mit dem zangenförmigen proximalen Endstück der Ulna.

B. Die Führungsleiste der Incisura trochlearis gleitet in der Hohlkehle der Trochlea humeri.

C. Die Ulna ist proximal kräftiger als distal.

D. Am Collum radii erhebt sich die kräftige Tuberositas radii für die Insertion des M.brachialis.

E. Das durch die beiden Epicondylen des Humerus und das Olecranon begrenzte Ellenbogendreieck liegt bei rechtwinklig gebeugtem Unterarm in der Ebene der Oberarmschaftachse.

5.039   11.3   Fragentyp A 3

Welche Aussage trifft nicht zu? Die Fascia brachii

A. setzt sich proximal in die Fascia axillaris fort

B. wird durch die Septa intermuscularia brachii an lateraler und medialer Humeruskante angeheftet

C. ist an der Circumferentia articularis radii fixiert

D. ist am Olecranon angeheftet

E. geht distal ohne scharfe Grenze in die Fascia antebrachii über

5.040   11.3   Fragentyp A 3

Welche Aussage trifft nicht zu?

A. Die Äste zu den Köpfen des M.triceps brachii verlassen den N.radialis vor dessen Eintritt in den "Radialiskanal" am Oberarm.

B. Der M.anconaeus ist aus dem Caput mediale des M.triceps brachii hervorgegangen, wird vom N.radialis innerviert und wirkt als Kapselspanner.

C. Die Arbeitsleistung der Strecker des Ellenbogengelenks übertrifft die der Flexoren um ein Mehrfaches, auch wenn man die Schwerkraft unberücksichtigt läßt.

D. Der M.brachialis wird vom N.musculocutaneus innerviert.

E. Der M.brachialis inseriert an der der Tuberositas
   ulnae und ist ein reiner Beuger im Ellenbogengelenk.

5.041   11.3   Fragentyp A 3

Welche Aussage trifft nicht zu?

A. Die A.brachialis zieht am Medialrand des M.coraco-
   brachialis und des M.brachialis zur Ellenbeuge.

B. Der Puls der A.brachialis läßt sich im Sulcus bicipitalis medialis tasten.

C. Der N.medianus zieht am Oberarm von der lateralen
   Seite der A.brachialis über die Vorderfläche der
   Arterie auf deren mediale Seite.

D. Die A.collateralis ulnaris inferior geht aus der
   A.profunda brachii hervor und begleitet den N.ulnaris
   beim Eintritt in die Streckerloge.

E. Der N.radialis gibt im "Radialiskanal" am Oberarm den
   N.cutaneus antebrachii posterior zur Haut im Ellenbogenbereich und an der Dorsalseite des Unterarms ab.

5.042   11.3   Fragentyp A 3

Welche Aussage trifft nicht zu?

A. Die musculäre Begrenzung der Ellenbogengrube erfolgt
   lateral durch die Muskeln der radialen Extensoren-
   gruppe.

B. Der N.radialis verzweigt sich in der Fossa cubitalis
   etwas oberhalb des Gelenkspalts in den sensiblen R.
   superficialis und den motorischen R.profundus.

C. Die A.brachialis zieht längs der tiefen Bicepssehne
   in die Ellenbogengrube.

D. Die V.mediana cubiti unterkreuzt auf ihrem Weg zur
   V.basilica die Aponeurosis m.bicipitis.

E. Der N.medianus tritt durch den Schlitz zwischen Caput
   humerale und Caput ulnare des M.pronator teres.

| 5.043 | | |
| 5.044 | 11.3 | Fragentyp B |

Geben Sie bitte für die in Liste 1 genannten Nerven an,
durch welche Verletzung (Liste 2) sie auf Grund ihrer
Lage besonders gefährdet erscheinen.

Liste 1   Liste 2

5.043 N.medianus   A. Fraktur im mittleren Hume-
                              rusdrittel
5.044 N.radialis
                           B. supracondyläre Extensions-
                              fraktur des Humerus oder Ab-
                              sprengung des Processus co-
                              ronoideus ulnae

                           C. Fraktur des Epicondylus me-
                              dialis humeri

                           D. Fraktur des proximalen Ra-
                              diusendes

                           E. Fraktur des Olecranon

| 5.045 | 11.3 | Fragentyp C |

Die Ulna deckt sich bei gebeugtem Ellenbogengelenk nicht
mit dem Humerus, sondern wird lateralwärts geführt,

weil

die Ulna in Streckstellung mit dem Humerus einen nach
lateral offenen Winkel von etwa 170° bildet.

| 5.046 | 11.3 | Fragentyp C |

Bei gestrecktem Ellenbogengelenk sind Umwendbewegungen
der Hand in ausgedehnterem Maße möglich als in Beuge-
stellung,

weil

bei gestrecktem Ellenbogengelenk der Humerus um die gleiche Achse gedreht werden kann wie der Radius und so zu-
sätzlicher Bewegungsumfang gewonnen wird.

5.047 11.3 Fragentyp C

Der M.biceps brachii ist in Supinationsstellung des Unterarms ein kräftigerer Beuger des Ellenbogengelenks als in Pronationsstellung,

weil

der M.biceps brachii als flache Nebensehne die Aponeurosis m.bicipitis zur Fascia antebrachii entsendet.

5.048 11.3 Fragentyp C

Der R.profundus n.radialis ist bei Frakturen des Collum radii oder Luxationen des Radiuskopfes erheblich gefährdet,

weil

der R.profundus n.radialis im M.supinator verläuft und nicht ausweichen kann.

5.049 11.3 Fragentyp D

Welche Aussagen treffen zu?

1) Proximales und distales Radioulnargelenk bilden funktionell eine Einheit.
2) Die Circumferentia articularis radii dreht sich bei Pronationsbewegungen in einem von Incisura radialis ulnae und Ligamentum anulare radii gebildeten osteofibrösen Ring.
3) Im proximalen Radioulnargelenk dreht der Kopf des Radius auf der Stelle, im distalen Gelenk umrundet der Radius den Kopf der Elle.
4) Die Achse dieser Umwendbewegung geht proximal durch die Ulna, distal durch den Radius.

Wählen Sie bitte die zutreffende Aussagenkombination.

A. Nur 1 und 3 sind richtig

B. Nur 2 und 4 sind richtig

C. Nur 1, 2 und 3 sind richtig

D. Nur 2, 3 und 4 sind richtig

E. Alle Aussagen sind richtig

5.050   11.3   Fragentyp D

Welche Aussagen treffen zu? Der N.ulnaris

1) verläuft am Oberarm zunächst dorsomedial von der
   A.brachialis

2) tritt dann durch das Septum intermusculare brachii
   mediale in die Streckerloge des Oberarms

3) gibt am Oberarm keine Äste ab

4) zieht im Sulcus n.ulnaris hinter der Beugeachse des
   Ellenbogengelenks zum Unterarm

Wählen Sie bitte die zutreffende Aussagenkombination.

A. Nur 1 und 3 sind richtig

B. Nur 2 und 4 sind richtig

C. Nur 1, 2 und 3 sind richtig

D. Nur 1, 3 und 4 sind richtig

E. Alle Aussagen sind richtig

d) Unterarm und Hand

5.051   11.4   Fragentyp A 1

Welche Aussage trifft zu?

A. Die Tubercula ossis scaphoidei und ossis trapezii
   bilden die "Eminentia carpi radialis", die auf der
   Daumenseite den Sulcus carpi begrenzt.

B. Das Os capitatum artikuliert mit den Ossa metacarpalia IV und V.

C. Das Os pisiforme sitzt dem Os hamatum gelenkig auf,
   der Gelenkspalt kann mit der Gelenkhöhle des Medio-
   carpalgelenks kommunizieren.

D. Die Basen der Ossa metacarpalia II-V sind kugelig gestaltet und artikulieren in den von den distalen Carpalia gebildeten Gelenkpfannen.

E. Das Os metacarpale I bildet mit dem Os scaphoideum
   ein Sattelgelenk.

| 5.052 | 11.4 | Fragentyp A 1 |

Welche Aussage trifft zu?

A. Der M.extensor carpi radialis longus wirkt bei gebeugtem Unterarm als kräftiger Supinator.

B. Der M.extensor pollicis longus streckt nicht nur die
Endphalanx des Daumens, sondern kann auch den Daumen
an den Zeigefinger heranführen.

C. Zum kraftvollen Faustschluß beugt man die Hand stark
palmarwärts und verhindert so die aktive Insuffizienz
der Fingerbeuger.

D. Bei einer Lähmung des N.medianus sind die Mm.flexor
carpi ulnaris und extensor carpi ulnaris nicht mehr
in der Lage, die Hand ulnarwärts zu abduzieren.

E. Der M.abductor pollicis longus wirkt nur auf das Carpometacarpalgelenk I und kann wegen des achsennahen
Verlaufs seiner Sehne die Hand nicht abduzieren.

| 5.053 | 11.4 | Fragentyp A 1 |

Welche Aussage trifft zu?

A. Die A.radialis darf vor dem Abgang der A.recurrens
radialis nicht unterbunden werden, da Anastomosen
nur über das Rete cubiti articulare möglich sind.

B. Die A.princeps pollicis entspringt in der Regel aus
dem Rete carpi dorsale.

C. Der Arcus palmaris superficialis liegt oberflächlich
zur Palmaraponeurose und entsendet die Aa.metacarpeae
palmares.

D. Der Puls der A.radialis läßt sich ohne Schwierigkei-
ten am Ende der Speichenstraße, ulnar von der Sehne
des M.brachioradialis und vom Processus styloideus
radii, tasten.

E. Die A.ulnaris zieht unter dem Retinaculum flexorum
zur Hohlhand.

5.054   11.4   Fragentyp A 3

Welche Aussage trifft <u>nicht</u> zu? Die Membrana interossea
antebrachii

A. beginnt proximal mit einem Faserzug, der Tuberositas
   radii und Tuberositas ulnae verbindet

B. grenzt mit ihrem proximalen Rand an die Durchtrittsstelle der Vasa interossea posteriora

C. besteht im mittleren Drittel aus Kollagenfasern, die
   vorwiegend vom Radius distalwärts zur Ulna ziehen

D. wirkt einer Längsverschiebung der beiden Unterarmknochen entgegen

E. bremst eine übermäßige Supination

5.055   11.4   Fragentyp A 3

Welche Aussage trifft <u>nicht</u> zu?

A. Der Processus styloideus radii ragt über die Facies
   articularis carpea hinaus.

B. Die Facies articularis carpea des Radius besitzt eine
   Gelenkfacette für das Os triquetrum.

C. Die Incisura ulnaris radii artikuliert mit der Circumferentia articularis ulnae im Radioulnargelenk.

D. Die distale Fläche des Caput ulnae wird durch einen
   Discus articularis von den proximalen Carpalia getrennt.

E. In Supinationsstellung reicht der Griffelfortsatz der
   Elle meist weniger weit distal als der Processus styloideus radii.

5.056   11.4   Fragentyp A 3

Welche Aussage trifft <u>nicht</u> zu?

A. Bei dorsalflektierter Hand gibt die proximale quere
   Hautfalte etwa die Lage des Gelenkspalts des Radiocarpalgelenks an.

B. Das proximale Handgelenk ist ein Eigelenk und erlaubt aus der "Mittelstellung" eine ausgedehntere Ulnarabduktion als Radialabduktion.

C. Die kompliziert gestaltete Gelenkhöhle des Mediocar-
   palgelenks steht beim Jugendlichen regelmäßig mit dem
   Gelenkspalt des Radiocarpalgelenks in Verbindung.

D. Der Bewegungsumfang für Radial- und Ulnarabduktion
   in den Handgelenken beträgt insgesamt etwa 55°.

E. Bei der Radialabduktion der Hand kippt das Os scaphoideum nach palmar und läßt sich durch die Haut tasten.

5.057   11.4   Fragentyp A 3

Welche Aussage trifft nicht zu?

A. Die Articulationes carpometacarpeae II-V sind straffe
   Amphiarthrosen, die keine nennenswerten Bewegungen
   zulassen.

B. Das Ligamentum metacarpeum transversum profundum
   macht eine Spreizung der Metacarpalia II-V unmöglich.

C. Die Articulatio metacarpophalangea I ist ein Sattelgelenk, in dem Opposition und Reposition ausgeführt
   werden können.

D. Die Fingergrundgelenke II-V sind anatomisch Kugelge-
   lenke und erlauben eine Spreizung der Finger um etwa
   20°.

E. Mit zunehmender Beugung in den Fingergrundgelenken
   nimmt die Abduktionsmöglichkeit ab.

5.058   11.4   Fragentyp A 3

Welche Aussage trifft nicht zu?

A. Das Ligamentum carpi radiatum ist ein Bandsystem des
   Handrückens, in dessen Zentrum das Os hamatum liegt.

B. Das Ligamentum radiocarpeum palmare verbindet den
   Processus styloideus radii mit den proximalen Carpalia und dem Os capitatum.

C. Das Ligamentum collaterale carpi radiale zieht vom
   Processus styloideus radii zum Os scaphoideum.

D. Das Ligamentum collaterale carpi ulnare spannt sich
   zwischen Processus styloideus ulnae einerseits und
   den Ossa triquetrum und pisiforme andererseits aus.

E. Das Ligamentum radiocarpeum dorsale verbindet das
   distale Ende des Radius vor allem mit Os triquetrum
   und Os capitatum.

5.059   11.4   Fragentyp A 3

Welche Aussage trifft nicht zu?

A. Der M.extensor carpi radialis brevis inseriert am
   Processus styloideus des Os metacarpale III.

B. Die Sehne des M.extensor pollicis longus heftet sich
   an der Endphalanx des Daumens an.

C. Durch die Connexus intertendinei werden die Streckbewegungen der Finger (in unterschiedlichem Maße) aneinander gekoppelt.

D. Die Streckersehnen sind unter dem Retinaculum exten-
   sorum in eine einheitliche Sehnenscheide eingeschlossen.

E. Die Sehnen des M.flexor digitorum profundus durchboh-
   ren die Sehnen des oberflächlichen Fingerbeugers und
   setzen an den Endphalangen II-V an.

5.060   11.4   Fragentyp A 3

Welche Aussage trifft nicht zu?

A. Die oberflächliche Hohlhandfascie ist in ihrem Mittel-
   teil zur Palmaraponeurose verstärkt.

B. Alle Muskeln des Daumenballens werden vom N.medianus
   innerviert.

C. Der M.opponens pollicis kann aufgrund seiner Anordnung nur auf das Carpometacarpalgelenk I wirken.

D. Von den Muskeln des Kleinfingerballens werden der
   M.palmaris brevis vom R.superficialis n.ulnaris, alle
   übrigen vom R.profundus innerviert.

E. Die Sehnen der Mm.interossei und lumbricales strahlen
   in die Dorsalaponeurose der Finger ein und können die
   Finger II-V in Mittel- und Endgelenk strecken.

5.061   11.4   Fragentyp A 3

Welche Aussage trifft nicht zu? Bei einer Medianusläh-
mung

A. kann der Daumen nicht mehr an den Zeigefinger heran-
   geführt werden

B. können Mittel- und Endglied des Zeigefingers nicht
   mehr gebeugt werden

C. entsteht die typische "Schwurhand"-Stellung bei dem
   Versuch, die Faust zu ballen

D. ist die Berührung von Daumen und Kleinfinger nicht
   mehr möglich

E. vermögen die Mm. interossei und die 2 ulnaren Mm.lum-
   bricales die Grundgelenke der Finger II-V zu beugen

5.062   11.4   Fragentyp A 3

Welche Aussage trifft nicht zu?

A. Der M.brachioradialis ist hauptsächlich ein Beuger
   des Unterarms.

B. Bei einer Lähmung des M.biceps brachii ist die Arbeitsleistung der Supinatoren nicht eingeschränkt.

C. Das Drehmoment des M.supinator ist in jeder Stellung
   des Humeroulnargelenks gleich.

D. Bei gebeugtem Arm ist der M.pronator teres der stärk-
   ste Pronator.

E. Die Mm.pronator teres und pronator quadratus sichern
   den gelenkigen Kontakt in den Radioulnargelenken.

5.063   11.4   Fragentyp A 3

Welche Aussage trifft nicht zu?

A. In der Regio antebrachii anterior verläuft der N.me-
   dianus zwischen M.flexor digitorum superficialis und
   M.flexor digitorum profundus.

B. Der N.interosseus (antebrachii) anterior, ein Ast des
   N.medianus, versorgt den M.pronator quadratus, den
   M.flexor pollicis longus und die radiale Hälfte des
   M.flexor digitorum profundus.

C. Der N.interosseus (antebrachii) posterior, der läng-
   ste Ast des R.profundus n.radialis, reicht distal bis
   zum Handgelenk, das er sensibel versorgt.

D. Der M.brachioradialis ist der Leitmuskel für den R.
   superficialis n.radialis.

E. Der M.extensor carpi ulnaris ist der Leitmuskel für
   N. und A.ulnaris.

5.064   11.4   Fragentyp A 3

Welche Aussage trifft nicht zu? Der Arcus palmaris superficialis

A. wird vor allem aus der A.ulnaris gespeist

B. verläuft zwischen Palmaraponeurose und Flexorensehnen

C. überkreuzt die Nn.palmares communes aus dem N.medianus

D. liegt proximal vom tiefen Hohlhandbogen

E. versorgt in der Regel die 3 1/2 ulnaren Finger

5.065   11.4   Fragentyp A 3

Welche Aussage trifft nicht zu?

A. Die A.radialis tritt durch das Spatium interosseum
   metacarpi I in die tiefe Gefäß-Nervenschicht der
   Hohlhand.

B. Aus der A.princeps pollicis kann auch die A.radialis
   indicis hervorgehen.

C. Der tiefe Hohlhandbogen liegt zwischen den Sehnen der
   langen Fingerbeuger und den Mm.lumbricales.

D. Der R.profundus n.ulnaris tritt zwischen den Mm.ab-
   ductor digiti minimi und flexor digiti minimi in die
   tiefe Gefäß-Nervenschicht der Hohlhand.

E. Lymphe aus der Hohlhand wird vornehmlich durch die
   Zwischenknochenräume der Mittelhand auf den Handrük-
   ken abgeleitet.

5.066   11.4   Fragentyp C

Die Palmarflexion der Hand findet vorwiegend im proximalen Handgelenk statt,

weil

die Palmarflexion (u.a.) durch die Ausrichtung der Facies articularis carpea nach palmar distal begünstigt
wird.

5.067 11.4 Fragentyp C

Linkshänder müssen die üblichen Bohr- und Schraubwerk-
zeuge mit Pronationsbewegungen einsetzen und sind be-
nachteiligt,

weil

das Drehmoment der Supinatoren bei gebeugtem Ellenbogengelenk das der Pronatoren übertrifft.

5.068 11.4 Fragentyp C

Im Bereich der Hohlhand als Folge von Entzündungen oder
Blutungen entstandene Anschwellungen werden am Handrük-
ken sichtbar,

weil

im Bereich der Hohlhand die Druckkonstruktion der oberflächlichen und tiefen Schichten selbst bei geringer
Flüssigkeitsansammlung schmerzhafte Spannungen hervorruft.

5.069 11.4 Fragentyp D

Welche Aussagen treffen zu?

1) Das Längenwachstum der beiden Unterarmknochen voll-
zieht sich etwa ab dem 18.Lebensjahr nur noch in den
distalen Knorpelfugen.

2) Knochenkerne treten in der Handwurzel in der Regel
erst nach der Geburt auf.

3) Ossifiziert das Os scaphoideum von 2 Knochenkernen
aus, die nicht miteinander verschmelzen, so kann das
Röntgenbild eine Kahnbeinfraktur vortäuschen.

4) Das Os metacarpale I besitzt wie die Grundphalangen
der Finger nur eine proximale Epiphyse.

Wählen Sie bitte die zutreffende Aussagenkombination.

A. Nur 1 und 2 sind richtig

B. Nur 1 und 3 sind richtig

C. Nur 2 und 4 sind richtig

D. Nur 2, 3 und 4 sind richtig

E. Alle Aussagen sind richtig

5.070 11.4 Fragentyp D

Welche Aussagen treffen zu?

1) Bei einem Abriß des Epicondylus medialis humeri werden die oberflächlichen Unterarmflexoren aktionsun-
fähig.

2) Durch den Canalis carpi ziehen die Sehnen der langen
Fingerbeuger und der N.medianus.

3) Die digitalen Sehnenscheiden von Ring- und Zeigefinger
kommunizieren in der Regel mit der einheitlichen Car-
palsehnenscheide der Fingerbeuger.

4) Die Sehne des inkonstanten M.palmaris longus verläuft
oberflächlich vom Retinaculum flexorum zur Palmaraponeurose.

Wählen Sie bitte die zutreffende Aussagenkombination.

A. Nur 1 und 2 sind richtig

B. Nur 3 und 4 sind richtig

C. Nur 1, 2 und 4 sind richtig

D. Nur 2, 3 und 4 sind richtig

E. Alle Aussagen sind richtig

5.071	11.4	Fragentyp D

Welche Aussagen treffen zu? Bei einer Lähmung des R.profundus des N.radialis

1) können die Finger im Grundgelenk nicht mehr aktiv gestreckt werden

2) stehen die Grundphalangen unter dem Einfluß der Mm. lumbricales und interossei gebeugt

3) sind die Mittel- und Endgelenke unvollkommen gestreckt

4) steht der Daumen in Oppositionsstellung

Wählen Sie bitte die zutreffende Aussagenkombination.

A. Nur 1 ist richtig

B. Nur 1 und 2 sind richtig

C. Nur 3 und 4 sind richtig

D. Nur 1, 2 und 3 sind richtig

E. Alle Aussagen sind richtig

5.072   11.4   Fragentyp D

Welche Aussagen treffen zu?

1) Die dorsalen Fingerarterien stammen aus der A.radia-
   lis und dem Rete carpi dorsale.

2) An den dreigliedrigen Fingern werden das Endglied
   und ein Teil der Mittelphalanx von palmaren Arterien
   und Nerven versorgt.

3) Die Venen verlaufen an den Fingern getrennt von den
   Arterien.

4) Die Lymphgefäße der Finger leiten größtenteils zu den
   Lymphbahnen des Handrückens ab.

Wählen Sie bitte die zutreffende Aussagenkombination.

A. Nur 1 ist richtig

B. Nur 1 und 3 sind richtig

C. Nur 2 und 4 sind richtig

D. Nur 1, 3 und 4 sind richtig

E. Alle Aussagen sind richtig

5.073   11.4   Fragentyp D

Welche Aussagen treffen zu?

1) Die obere Extremität besitzt einen ausgedehnteren
   Verkehrsraum als die untere Extremität.

2) Der große Bewegungsumfang der oberen Extremität wird
   ausschließlich durch die Konstruktion des Schultergelenks bedingt.

3) Die Arme dienen als Ausgleichsgewichte bei Schwer-
   punktverlagerungen des Körpers.

4) Durch Kombination der Bewegungsmöglichkeiten der oberen und der unteren Extremität mit Bewegungen der
   Wirbelsäule können die Finger so gut wie jeden Punkt
   der Körperoberfläche erreichen.

Wählen Sie bitte die zutreffende Aussagenkombination.

A. Nur 1 und 4 sind richtig

B. Nur 2 und 3 sind richtig

C. Nur 3 und 4 sind richtig

D. Nur 1, 3 und 4 sind richtig

E. Alle Aussagen sind richtig

6. Untere Extremität

a) Oberflächenanatomie

6.001   12.1   Fragentyp A 1

Welche Aussage trifft zu? Die sensible Innervation erfolgt an der unteren Extremität durch ausschließlich
aus dem Plexus sacralis stammende Nervenfasern in einem
Hautareal

A. an der lateralen Seite des Oberschenkels

B. an der Vorderfläche des Oberschenkels

C. an der Hinterfläche des Oberschenkels

D. an der Medialseite des Oberschenkels

E. an der Medialseite des Unterschenkels

6.002   12.1   Fragentyp A 1

Welche Aussage trifft zu? Einem Ausfall der Berührungs-
empfindung in dem gerasterten Gebiet der unteren Extremität (Abb.7) kann zugrundeliegen die Durchtrennung

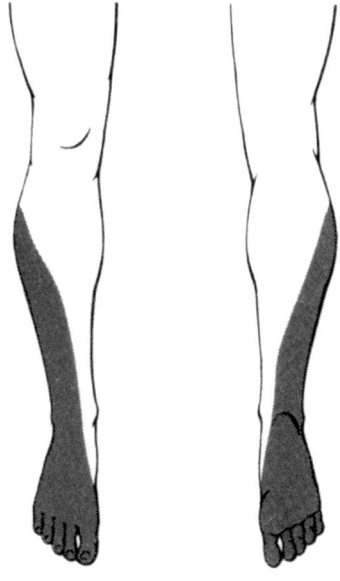

A. des N.ischiadicus

B. nur des N.saphenus

C. nur des N.cutaneus
   surae lateralis

D. nur des N.peronaeus
   communis

E. nur des N.tibialis

Abb. 7

6.003   12.1   Fragentyp A 3

Welche Aussage trifft nicht zu?

A. Die Leistenfurche liegt bei adipösen Menschen distal
   vom Leistenband im Bereich des Oberschenkels.

B. In der Kniekehle läßt sich aus der Anordnung der Beu-
   gefurchen die Lage des Gelenkspalts nicht eindeutig
   erschließen.

C. Die Bursa praepatellaris steht nicht mit dem Gelenkspalt des Kniegelenks in Verbindung.

D. An der Medialseite des Oberschenkels läßt sich der
   Trochanter minor leicht durch die Haut tasten.

E. Die Tuberositas ossis metatarsalis V wölbt die Haut
am fibularen Fußrand oft deutlich vor.

6.004   12.1   Fragentyp A 3

Welche Aussage trifft nicht zu?

A. Das epifasciale Venennetz des Fußrückens nimmt auch
Blut aus tiefen Venen der Fußsohle auf.

B. Venenklappen an Hautvenen und Anastomosen zu tiefen
Venen richten an Unter- und Oberschenkel den Blut-
strom zu den tiefen Venen.

C. Die V.saphena parva zieht vor dem medialen Knöchel
zur Wade und kann durch Druck auf den medialen Tibia-
condylus gestaut werden.

D. Die V.saphena magna leitet Blut vom Fußrücken ab, erhält am Oberschenkel Zuflüsse aus Vv.saphenae accesso-
riae und mündet am Hiatus saphenus in die V.femoralis.

E. Am Gesäß fehlen oberflächenparallele Hautvenen.

6.005
6.006   12.1   Fragentyp B

Ordnen Sie bitte den in Liste 1 genannten Nerven das von
ihnen im Regelfall autonom versorgte Hautareal zu (Liste 2).

Liste 1   Liste 2

6.005 N.obturatorius   A. Haut im Bereich der bei-
                                   den oberen Quadranten der
6.006 N.cutaneus femoris   Gesäßregion
      posterior
                                B. Haut auf der Oberschenkel-
                                   rückseite vom distalen
                                   Drittel der Gesäßbacke
                                   bis zum distalen Ende der
                                   Kniekehle

                                C. Haut über den proximalen
                                   zwei Dritteln des Tractus
                                   iliotibialis

                                D. Haut im distalen Drittel
                                   der Innenseite des Ober-
                                   schenkels

                                E. Haut an der Medialseite
                                   des Unterschenkels und
                                   am medialen Fußrand

6.007   12.1   Fragentyp D

Welche Aussagen treffen zu? An Unterschenkel und Fuß
wird die Haut sensibel innerviert durch

1) den N.saphenus an der medialen Seite des Unterschenkels und (wechselnd weit) am medialen Fußrand

2) den N.suralis über der Achillessehne und am lateralen
   Knöchel

3) den N.peronaeus profundus an der Medialseite der Großzehe

4) den N.peronaeus superficialis an den einander zuge-
   kehrten Seiten der 1. und 2. Zehe

Wählen Sie bitte die zutreffende Aussagenkombination.

A. Nur 1 und 2 sind richtig

B. Nur 3 und 4 sind richtig

C. Nur 1, 2 und 3 sind richtig

D. Nur 2, 3 und 4 sind richtig

E. Alle Aussagen sind richtig

6.008   12.1   Fragentyp D

Welche Aussagen treffen zu?

1) Oberflächliche und tiefe Lymphgefäßnetze an Fußsohle
   und Fußrücken stehen miteinander und mit tiefen Lymphbahnen in Verbindung.

2) Der Rosenmüllersche Lymphknoten (Nodus lymphaticus
   anuli femoralis) liegt lateral vom N.femoralis in der
   Lacuna musculorum.

3) Die Nodi lymphatici poplitei liegen in der Regel subfascial um die Vasa poplitea und längs der V.saphena
   parva im Fettkörper der Kniekehle.

4) Die oberflächlichen Leistenlymphknoten leiten die
   Lymphe größtenteils durch die Lamina cribrosa zu den
   Nodi lymphatici inguinales profundi.

Wählen Sie bitte die zutreffende Aussagenkombination.

A. Nur 1 und 2 sind richtig

B. Nur 3 und 4 sind richtig

C. Nur 1, 2 und 4 sind richtig

D. Nur 2, 3 und 4 sind richtig

E. Alle Aussagen sind richtig

6.009   12.1   Fragentyp D

Welche Aussagen treffen zu? Die Nodi lymphatici inguinales superficiales nehmen u.a. Lymphe auf aus

1) Haut und Unterhaut der unteren. Extremität

2) den tiefen Schichten des Fußes

3) der Bauchwand unterhalb des Nabels

4) dem Bereich des Damms und den äußeren Genitalien

5) dem Fundus uteri

Wählen Sie bitte die zutreffende Aussagenkombination.

A. Nur 1 und 2 sind richtig

B. Nur 3 und 4 sind richtig

C. Nur 1, 2 und 3 sind richtig

D. Nur 1, 3 und 4 sind richtig

E. Alle Aussagen sind richtig

b) Becken

6.010   12.2   Fragentyp A 1

Welche Aussage trifft zu? Am Os coxae dient

A. die Spina iliaca anterior superior für die Anheftung des M.sartorius

B. die Tuberositas iliaca für die Artikulation mit dem Os sacrum

C. die Spina iliaca anterior inferior für den Ursprung des M.pectineus

D. die Spina ischiadica für die Anheftung des Ligamentum sacrotuberale

E. das Pecten ossis pubis für die Anheftung des Ligamentum inguinale

6.011	12.2	Fragentyp A 3

Welche Aussage trifft <u>nicht</u> zu? Am Os sacrum

A. bildet der vordere Umfang der Basis ossis sacri das Promontorium

B. steht die Tuberositas sacralis mit dem Hüftbein in gelenkiger Verbindung

C. ist beim Jugendlichen der Apex ossis sacri durch eine Bandscheibe mit dem Os coccygis verbunden

D. fehlt der Bogen des 5.Sacralwirbels weitgehend

E. ist beim Mann die Facies pelvina stärker konkav gekrümmt als bei der Frau

6.012	12.2	Fragentyp A 3

Welche Aussage trifft <u>nicht</u> zu? Am Hüftbein

A. sind Darmbein, Sitzbein und Schambein bis etwa zum 18.Lebensjahr durch eine Y-förmige Knorpelfuge im Acetabulum getrennt

B. grenzt das Tuber ischiadicum die Incisura ischiadica major von der Incisura ischiadica minor ab

C. markiert die Eminentia iliopubica die Darmbein-Schambein-Grenze

D. umrahmen Körper und Äste von Scham- und Sitzbein das durch eine Membran verschlossene Foramen obturatum

E. ist der knöcherne Randwulst des Acetabulum caudal durch die Incisura acetabuli unterbrochen

6.013	12.2	Fragentyp A 3

Welche Aussage trifft <u>nicht</u> zu? Die Symphysis pubica

A. besitzt einen faserknorpeligen Discus interpubicus

B. wird caudal vom Ligamentum arcuatum pubis bedeckt

C. stellt eine Amphiarthrose dar

D. wird bei beidbeinigem Stehen vorwiegend auf Zug beansprucht

E. wird bei Stehen auf einem Bein auf Scherung beansprucht

6.014   12.2   Fragentyp A 3

Welche Aussage trifft nicht zu? Am Os coxae heften sich
an

A. der Arcus iliopectineus an der Eminentia iliopubica

B. das Ligamentum inguinale an der Spina iliaca anterior
   superior und am Tuberculum pubicum

C. das Ligamentum sacrospinale an der Spina iliaca posterior superior

D. das Ligamentum lacunare am Ramus superior des Os pubis

E. die Ligamenta sacroiliaca interossea an der Tuberositas iliaca

6.015   12.2   Fragentyp A 3

Welche Aussage trifft nicht zu? Am männlichen knöchernen
Becken

A. hat der Beckeneingang eine kartenherzförmige Kontur

B. laden die Darmbeinschaufeln relativ weniger weit
   nach lateral aus als bei der Frau

C. steht der größte Durchmesser des Foramen obturatum
   in vertikaler Richtung

D. ist der Abstand der Sitzbeinhöcker relativ geringer
   als beim weiblichen Becken

E. beträgt der Angulus subpubicus mehr als 90°

6.016   12.2   Fragentyp C

Das Kreuzbein kann sich unter der Körperlast im Iliosa-
cralgelenk nicht (nennenswert) um eine frontale Achse
drehen,

weil

das Kreuzbein (und das Steißbein) durch die Ligamenta
sacrospinale und sacrotuberale an das Sitzbein gefesselt sind.

6.017   12.2   Fragentyp D

Welche Aussagen treffen zu?

1) Die Grenzlinie zwischen großem und kleinem Becken
   verläuft vom Promontorium über die Linea arcuata zum
   Oberrand der Symphyse.

2) Die Beckeneingangsebene ist beim Stehen in Normal-
   haltung gegen eine Horizontalebene um etwa 65° geneigt.

3) Die Conjugata diagonalis ist die engste Stelle des
   Geburtskanals und verbindet das Promontorium mit der
   Hinterfläche der Symphyse.

4) Der Beckenausgang wird von Steißbeinspitze, Sitz-
   beinhöckern und unteren Schambeinästen begrenzt.

Wählen Sie bitte die zutreffende Aussagenkombination.

A. Nur 1 und 2 sind richtig

B. Nur 1 und 4 sind richtig

C. Nur 3 und 4 sind richtig

D. Nur 1, 2 und 4 sind richtig

E. Alle Aussagen sind richtig

c) Hüfte

6.018   12.3   Fragentyp A 1

Welche Aussage trifft zu? Am Hüftgelenk hemmt

A. das Ligamentum ischiofemorale eine übermäßige Anteversion

B. das Ligamentum pubofemorale eine übermäßige Innenrotation

C. die Zona orbicularis eine extreme Adduktion

D. das Ligamentum capitis femoris eine Überstreckung

E. das Ligamentum iliofemorale eine ausgedehnte Retroversion

6.019   12.3   Fragentyp A 1

Welche Aussage trifft zu?

A. Die gemeinsame Endsehne von M.psoas major und
   M.iliacus inseriert an der Linea pectinea des Femur.

B. Der M.glutaeus maximus überdeckt beim Sitzen das Tuber
   ischiadicum.

C. Die quere Gesäßfurche markiert beim Lebenden den Unterrand des M.glutaeus maximus.

D. Der M.glutaeus minimus entspringt dorsal der Linea
   glutaea posterior von der Darmbeinschaufel.

E. Der M.tensor fasciae latae entsendet seine Sehnenfasern in den Tractus iliotibialis.

6.020   12.3   Fragentyp A 1

Welche Aussage trifft zu? Als Anulus femoralis bezeichnet
man

A. den medialen Abschnitt der Lacuna vasorum zwischen der
   Gefäßscheide der Vasa femoralia und dem freien Rand
   des Ligamentum lacunare

B. eine ringförmige, vom Margo falciformis begrenzte
   Durchtrittsstelle in der Fascia lata unterhalb des
   Leistenbands

C. den zwischen M.iliopsoas und Arcus iliopectineus gelegenen Abschnitt der Lacuna musculorum, durch die
   der N.femoralis zum Oberschenkel verläuft

D. die Öffnung des Canalis adductorius am Oberschenkel

E. das Ringband des Hüftgelenks, das den Hals des Femur
   umgreift

6.021   12.3   Fragentyp A 3

Welche Aussage trifft nicht zu? Die Kapsel des Hüftgelenks

A. ist am knöchernen Pfannenrand fixiert

B. ist am Ligamentum transversum acetabuli befestigt

C. reicht auf der Vorderfläche des Schenkelhalses bis
   zur Linea intertrochanterica

D. endet an der Hinterfläche des Schenkelhalses an der
   Crista intertrochanterica

E. schließt die Epiphysenfuge des Schenkelkopfs ein

6.022   12.3   Fragentyp A 3

Welche Aussage trifft nicht zu?

A. Die Bursa iliopectinea trennt die Gelenkkapsel des
   Hüftgelenks vom M.iliopsoas und kommuniziert gelegentlich mit der Gelenkhöhle.

B. Die Bursa ischiadica m.glutaei maximi trennt den
   Muskel vom Sitzbeinhöcker.

C. Der M.glutaeus medius heftet sich in der Fossa tro-
   chanterica an.

D. Der M.piriformis zieht von der Facies pelvina des
   Kreuzbeins durch das Foramen ischiadicum majus zum
   Trochanter major.

E. Der M.obturatorius internus tritt durch das Foramen
   ischiadicum minus und benutzt dessen überknorpelten
   Rand als Hypomochlion.

6.023   12.3   Fragentyp A 3

Welche Aussage trifft nicht zu? Der Adduktorenkanal

A. führt die A.femoralis aus der Unterleistengrube zur
   Kniekehle

B. wird auf eine kurze Strecke auch vom N.saphenus durchzogen

C. tritt zwischen M.adductor longus und M.adductor magnus hindurch

D. wird lateral vom M.vastus medialis und vom Femur begrenzt

E. wird nach vorn durch die "Membrana vastoadductoria"
   abgeschlossen

6.024   12.3   Fragentyp A 3

Welche Aussage trifft nicht zu?

A. Der M.tensor fasciae latae ist ein kräftiger Außen-
   rotator des Hüftgelenks.

B. Der M.obturatorius externus ist im wesentlichen ein
   Außenkreisler des Hüftgelenks.

C. Der M.adductor magnus kann bei der Ausbalancierung
   des Beckens und bei der Außenrotation des Femur mitwirken.

D. Die zur "Membrana vastoadductoria" tretenden Fasern der Mm.adductor longus und adductor magnus können das Femur einwärts kreiseln.

E. Bei der Adduktion des Oberschenkels kann auch der M.pectineus mitwirken.

6.025   12.3   Fragentyp A 3

Welche Aussage trifft nicht zu? Aus dem Becken treten aus

A. der N.femoralis durch die Lacuna musculorum

B. die A.femoralis durch die Lacuna vasorum

C. die A.glutaea superior durch die suprapiriforme Abteilung des Foramen ischiadicum majus

D. der N.cutaneus femoris posterior durch die infrapiriforme Abteilung des Foramen ischiadicum majus

E. der N.ischiadicus durch das Foramen ischiadicum minus

6.026   12.3   Fragentyp C

Als Folge einer Schenkelhalsfraktur kann bei älteren Menschen der Femurkopf nekrotisch werden,

weil

bei einer Schenkelhalsfraktur die periostal verlaufenden Äste der Aa.circumflexae femoris zum Femurkopf unterbrochen werden und der R.acetabularis der A.obturatoria bei älteren Menschen nicht immer durchgängig ist.

6.027   12.3   Fragentyp C

Bei der "angeborenen" Hüftgelenksluxation können in der Standbeinphase die kleinen Glutäalmuskeln das Becken nicht mehr halten,

weil

bei der "angeborenen" Hüftgelenksluxation die Hüftpfanne zu flach ist.

6.028   12.3   Fragentyp C

Beim Stehen in lässiger Haltung muß beiderseits der M.
glutaeus maximus kontrahiert werden,

__weil__

beim Stehen in lässiger Haltung das Schwerelot hinter
der Frontalachse beider Hüftgelenke verläuft.

6.029   12.3   Fragentyp C

Der M.quadratus femoris besitzt für die Außenrotation
des Femur ein günstiges Drehmoment,

__weil__

die Fasern des M.quadratus femoris die Rotationsachse
annähernd rechtwinklig auf der Dorsalseite kreuzen.

6.030   12.3   Fragentyp C

Bei Frauen sind Schenkelhernien wesentlich häufiger als
bei Männern,

__weil__

bei der Frau die Lacuna vasorum relativ weiter ist als
beim Mann.

6.031   12.3   Fragentyp C

In der Gesäßregion sind Nerven und Gefäße bei einer
intramusculären Injektion nicht gefährdet, wenn man
unterhalb der Verbindungslinie von Spina iliaca posterior superior - Spina iliaca anterior superior injiziert,

__weil__

in der Gesäßregion das nerven- und gefäßarme Feld unterhalb der Verbindungslinie von hinterem und vorderem
oberen Darmbeinstachel liegt.

6.032   12.3   Fragentyp D

Welche Aussagen treffen zu? Das Labrum acetabulare

1) ist am Rand der Hüftpfanne befestigt
2) umfaßt den Schenkelkopf jenseits des Äquators
3) schließt mit dem freien Rand der Pfannenlippe den Gelenkspalt luftdicht ab
4) dient dem Ligamentum capitis femoris als Ursprung
5) ist regelmäßig an seiner Außenkante breit mit der Gelenkkapsel verbunden

Wählen Sie bitte die zutreffende Aussagenkombination.

A. Nur 1 und 2 sind richtig
B. Nur 4 und 5 sind richtig
C. Nur 1, 2 und 3 sind richtig
D. Nur 3, 4 und 5 sind richtig
E. Alle Aussagen sind richtig

6.033   12.3   Fragentyp D

Welche Aussagen treffen zu?

1) Von der Hüftpfanne ist nur ein sichelförmiger Randstreifen überknorpelt.
2) Die Fossa acetabuli ist mit Fettgewebe ausgefüllt.
3) Bei einem Collodiaphysenwinkel des Erwachsenen von 140° besteht eine Coxa valga.
4) Bei der Coxa vara ist der Abstand des Trochanter major von der Ursprungsfläche der kleinen Glutäen größer als bei normalem Collodiaphysenwinkel.

Wählen Sie bitte die zutreffende Aussagenkombination.

A. Nur 1 ist richtig
B. Nur 1 und 3 sind richtig
C. Nur 2 und 4 sind richtig
D. Nur 1, 2 und 3 sind richtig
E. Nur 2, 3 und 4 sind richtig

6.034   12.3   Fragentyp D

Welche Aussagen treffen zu? Am Labium mediale der Linea
aspera heften sich (ganz oder teilweise) an die Ansatzsehne des

1) M.obturatorius externus

2) M.adductor longus

3) M.adductor brevis

4) M.adductor magnus

5) M.pectineus

Wählen Sie bitte die zutreffende Aussagenkombination.

A. Nur 1 und 2 sind richtig

B. Nur 3 und 4 sind richtig

C. Nur 2, 3 und 4 sind richtig

D. Nur 1, 2, 3 und 4 sind richtig

E. Nur 2, 3, 4 und 5 sind richtig

6.035   12.3   Fragentyp D

Welche Aussagen treffen zu?

1) Die Aufrichtung des Rumpfes aus horizontaler Rücken-
   lage wird durch beidseitige Kontraktion des M.ilio-
   psoas bewirkt.

2) Bei einer Lähmung des M.glutaeus maximus kann der
   Patient nicht ohne zusätzliche Hilfe aus dem Sitzen
   aufstehen.

3) Der Tractus iliotibialis setzt die Biegebeanspruchung
   des Femur in der Standbeinperiode entscheidend herab.

4) Die Mm.glutaei medius und minimus der Standbeinseite
   verhindern, daß beim Gehen das Becken zur Spielbein-
   seite absinkt.

Wählen Sie bitte die zutreffende Aussagenkombination.

A. Nur 1 und 2 sind richtig

B. Nur 2 und 3 sind richtig

C. Nur 3 und 4 sind richtig

D. Nur 1, 2 und 4 sind richtig

E. Alle Aussagen sind richtig

d) Oberschenkel und Kniebereich

Welche Aussage trifft zu?

A. Die Femurcondylen sind an ihrem vorderen Umfang stärker gekrümmt als in ihrem hinteren Abschnitt.

B. Die Fossa intercondylaris bildet als überknorpelte Einziehung zwischen den beiden Condylen des Femur die Gleitfläche für die Patella.

C. Die Fibula steht mit dem Femur nicht in gelenkigem Kontakt.

D. Die Längsachse der Tibia setzt bei gestrecktem Kniegelenk die Schaftachse des Femur fort.

E. Die Facies articularis patellae wird durch eine Führungsleiste in eine ausgedehnte mediale Kontaktfläche für den medialen Femurcondylus und in ein schmales laterales Areal für den schmäleren Condylus lateralis gegliedert.

Welche Aussage trifft nicht zu?

A. Der Meniscus lateralis ist über die Gelenkkapsel mit dem Ligamentum collaterale fibulare verwachsen und daher besonders verletzungsanfällig.

B. Die Ligamenta cruciata werden vorn und seitlich von der Synovialmembran überkleidet.

C. Die Seitenbänder des Kniegelenks sind in Streckstellung am stärksten gespannt.

D. Das Ligamentum collaterale fibulare zieht als drehrunder Strang zum Caput fibulae und wirkt einer Adduktion des Unterschenkels entgegen.

E. Der gelenkige Kontakt der Femurcondylen mit den Menisci und der Facies articularis superior der Tibia ist in Streckstellung am größten.

6.038   12.4   Fragentyp A 3

Welche Aussage trifft nicht zu?

A. Das Ligamentum patellae bildet die Ansatzsehne des
   M.quadriceps femoris und heftet sich an der Tuberositas tibiae an.

B. Die Ligamenta cruciata werden bei der Außenkreiselung des Unterschenkels voneinander "abgewickelt" und
   lassen bei gebeugtem Knie eine willkürliche Außenrotation des Unterschenkels von etwa 40° zu.

C. Der mediale Meniscus steht durch das Ligamentum me-
   niscofemorale posterius mit dem hinteren oberen Ende
   des vorderen Kreuzbands in Verbindung.

D. Die Bursa suprapatellaris steht (fast) regelmäßig
   mit der Gelenkhöhle des Kniegelenks in Verbindung
   und kann sich bei einem Gelenkerguß ebenfalls vergrößern.

E. Eine Entzündung der Bursa subcutanea tuberositatis
   tibiae kann sich nicht auf die Kniegelenkshöhle ausdehnen, da der Schleimbeutel nicht mit dem Gelenkspalt kommuniziert.

6.039   12.4   Fragentyp A 3

Welche Aussage trifft nicht zu? Die willkürliche Rotation der Tibia

A. erfolgt vor allem zwischen den Menisci und der Facies
   articularis superior der Tibia

B. ist bei gestrecktem Kniegelenk nicht möglich

C. kann - von der 0°-Stellung aus - als Einwärtskreise-
   lung einen Bewegungsumfang von etwa 50° erreichen

D. wird nach einwärts durch die Kreuzbänder gehemmt

E. wird als Außenkreiselung durch die Seitenbänder ge-
   bremst

6.040   12.4   Fragentyp A 3

Welche Aussage trifft nicht zu?

A. Jeder der vier Köpfe des M.quadriceps femoris erhält einen Muskelast vom N.femoralis.

B. Der M.vastus intermedius entspringt an der Spina iliaca anterior inferior.

C. Der M.sartorius kreuzt die Beugeachse des Kniegelenks auf der Dorsalseite.

D. Der kurze Kopf des M.biceps femoris wird vom N.peronaeus communis innerviert.

E. Der M.semimembranosus inseriert mit einem tibialen Sehnenstrang am medialen Condylus der Tibia.

6.041   12.4   Fragentyp A 3

Welche Aussage trifft nicht zu?

A. Die ischiocruralen Muskeln sind nicht in der Lage, gleichzeitig das Hüftgelenk maximal zu strecken und das Kniegelenk zu beugen.

B. Der M.biceps femoris kann bei gebeugtem Knie den Unterschenkel auswärts rotieren.

C. Der M.semimembranosus ist der kräftigste Beuger des Kniegelenks und auch der wirkungsvollste Innenrotator.

D. Auch bei einem Querbruch der Patella können die Retinacula patellae die Zugwirkung des kontrahierten M.quadriceps femoris vollständig auf die Tibia übertragen und so das Treppensteigen ermöglichen.

E. Der Tractus iliotibialis zieht als Verstärkungsstreifen der Fascia lata vom Darmbeinkamm vornehmlich zum Condylus lateralis tibiae.

6.042   12.4   Fragentyp A 3

Welche Aussage trifft nicht zu? Das Rete articulare genus wird in der Regel gespeist aus Ästen

A. der A.femoralis

B. der A.poplitea

C. der A.comitans n.ischiadici

D. der A.tibialis anterior

E. der A.tibialis posterior

6.043   12.4   Fragentyp A 3

Welche Aussage trifft <u>nicht</u> zu? Der N.ischiadicus

A. zieht am Oberschenkel zwischen den Adductoren und
   den ischiocruralen Muskeln distalwärts

B. ist spätestens vor Eintritt in die Fossa poplitea
   in den N.tibialis und den N.peronaeus communis geteilt

C. gibt über den Tibialisanteil u.a. Äste zum M.adductor
   magnus und zum langen Bicepskopf ab

D. entsendet den N.peronaeus communis durch die Mitte
   der Kniekehle, oberflächlich zur A.poplitea, unter
   den Arcus tendineus m.solei

E. gibt aus dem N.tibialis den N.cutaneus surae medialis ab, der sich mit dem R.communicans peronaeus zum
   N.suralis vereinigt

6.044   12.4   Fragentyp A 3

Welche Aussage trifft <u>nicht</u> zu?

A. Den Boden der Fossa poplitea bilden die Facies poplitea des Femur, die Gelenkkapsel und distal der M.po-
   pliteus.

B. Der Puls der A.poplitea, die in der Fossa poplitea
   am tiefsten liegt, läßt sich durch die straffe Fascie
   im allgemeinen nicht tasten.

C. Der N.tibialis liegt am medialen Rand der Kniekehle.

D. Der Recessus subpopliteus steht mit der Gelenkhöhle
   in Verbindung und kann auch mit dem Gelenkspalt der
   Articulatio tibiofibularis kommunizieren.

E. Das Ligamentum obliquum bildet einen Teil der Ansatzsehne des M.semimembranosus und verstärkt die hintere Kapselwand.

6.045   12.4   Fragentyp C

Bei der Streckbewegung des Kniegelenks führt bei etwa
170° die sogenannte Schlußrotation der Tibia zu einer
Außenrotation der Tibia (oder einer Innenrotation des
Femur),

weil

bei der Streckbewegung des Kniegelenks die Patella auf
der Vorderfläche des Femur proximalwärts verschoben
und auf die Bursa suprapatellaris verlagert wird.

6.046   12.4   Fragentyp C

Bei einer Lähmung des N.femoralis ist das Gehen er-
schwert,

weil

bei einer Lähmung des N.femoralis sowohl der M.rectus
femoris als auch Teile des M.iliopsoas ausfallen.

6.047   12.4   Fragentyp C

Die ischiocruralen Muskeln werden nahezu ausschließlich
von der A.comitans n.ischiadici mit Blut versorgt,

weil

die ischiocruralen Muskeln und die A.comitans n.ischia-
dici dorsal vom Schenkelbein liegen.

6.048   12.4   Fragentyp D

Welche Aussagen treffen zu?

1) Unter "Femurtorsion" versteht man die Abwinkelung
   der Condylenachse des distalen Femurendes gegen die
   Projektionslinie der Schenkelhalsachse.

2) Die Linea aspera vergrößert den Querschnittsdurch-
   messer des Femurschaftes an der Stelle der höchsten
   durch Biegung bedingten Spannungen.

3) Die Traglinie des Beins verläuft beim normal gestalteten Kniegelenk des Erwachsenen durch den Epicondylus
   lateralis femoris und das Caput fibulae.

4) Die proximale Fläche der Tibiacondylen liegt zentral
   über der Mittelachse des Tibiaschafts und ist beim
   Erwachsenen um über 25° nach hinten geneigt.

Wählen Sie bitte die zutreffende Aussagenkombination.

A. Nur 1 und 2 sind richtig

B. Nur 2 und 3 sind richtig

C. Nur 3 und 4 sind richtig

D. Nur 1, 2 und 4 sind richtig

E. Alle Aussagen sind richtig

6.049   12.4   Fragentyp D

Welche Aussagen treffen zu?

1) Die Fascia lata ist proximal an Darmbeinkamm und Leistenband fixiert.

2) Am Hiatus saphenus tritt die V.saphena magna durch
   die Fascia cribrosa.

3) Das Septum intermusculare femoris mediale schließt
   stellenweise ein Bindegewebslager ein, in dem die
   Vasa femoralia und der N.saphenus verlaufen.

4) Das Septum intermusculare femoris laterale trennt die
   Extensoren des Oberschenkels von der Adductorengruppe.

Wählen Sie bitte die zutreffende Aussagenkombination.

A. Nur 1 und 2 sind richtig

B. Nur 2 und 3 sind richtig

C. Nur 3 und 4 sind richtig

D. Nur 1, 2 und 3 sind richtig

E. Nur 2, 3 und 4 sind richtig

6.050   12.4   Fragentyp D

Welche Aussagen treffen zu?

1) Bei langsamem Verschluß der A.iliaca externa bilden
   sich meist ausreichende Anastomosen zwischen dem
   Stromgebiet der A.iliaca interna und Ästen der A.pro-
   funda femoris aus.

2) Bei Unterbindung der A.femoralis distal vom Abgang der
   A.profunda femoris ist die Ausbildung eines ausrei-
   chenden Kollateralkreislaufs zwischen Ästen der A.pro-
   funda femoris und der A.genus descendens möglich, aber
   nicht gesichert.

3) Die Unterbindung der A.poplitea ist zu vermeiden, da
   sich über die kleinkalibrigen Äste zum Rete articulare genus meist kein ausreichender Kollateralkreislauf
   ausbildet.

4) Bei einer Durchtrennung der A.tibialis posterior oder
   der A.tibialis anterior muß auch der periphere Stumpf
   unterbunden werden, da sonst die Gefahr einer Nach-
   blutung über die zahlreichen Anastomosen der Knöchel-
   gegend besteht.

Wählen Sie bitte die zutreffende Aussagenkombination.

A. Nur 1 und 2 sind richtig

B. Nur 2 und 3 sind richtig

C. Nur 3 und 4 sind richtig

D. Nur 1, 3 und 4 sind richtig

E. Alle Aussagen sind richtig

6.051	12.4	Fragentyp D

Welche Aussagen treffen zu?

1) Lymphe aus dem lateralen Fußrand und der äußeren Knöchelregion wird über oberflächliche Lymphgefäße abgeleitet, welche die V.saphena parva begleiten.

2) Längs der V.saphena parva verlaufende Lymphgefäße münden in die subfascial gelegenen Nodi lymphatici poplitei.

3) Aus den Lymphknoten der Kniekehle wird die Lymphe den tiefen Leistenlymphknoten zugeleitet.

4) Lymphe aus dem lateralen Fußrand und der äußeren Knöchelregion kann über epifasciale Lymphgefäße unmittelbar den oberflächlichen Leistenlymphknoten zugeführt werden.

Wählen Sie bitte die zutreffende Aussagenkombination.

A. Nur 1 ist richtig

B. Nur 1 und 2 sind richtig

C. Nur 3 und 4 sind richtig

D. Nur 1, 2 und 3 sind richtig

E. Alle Aussagen sind richtig

e) Unterschenkel und Fuß

6.052	12.5	Fragentyp A 1

Welche Aussage trifft zu?

A. Das Os naviculare artikuliert an seiner proximalen Fläche mit dem Fersenbein.

B. Das Os cuneiforme intermedium ist kürzer als das 1. und das 3.Keilbein.

C. An der Unterfläche des Würfelbeins begrenzt die Tuberositas ossis cuboidei fußspitzenwärts die Rinne, in der die Sehne des M.peronaeus longus nach medial zieht.

D. Die Basen der Ossa metatarsalia artikulieren mit einem kugelförmigen Kopf mit den distalen Ossa tarsi.

E. Von den Mittelfußknochen ist in der Regel das Os metatarsale I am längsten.

6.053　　　　　　　　12.5　　　　　　　　Fragentyp A 1

Welche Aussage trifft zu? Die Ligamenta collateralia
des oberen Sprunggelenks inserieren mit mehreren diver-
gierenden Zügen an der Fußwurzel, so daß

A. der Talus isoliert aktiv ruhig gestellt werden kann

B. sich die Querwölbung des Fußes bei Belastung nicht
   abflacht

C. bei jeder Stellung des Gelenks ein Bandzug gestrafft
   ist und so das Gelenk gegen Ab- und Adduktion gesichert wird

D. Wackelbewegungen bei Plantarflexion verhindert werden

E. der Bewegungsumfang erweitert wird

6.054　　　　　　　　12.5　　　　　　　　Fragentyp A 1

Welche Aussage trifft zu? Das Septum intermusculare anterius cruris trennt

A. vordere Muskelgruppe (Extensoren) und oberflächliche
   Flexorengruppe

B. Peronaeusgruppe und vordere Muskelgruppe (Extensoren)

C. oberflächliche und tiefe Flexorengruppe

D. vordere Muskelgruppe (Extensoren) und tiefe Flexorengruppe

E. Peronaeusgruppe und tiefe Flexorengruppe

6.055　　　　　　　　12.5　　　　　　　　Fragentyp A 1

Welche Aussage trifft zu?

A. Der M.abductor hallucis setzt über das mediale Sesambein an der Kapsel des Grundgelenks der Großzehe
   und an der Grundphalanx I an.

B. Der M.flexor hallucis brevis entspringt am Calcaneus und zieht zur Endphalanx der Großzehe.

C. Der M.adductor hallucis wird vom N.plantaris medialis innerviert.

D. Am Fuß werden alle Mm.lumbricales von Ästen des N.
   plantaris lateralis innerviert.

E. Bei einer Lähmung des N.plantaris medialis werden die
   Mm.interossei (pedis) atrophisch.

6.056   12.5   Fragentyp A 1

Welche Aussage trifft zu? Bei einer Schädigung des
N.peronaeus communis kann es kommen zur

A. Abflachung des Fußgewölbes, so daß auch der innere
   Fußrand beim Auftreten den Boden berührt

B. Ausbildung eines Hackenfußes, so daß nur die Ferse
   den Boden berührt

C. Abduktion des Vorfußes und zur Pronation

D. Atrophie der Mm.interossei

E. Spitzfußstellung mit Senkung des äußeren Fußrands

6.057   12.5   Fragentyp A 1

Welche Aussage trifft zu? Die Querwölbung des Fußskelets
wird musculär vor allem gesichert durch das Zusammenwir-
ken von

A. M.peronaeus longus und M.peronaeus brevis

B. M.tibialis anterior und M.peronaeus longus

C. M.tibialis anterior und M.peronaeus brevis

D. M.flexor hallucis longus und M.peronaeus longus

E. M.tibialis posterior und M.peronaeus longus

6.058   12.5   Fragentyp A 1

Welche Aussage trifft zu?

A. Die A.tibialis anterior wird in Höhe des oberen Sprunggelenks vom M.extensor hallucis longus überkreuzt.

B. Der N.peronaeus profundus zieht zwischen den beiden
   Mm. peronaei zum Fußrücken.

C. Der N.tibialis verläuft im proximalen Bereich des Unterschenkels zwischen den Mm.flexor digitorum longus
   und tibialis posterior distalwärts.

D. Die A.tibialis posterior begleitet die V.saphena magna vor dem medialen Knöchel, wo man leicht den Arte-
   rienpuls fühlen kann.

E. Die A.peronaea verläuft zwischen M.triceps surae und
   tiefem Blatt der Fascia cruris knöchelwärts und anastomosiert durch einen R.perforans mit den Aa.planta-
   res.

6.059
6.060   12.5   Fragentyp A 1

Welche Aussage trifft zu? Geben Sie bitte an, durch
welchen Kennbuchstaben in dem schematischen Querschnitt
(Abb.8) durch einen rechten Unterschenkel (mittleres
Drittel, Ansicht der Schnittfläche von proximal) bezeichnet sind.

6.059 der N.peronaeus superficialis

6.060 der N.saphenus

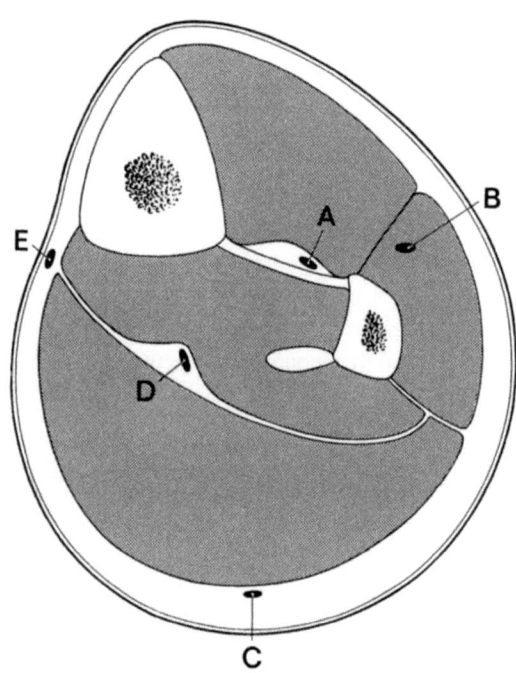

Abb. 8

6.061
6.062   12.5   Fragentyp A 1

Welche Aussage trifft zu? Geben Sie bitte an, durch welchen Kennbuchstaben in dem schematischen Querschnitt
(Abb.9) durch einen rechten Unterschenkel (mittlere Drittel, Ansicht der Schnittfläche von proximal) bezeichnet
sind

6.061 die Gefäß-Nervenstraße in der Extensorenkammer

6.062 die Gefäß-Nervenstraße in der Flexorenkammer

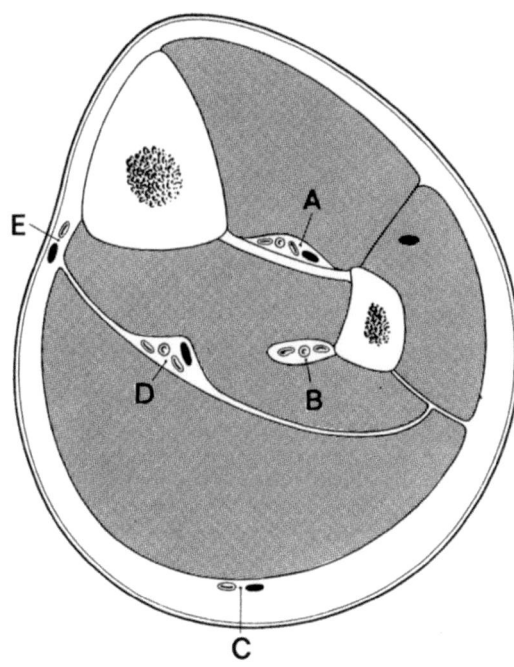

Abb. 9

6.063   12.5   Fragentyp A 3

Welche Aussage trifft nicht zu? Im unteren Sprunggelenk

A. verläuft die Achse schräg vom dorsomedialen Umfang
des Sprungsbeinhalses nach hinten, unten und lateral
zur Seitenfläche des Tuber calcanei

B. sind vordere und hintere Kammer durch das Ligamentum
talocalcaneum interosseum geschieden

C. ist die Pronationsbewegung mit einer Adduktion und
Plantarflexion der subtalaren Fußplatte verbunden

D. wird die Supinationsbewegung durch das Ligamentum
talocalcaneum laterale gehemmt

E. bildet das Ligamentum calcaneonaviculare plantare
einen Teil der Gelenkpfanne

6.064   12.5   Fragentyp A 3

Welche Aussage trifft nicht zu?

A. Am Tibiaschaft liegt die größere Knochenmasse in dem
hinteren Teil des dreieckigen Querschnitts, wo die
größeren Druckspannungen auftreten.

B. Das distale Ende des Wadenbeins trägt an der medialen
Fläche die überknorpelte Facies articularis malleoli.

C. Der mediale Malleolus reicht weiter nach distal als
der laterale Knöchel, so daß die quere Achse des oberen Sprunggelenks auf der Medialseite durch den Knöchel verläuft.

D. Die Trochlea tali ist vorn breiter als hinten.

E. Das Tuberculum laterale des Processus posterior tali
kann als selbständiges Os trigonum auftreten und so
im Röntgenbild einen Knochenabriß vortäuschen.

6.065   12.5   Fragentyp A 3

Welche Aussage trifft nicht zu?

A. Der Sulcus tali trennt die Gelenkflächen des Talus
   für die hintere und die vordere Kammer des unteren
   Sprunggelenks.

B. Auf der Unterfläche des Sustentaculum tali gleitet in
   einer Knochenrinne die Sehne des M.flexor hallucis
   longus.

C. Der Calcaneus trägt an seiner Vorderfläche die Facies
   articularis cuboidea.

D. Die Querwölbung des Fußes im Bereich der distalen Tar-
   salia wird dadurch mitbedingt, daß die Schneide des
   1.Keilbeins plantarwärts, die Schneiden der Ossa cunei-
   formia II und III nach dorsal gerichtet sind.

E. Die Tuberositas ossis metatarsalis V, die am äußeren
   Fußrand leicht zu tasten ist, kennzeichnet das laterale Ende der Lisfrancschen Gelenklinie (Articulationes
   tarsometatarseae)

6.066   12.5   Fragentyp A 3

Welche Aussage trifft nicht zu?

A. Beim Neugeborenen ist das Fersenbein einwärts gekan-
   tet (supiniert).

B. Beim Erwachsenen steht der Längsdurchmesser des Tuber
   calcanei annähernd senkrecht.

C. Das Ligamentum bifurcatum verbindet den Talus mit Calcaneus und Os naviculare und sichert das obere Sprunggelenk gegen eine Abduktion des Fußes nach fibular.

D. Die Supination des Fußes ist eine Mischbewegung aus
   Heben des medialen Fußrands, Adduktion und Plantarflexion der subtalaren Fußplatte.

E. Die Längswölbung des Fußes wird passiv durch das
   Ligamentum plantare longum und das Ligamentum
   calcaneonaviculare plantare verspannt.

6.067   12.5   Fragentyp A 3

Welche Aussage trifft nicht zu?

A. Die Articulationes tarsometatarseae sind straffe Amphiarthrosen.

B. Die Zehengrundgelenke sind nach der Form der Gelenkflächen Scharniergelenke.

C. Mit zunehmender Beugung der Zehengrundphalangen spannen sich die Ligamenta collateralia immer mehr an und schränken die Spreizung schließlich völlig ein.

D. In das Ligamentum plantare des Grundgelenks der Großzehe sind regelhaft 2 Sesambeine eingelagert, an der 5.Zehe findet man gelegentlich ein fibulares Sesambein.

E. In den Mittel- und Endgelenken der Zehen werden Beuge- und Streckbewegung durch Ligamenta collateralia geführt.

6.068   12.5   Fragentyp A 3

Welche Aussage trifft nicht zu?

A. Der M.tibialis anterior setzt an der Plantarfläche von Os cuneifome I und Os metatarsale I an.

B. Der M.extensor digitorum longus setzt über die Dorsalaponeurose der 2.-5.Zehe an.

C. Die Sehne des M.peronaeus longus biegt am lateralen Fußrand in spitzem Winkel auf die Fußsohle um und benutzt die Tuberositas ossis cuboidei als Hypomochlion.

D. Der M.flexor hallucis longus entspringt - von allen Flexoren des Unterschenkels am weitesten medial - an der Hinterfläche der Tibia.

E. An den Zehen ist die Dorsalaponeurose oft unvollkommen ausgeprägt und fehlt stets an der Großzehe.

6.069   12.5   Fragentyp A 3

Welche Aussage trifft nicht zu?

A. Die Sehnenscheide des M.extensor hallucis longus beginnt distal des Retinaculum mm.extonsorum superius
   und erreicht meist die Basis des Os metatarsale I.

B. Die Sehnen der Extensoren des Unterschenkels sind
   unter den Retinacula mm.extensorum in eine gemeinsame
   Sehnenscheide eingeschlossen.

C. Die plantare Sehnenscheide des M.peronaeus longus
   steht nur ausnahmsweise mit der Sehnenscheide der
   Mm.peronaei am lateralen Knöchel in Verbindung.

D. Die Sehnenscheiden der tiefen Flexoren des Unterschenkels stehen in den Sehnenfächern unter dem Retinaculum mm.flexorum untereinander nicht in unmittelbarer Verbindung.

E. Die Achillessehne besitzt keine Sehnenscheide.

6.070   12.5   Fragentyp A 3

Welche Aussage trifft nicht zu?

A. Der M.popliteus kann bei gebeugtem Knie den Unterschenkel einwärts rotieren.

B. Die Wirkungsmöglichkeit des M.gastrocnemius auf die
   Sprunggelenke ist herabgesetzt, wenn das Kniegelenk
   gebeugt ist.

C. Der M.extensor digitorum longus ist ein stärkerer Supinator als der M.tibialis posterior.

D. Der M.peronaeus brevis hilft bei der Hebung der Fuß-
   spitze mit.

E. Bei einer Lähmung des N.peronaeus communis ist eine
   aktive Pronation nicht mehr möglich.

6.071   12.5   Fragentyp A 3

Welche Aussage trifft nicht zu?

A. Die Gefäßnetze des Fußrückens und der Fußsohle anastomosieren über Rr.perforantes, so daß Blutleere
   nur durch Unterbrechung des Blutstroms in beiden Aa.
   tibiales erreicht werden kann.

B. Der Puls der A.dorsalis pedis läßt sich am proximalen
   Ende des 1.Zwischenknochenraums, lateral der Sehne des
   M.extensor hallucis longus, tasten.

C. Die A.dorsalis pedis steht über den R.plantaris profundus mit dem Arcus plantaris in Verbindung.

D. Am Fuß wird der Arcus plantaris aus dem R.superficia-
   lis der A.plantaris medialis gespeist.

E. Das sensible Innervationsgebiet des N.plantaris medialis entspricht dem sensiblen Versorgungsbereich
   des N.medianus an der Hand.

6.072   12.5   Fragentyp C

Im unteren Sprunggelenk erfolgen Bewegungen der subtalaren Fußplatte gegen den Talus gleichzeitig in der vorderen und der hinteren Kammer,

weil

im unteren Sprunggelenk der Sinus tarsi die überknorpelten Gelenkflächen nur unvollkommen trennt.

6.073   12.5   Fragentyp C

Die Mm.peronaei pronieren,

weil

die Sehnen der Mm.peronaei medial der Pronations-Supi-
nations-Achse vorbeiziehen.

6.074   12.5   Fragentyp C

Die tiefen Flexoren am Unterschenkel besitzen für die
Plantarflexion des Fußes ein geringeres Drehmoment als
der M.triceps surae,

weil

die Sehnen der tiefen Flexoren nahe der frontalen Achse
des oberen Sprunggelenks verlaufen und der virtuelle
Hebelarm relativ kurz ist.

6.075   12.5   Fragentyp C

Bei einer Durchtrennung des N.tibialis unterhalb der
Sehnenarkade des M.soleus sind Plantarflexion und Supination des Fußes in der Regel nicht nennenswert eingeschränkt,

weil

bei einer Durchtrennung des N.tibialis unterhalb der
Soleusarkade nur die tiefen Flexoren und die Muskeln der
Fußsohle gelähmt sind.

6.076   12.5   Fragentyp C

Entzündungen auf der Plantarseite des Fußes werden über
zahlreiche Venen und Lymphbahnen durch die Zwischenknochenräume zum Fußrücken geleitet,

weil

Entzündungen auf der Plantarseite unter der derben Haut
der Fußsohle verborgen bleiben.

6.077   12.5   Fragentyp C

Beim Gehen sind Standphase und Schwungphase eines Beins
nicht gleich lang,

weil

beim Gehen zum Zeitpunkt des Phasenwechsels für eine kurze Zeitspanne beide Beine "Standbein" sind.

6.078   12.5   Fragentyp D

Welche Aussagen treffen zu?

1) Die Articulatio tibiofibularis erlaubt höchstens un-
   bedeutende Gleitbewegungen des Wadenbeinkopfs auf der
   nahezu planen Facies articularis fibularis des Schien-
   beins.

2) Die Gelenkhöhlen der Kniegelenks und des Tibiofibular-
   gelenks stehen gelegentlich in Verbindung, so daß Ent-
   zündungsprozesse überwandern können.

3) Die Membrana interossea cruris verhindert, daß sich Tibia- und Fibulaschaft in transversaler Richtung nennenswert voneinander entfernen können.

4) Die Ligamenta tibiofibulare anterius et posterius verbinden das distale Ende von Tibia und Fibula zur Malleolengabel.

Wählen Sie bitte die zutreffende Aussagenkombination.

A. Nur 1 und 2 sind richtig

B. Nur 1 und 3 sind richtig

C. Nur 2 und 3 sind richtig

D. Nur 3 und 4 sind richtig

E. Alle Aussagen sind richtig

6.079   12.5   Fragentyp D

Welche Aussagen treffen zu? Bei Lähmung des N.tibialis

1) kann sich der Patient nicht mehr auf die Zehen stellen

2) ist das Spreizen und Schließen der Zehen nicht mehr möglich

3) fällt die Sensiblität an der Ferse und an der Fußsohle aus

4) tritt in der Folge eine Spitzfußstellung ein

Wählen Sie bitte die zutreffende Aussagenkombination.

A. Nur 1 und 2 sind richtig

B. Nur 1 und 3 sind richtig

C. Nur 3 und 4 sind richtig

D. Nur 1, 2 und 3 sind richtig

E. Alle Aussagen sind richtig

Welche Aussagen treffen zu?

1) Die Muskeln der Fußsohle sind vornehmlich Haltemus-
   keln.

2) Der M. quadratus plantae bestimmt die Zugrichtung der
   Endsehnen des langen Zehenbeugers.

3) Der M.flexor digitorum brevis spielt bei der aktiven
   Verspannung der Längswölbung eine wesentliche Rolle.

4) Das Caput transversum des M.adductor hallucis bildet
   die einzige muskulöse Querverspannung des Vorfußes.

Wählen Sie bitte die zutreffende Aussagenkombination.

A. Nur 1 und 2 sind richtig

B. Nur 3 und 4 sind richtig

C. Nur 1, 2 und 3 sind richtig

D. Nur 2, 3 und 4 sind richtig

E. Alle Aussagen sind richtig

7. Kopf

a) Gehirnteil des Kopfes

7.001   13.1   Fragentyp A 1

Welche Aussage trifft zu? An der Schädelbasis treten ein
bzw. aus

A. die A.ophthalmica durch den Canalis opticus

B. die V.ophthalmica superior durch die Fissura orbitalis inferior

C. der N.maxillaris durch das Foramen ovale

D. der N.petrosus major durch den Canalis pterygoideus

E. die A. meningea posterior durch den Canalis condylaris

7.002   13.1   Fragentyp A 3

Welche Aussage trifft nicht zu?

A. Beim Neugeborenen läßt sich hinter der Ohrmuschel der
Processus mastoideus deutlich tasten.

B. Die Stirnfontanelle schließt sich in der Regel im
2.Lebensjahr.

C. Die Hinterhauptsfontanelle wird von der Spitze der
Hinterhauptsschuppe und von dem hinteren oberen Winkel beider Scheitelbeine begrenzt.

D. Die Sutura squamosa verbindet Schläfenbeinschuppe
und Scheitelbein.

E. Die Diploe ist in der Regel dicker als die Lamina externa der Schädelkalotte, die Lamina externa dicker
als die Lamina interna.

7.003   13.1   Fragentyp A 3

Welche Aussage trifft <u>nicht</u> zu?

A. Der Hirnteil des Kopfes besitzt - ausgenommen die Stirn - eine Terminalbehaarung.

B. Die Gesichtsbehaarung ist geschlechtsspezifisch.

C. Die Kopfschwarte ist unverschieblich mit dem Pericranium verbunden.

D. Die A.occipitalis zieht medial vom Processus mastoideus zum Hinterhaupt.

E. Vv.diploicae stehen sowohl mit Sinus durae matris als auch mit Venen der Kopfweichteile in Verbindung.

7.004   13.1   Fragentyp A 3

Welche Aussage trifft <u>nicht</u> zu? Im Keilbein liegen

A. der Canalis opticus

B. das Foramen rotundum

C. das Foramen spinosum

D. das Foramen ovale

E. der Canalis facialis

7.005   13.1   Fragentyp A 3

Welche Aussage trifft <u>nicht</u> zu? Durch das Foramen jugulare treten aus

A. der N.glossopharyngeus

B. der N.vagus

C. der N.accessorius

D. der N.hypoglossus

E. die V.jugularis interna

7.006   13.1   Fragentyp A 3

Welche Aussage trifft nicht zu? Die Dura mater encephali

A. ist größtenteils mit dem Periost verschmolzen

B. läßt sich beim kindlichen Schädel leichter vom Knochen ablösen als beim adulten

C. verspannt mit der Falx cerebri die Schädelwölbung

D. schließt die starrwandigen Sinus durae matris ein, die Blut aus den Hirnvenen aufnehmen

E. setzt sich am Foramen magnum in die Dura mater spinalis fort

7.007   13.1   Fragentyp A 3

Welche Aussage trifft nicht zu?

A. Das Cavum trigeminale (Meckeli) ist eine Duratasche, die das Ganglion trigeminale (semilunare) umfaßt.

B. Das Diaphragma sellae kammert die Sella turcica unvollständig vom "Cavum intradurale cranii" ab und überspannt die Sella turcica.

C. Das Cavum trigeminale öffnet sich in die Fossa cranii media.

D. Das Tentorium cerebelli schiebt sich zwischen die Hinterhauptslappen des Großhirns und das Kleinhirn ein.

E. An der Nahtstelle von Falx cerebri und Tentorium cerebelli verbindet der Sinus rectus den Sinus sagittalis inferior und den Confluens sinuum.

7.008   13.1   Fragentyp A 3

Welche Aussage trifft nicht zu? Das Tentorium cerebelli ist verankert

A. an der Protuberantia occipitalis interna

B. am Sulcus sinus transversi

C. am Dorsum sellae

D. an der Crista pyramidis

E. am Processus clinoideus anterior

7.009	13.1	Fragentyp A 3

Welche Aussage trifft nicht zu?

A. Die Aa.meningeae halten sich mit ihren Verzweigungsgebieten nicht an die Knochengrenzen des Schädels.

B. Der Subarachnoidealraum ermöglicht eine ausgedehnte Liquorzirkulation, so daß sich infektiöse Prozesse auf diesem Wege rasch ausbreiten können.

C. Die Cisterna cerebellomedullaris liegt dorsal zwischen Kleinhirn und Medulla oblongata und kann durch einen suboccipitalen Einstich erreicht werden.

D. Die Cisterna interpeduncularis, die die A.cerebri media umschließt, kommuniziert unmittelbar mit der Cisterna cerebellomedullaris.

E. Die Cisterna chiasmatis liegt vor der Cisterna interpeduncularis und schließt das Chiasma opticum ein.

7.010	13.1	Fragentyp A 3

Welche Aussage trifft nicht zu?

A. Die Arachnoidea überspannt als dünne, derbe Hülle das Gehirn und liegt mit ihrem äußeren Blatt der Dura mater glatt an.

B. Die Arachnoidea encephali ist besonders reich an freien Nervenendigungen und deshalb schmerzempfindlich.

C. Die Pia mater liegt dem nervösen Zentralorgan dicht an und dringt in die Sulci und Fissurae cerebri ein.

D. Die Pia mater führt Arterien und Venen.

E. Das Cavum subarachnoideale ist an den Stellen, wo zwischen Hirnoberfläche und Schädelinnenfläche erhebliche Inkongruenzen bestehen, zu Zisternen erweitert.

7.011 7.012	13.1	Fragentyp B

Ordnen Sie bitte jedem der in Liste 1 genannten Nerven die richtige Lage der Ein- bzw. Austrittsstelle an der Schädelbasis zu (Liste 2).

Liste 1	Liste 2

7.011 Nn.olfactorii

7.012 N.trochlearis

A. im Os ethmoidale

B. im Corpus ossis sphenoidalis

C. in der Ala minor des Os
sphenoidale

D. zwischen den beiden
Wurzeln des Processus
pterygoideus

E. zwischen der Ala major
und Ala minor des Os
sphenoidale

7.013
7.014   13.1   Fragentyp B

Ordnen Sie bitte jedem der in Liste 1 genannten Nerven
die richtige Lage der Ein- bzw. Austrittsstelle an der
Schädelbasis zu (Liste 2).

Liste 1	Liste 2

7.013 Chorda tympani

7.014 N.glossopharyngeus

A. in der Ala major des Os
sphenoidale

B. zwischen Pars petrosa
und Pars squamosa des
Os temporale

C. zwischen Pars petrosa
und Pars tympanica des
Os temporale

D. zwischen Os temporale
und Os occipitale

E. im Os occipitale

7.015   13.1   Fragentyp C

Am Schädeldach können sich subaponeurotische Blutungen
nicht über die Knochengrenzen ausdehnen,

weil

am Schädeldach das Pericranium an den Knochenrändern im
Bindegewebe der Knochennähte fest verankert ist.

7.016   13.1   Fragentyp C

Bei Gewalteinwirkung auf das Schädeldach bricht häufig
nur die Lamina interna,

weil

auch am Schädeldach die Zugfestigkeit des Knochens geringer ist als die Druckfestigkeit.

7.017   13.1   Fragentyp C

Aus dem Bereich des Gesichts können Infektionen in die
Schädelhöhle fortgeleitet werden,

weil

aus dem Bereich des Gesichts eine Gefäßbahn von der V.
facialis - über V.angularis und V.ophthalmica superior -
zum Sinus cavernosus führt.

7.018   13.1   Fragentyp C

Bei pathologischen Prozessen im Bereich des Sinus cavernosus kann der N.abducens nicht betroffen werden,

weil

der N.abducens bereits am Clivus durch die Dura mater
tritt.

7.019	13.1	Fragentyp C

Der Liquor cerebrospinalis kann beim Säugling nicht über die Granulationes arachnoideales abfließen,

<u>weil</u>

die Arachnoidealzotten keine Gefäße besitzen.

7.020	13.1	Fragentyp D

Welche Aussagen treffen zu? Die Kopfhaut wird sensibel innerviert

1) in der Stirnregion durch Äste des N.frontalis

2) im vorderen Schläfenbereich durch einen Ast des N.zygomaticus

3) in der hinteren Schläfenregion durch einen Ast des N.mandibularis

4) hinter dem Ohr durch einen Nerv des Plexus cervicalis

5) im medialen Abschnitt des Hinterhaupts durch den R. dorsalis des 2.Cervicalnervs

Wählen Sie bitte die zutreffende Aussagenkombination.

A. Nur 1 und 3 sind richtig

B. Nur 3 und 4 sind richtig

C. Nur 1, 2 und 3 sind richtig

D. Nur 3, 4 und 5 sind richtig

E. Alle Aussagen sind richtig

7.021   13.1   Fragentyp D

Welche Aussagen treffen zu?

1) Die A.carotis interna zieht durch den Keilbeinkörper in die vordere Schädelgrube.

2) Die A.vertebralis gelangt durch das Foramen magnum in die Schädelhöhle.

3) Der Bulbus v.jugularis superior kann den Sinus petrosus inferior aufnehmen.

4) Die V.emissaria mastoidea verbindet den Sinus sigmoideus mit der V.occipitalis.

Wählen Sie bitte die zutreffende Aussagenkombination.

A. Nur 1 und 2 sind richtig

B. Nur 1 und 3 sind richtig

C. Nur 2 und 3 sind richtig

D. Nur 1, 3 und 4 sind richtig

E. Nur 2, 3 und 4 sind richtig

7.022   13.1   Fragentyp D

Welche Aussagen treffen zu?

1) Der Confluens sinuum sammelt Blut aus den Sinus sagittales und dem Sinus occipitalis.

2) Der Sinus petrosus superior verbindet den Sinus cavernosus mit Sinus transversus bzw. Sinus sigmoideus.

3) Die V.cerebri magna mündet in den Sinus cavernosus.

4) Die Falx cerebri beherbergt die Sinus transversi und dringt in die Fissura transversa cerebri ein.

Wählen Sie bitte die zutreffende Aussagenkombination.

A. Nur 1 und 2 sind richtig

B. Nur 3 und 4 sind richtig

C. Nur 1, 2 und 3 sind richtig

D. Nur 2, 3 und 4 sind richtig

E. Alle Aussagen sind richtig

b) Gesichtsteil des Kopfes

7.023   13.2   Fragentyp A 1

Welche Aussage trifft zu? Die A.facialis

A. verläuft über die Außenseite der Glandula submandibularis zum Unterkieferrand

B. gibt in der Regel die A.pharyngea ascendens ab

C. kann am Vorderrand des M.masseter durch Druck gegen die Mandibula komprimiert werden

D. verläuft oberflächlich zum Platysma

E. zieht meist dorsal von der V.facialis zum inneren Augenwinkel

7.024   13.2   Fragentyp A 1

Welche Aussage trifft zu? Der N.auriculotemporalis

A. erhält parasympathische Äste für die Glandula parotis aus der Chorda tympani

B. zieht vor dem Kiefergelenk zur Fossa retromandibularis

C. versorgt den occipitalen Anteil des M.epicranius motorisch

D. zieht hinter dem Kiefergelenk nach hinten und außen zur Schläfenregion

E. tritt durch die Incisura mandibulae zur seitlichen Gesichtsoberfläche

7.025   13.2   Fragentyp A 1

Welche Aussage trifft zu? Der N.alveolaris inferior

A. tritt durch das Foramen rotundum

B. verläuft auf der Innenseite des M.pterygoideus medialis zum Unterkiefer

C. entsendet sensible Äste auf dem M.mylohyoideus zu den
Unterkieferzähnen

D. gibt vor dem Eintritt in den Canalis mandibulae motorische Fasern zum vorderen Digastricusbauch ab

E. führt motorische Fasern für den M.geniohyoideus

7.026   13.2   Fragentyp A 1

Welche Aussage trifft zu? Der N.lingualis

A. tritt zwischen den Mm.pterygoidei lateralis und medialis in die tiefe seitliche Gesichtsregion ein

B. erhält sekretorische Fasern aus dem N.glossopharyn-
geus

C. versorgt die Binnenmuskulatur der Zunge motorisch

D. verläuft in der Zunge medial vom M.hyoglossus

E. überkreuzt den Ductus submandibularis am Boden der
Mundhöhle

7.027   13.2   Fragentyp A 1

Welche Aussage trifft zu?

A. Eine Neubildung von Schmelz kann durch Fluoridierung
des Trinkwassers auch am durchgebrochenen Zahn ausgelöst werden.

B. Die Odontoblasten liegen beim fertigen Zahn im Dentin.

C. Das Zement entspricht in seiner Bauweise dem Geflechtknochen.

D. Die Interglobularräume sind minder verkalkte Gebiete
im Zement.

E. Die Zahnpulpa enthält u.a. Nervenzellen, die mit zur
großen Schmerzempfindlichkeit der Zähne beitragen.

7.028   13.2   Fragentyp A 1

Welche Aussage trifft zu?

A. Das Parodontium ist die funktionelle Einheit aus Zement, Wurzelhaut (Desmodont) und Alveolarknochen.

B. Die Sharpeyschen Fasern sind elastische Fasern und ermöglichen deshalb eine federnde Aufhängung des Zahns.

C. Die Sharpeyschen Fasern sind am Zahnhals im Dentin verankert.

D. Das Desmodóntium ist frei von sensiblen Nervenendigungen.

E. Die Gingiva erhält ihre rote Farbe durch die Einlagerung zahlreicher glatter Muskelzellen.

7.029   13.2   Fragentyp A 3

Welche Aussage trifft nicht zu? Typische Trigeminusdruckpunkte sind

A. die Incisura frontalis

B. die Incisura supraorbitalis

C. das Foramen mandibulae

D. das Foramen infraorbitale

E. das Foramen mentale

7.030   13.2   Fragentyp A 3

Welche Aussage trifft nicht zu? Die Gesichtshaut wird u.a. innerviert

A. im Bereich der Augenlider durch Äste der Nn.frontalis und lacrimalis

B. über dem Jochbein durch einen Ast des N.zygomaticus

C. im Bereich von äußerer Nase, Oberkiefer und Oberlippe durch Äste der Nn.nasociliaris und infraorbitalis

D. an Wange und Unterlippe durch Äste des N.mandibularis

E. am Kieferwinkel durch Äste des N.occipitalis minor

7.031   13.2   Fragentyp A 3

Welche Aussage trifft nicht zu? Die A.maxillaris

A. gibt Rr.musculares für die Kaumuskeln ab

B. versorgt die Zähne des Oberkiefers

C. beteiligt sich an der Versorgung der hinteren Nasen-
schleimhaut

D. anastomosiert mit der A.facialis über Äste der A.in-
fraorbitalis

E. tritt zwischen Unterkieferast und M.masseter zur tiefen seitlichen Gesichtsregion

7.032   13.2   Fragentyp A 3

Welche Aussage trifft nicht zu? Die Fossa infratemporalis enthält

A. einen Fettpfropf als Fortsetzung des Corpus adiposum
buccae

B. die Mm.pterygoidei

C. eine Verlaufstrecke der A.maxillaris

D. den Plexus pterygoideus

E. die Aufteilung des N.maxillaris

7.033   13.2   Fragentyp A 3

Welche Aussage trifft nicht zu? Am Aufbau der medialen
knöchernen Wand der Orbita sind beteiligt

A. das Os palatinum

B. das Os sphenoidale

C. das Os ethmoidale

D. das Os lacrimale

E. die Maxilla

7.034   13.2   Fragentyp A 3

Welche Aussage trifft <u>nicht</u> zu? Am Aufbau der lateralen
knöchernen Nasenwand sind beteiligt

A. das Os ethmoidale

B. das Os frontale

C. die Maxilla

D. das Os palatinum

E. das Os lacrimale

7.035   13.2   Fragentyp A 3

Welche Aussage trifft <u>nicht</u> zu? Die Fossa pterygopala-
tina

A. wird oben vom Keilbeinkörper begrenzt

B. steht durch die Fissura pterygomaxillaris mit der
Fossa infratemporalis in Verbindung

C. kommuniziert mit der Nasenhöhle

D. führt über das Foramen ovale in die mittlere Schädelgrube

E. ist Mündungsstelle des Canalis pterygoideus

7.036   13.2   Fragentyp A 3

Welche Aussage trifft <u>nicht</u> zu? Zahnpulpa und Schmelzpulpa unterscheiden sich durch

A. die Herkunft ihrer Zellen aus verschiedenen Keimblät-
tern (die Zellen der Zahnpulpa stammen aus dem Mesoderm, die Zellen der Schmelzpulpa aus dem Ektoderm)

B. ihren Gehalt an Gefäßen (die Zahnpulpa führt Blut-
und Lymphgefäße, die Schmelzpulpa ist gefäßfrei)

C. das Vorkommen von Nerven (die Zahnpulpa enthält Nervenendigungen, die Schmelzpulpa ist nervenfrei)

D. ihre Leistungen (Zellen der Zahnpulpa bilden Dentin,
die Schmelzpulpa ist Teil des Schmelzorgans)

E. ihre Lebensdauer (die Zahnpulpa bleibt so lange erhalten wie der Zahn, die Schmelzpulpa verschwindet
beim Durchtritt des Zahns)

7.037   13.2   Fragentyp A 3

Welche Aussage trifft <u>nicht</u> zu? Dentin

A. ist härter als Knochen

B. ist weicher als Schmelz

C. wird von Dentinkanälchen durchzogen

D. wird zuerst im Bereich der Zahnwurzel gebildet

E. enthält Kollagenfasern

7.038   13.2   Fragentyp A 3

Welche Aussage trifft <u>nicht</u> zu?

A. Das Schmelzorgan induziert die Differenzierung des mesenchymalen Teils der Zahnanlage.

B. Die Adamantoblasten bilden den Schmelz.

C. Dentin enthält die Fortsätze der Odontoblasten.

D. Schmelz enthält die Adamantoblasten.

E. Das an das innere Schmelzepithel grenzende Mesenchym der Zahnpapille bildet die Odontoblastenschicht.

7.039   13.2   Fragentyp A 3

Welche Aussage trifft <u>nicht</u> zu?

A. Im Oberkiefer hat der Zahnbogen ungefähr die Gestalt einer halbierten Ellipse, im Unterkiefer etwa die einer Parabel.

B. Bei der normalen Okklusion überdecken die oberen Frontzähne die unteren.

C. Die Oberkiefermolaren M^1 und M^2 besitzen in der Regel 2 buccale Wurzeln und 1 palatinale Wurzel.

D. Die Unterkiefermolaren M_1 und M_2 haben eine vordere (mesiale) und eine hintere (distale) Wurzel.

E. Der 3.Mahlzahn besitzt die größte Kaufläche.

7.040   13.2   Fragentyp A 3

Welche Aussage trifft nicht zu?

A. Schmelzbildung und Prägung der Zahnform gehen vom
   Schmelzorgan aus.   .

B. Die Odontoblasten sind die Bildner des Dentins.

C. Die Schmelzorgane der Milchzähne entstehen annähernd
   zur gleichen Zeit.

D. Die Zementbildung erfolgt nach Rückbildung des
   Schmelzorgans im späteren Wurzelbereich.

E. Zur Ausbildung der bleibenden Zähne wird postnatal
   eine sekundäre Zahnleiste neu angelegt.

7.041   13.2   Fragentyp A 3

Welche Aussage trifft nicht zu? Das Kiefergelenk

A. ist die bewegliche Verbindung des Processus condylaris der Mandibula mit der Pars tympanica ossis temporalis

B. besitzt eine relativ schlaffe Gelenkkapsel, die vorn
   das Tuberculum articulare umfaßt und hinten bis zur
   Fissura petrotympanica reicht

C. wird durch den Discus articularis in zwei Gelenkkam-
   mern gegliedert

D. führt bei der Kieferöffnung beim Lebenden eine kom-
   binierte Dreh- und Gleitbewegung des Kieferkopfes aus

E. wird durch das Ligamentum laterale an extremen Seit-
   wärtsexkursionen des Kieferkopfes gehindert

7.042   13.2   Fragentyp A 3

Welche Aussage trifft nicht zu?

A. Beim Öffnen des Kiefers wandern beide Gelenkköpfe
   nach vorn abwärts auf das Tuberculum articulare.

B. Die Achse für die Öffnungs- und Schließbewegung des
   Kiefers kann als Kompromißachse durch die Foramina
   mandibulae konstruiert werden.

C. Beim Vorschieben des Unterkiefers gleiten beide Disci
   mit den Gelenkköpfen auf das Tuberculum articulare.

D. Die Schiebebewegung des Unterkiefers wird durch die
   Zähne und das Tuberculum articulare geführt.

E. Bei der vorwärtsgerichteten Schiebebewegung des Un-
   kiefers werden die Ligamenta lateralia der Kieferge-
   lenke angespannt.

7.043   13.2   Fragentyp A 3

Welche Aussage trifft nicht zu?

A. Bei der Mahlbewegung führt der Gelenkkopf der Arbeits-
   seite eine Drehbewegung aus, während der andere Gelenkkopf nach vorn auf das Tuberculum articulare wandert.

B. Bei der Mahlbewegung wirkt der M.pterygoideus lateralis der Balanceseite mit den Kieferschließern der Ar-
   beitsseite, speziell mit dem M.temporalis, zusammen.

C. Der M.pterygoideus medialis ist ein wirksamer Öffner
   des Kiefergelenks.

D. Die hinteren horizontalen Faserbündel des M.tempora-
   lis können das Kieferköpfchen vom Tuberculum articulare in die Fossa mandibularis zurückziehen.

E. Bei beidseitiger Kontraktion ziehen die Mm.pterygoi-
   dei laterales den Unterkiefer nach vorn.

7.044
7.045   13.2   Fragentyp B

Ordnen Sie bitte den in Liste 1 genannten Arterienstäm-
men den Gefäßast zu (Liste 2), der den Weichteilmantel
des Gesichts versorgt.

Liste 1	Liste 2
7.044 A.ophthalmica	A. A.ethmoidalis posterior
7.045 A.maxillaris	B. A.dorsalis nasi
	C. A.labialis superior
	D. A.auricularis posterior
	E. A.buccalis

7.046
7.047   13.2   Fragentyp B

Ordnen Sie bitte den in Liste 1 genannten Muskelfunktio-
nen die jeweils zutreffende Innervation des für die Bewegung verantwortlichen Muskels zu (Liste 2).

Liste 1	Liste 2
7.046 Bissen aus dem Vesti- bulum oris zwischen die Zahnreihen schieben	A. R.superior n.oculo- motorii
7.047 Auge schließen	B. Rr.temporales und zy- tomatici n.facialis
	C. R.zygomaticofacialis n.zygomatici
	D. Rr.buccales n.facia- lis
	E. N.buccalis

7.048
7.049   13.2   Fragentyp B

Ordnen Sie bitte den in Liste 1 genannten Nerven das
Ganglion zu (Liste 2), in dem die Perikaryen ihrer sensiblen bzw. sensorischen Fasern liegen.

    Liste 1   Liste 2

7.048 N.lingualis   A. Ganglion oticum

7.049 Chorda tympani   B. Ganglion submandibulare

                         C. Ganglion geniculi

                         D. Ganglion pterygopalatinum

                         E. Ganglion semilunare

7.050
7.051
7.052   13.2   Fragentyp B

Geben Sie bitte für die in Liste 1 genannten Zähne die
bei normaler Entwicklung zu erwartenden Durchbruchszei-
ten an (Liste 2)

    Liste 1   Liste 2

7.050 zuerst durchtreten-   A. 6.-9.Lebensmonat
      der Milchzahn
                       B. 12.-14.Lebensmonat
7.051 zuletzt durchtreten-
      der Milchzahn   C. 20.-24.Lebensmonat

7.052 1.(bleibender) Molar   D. 6.-8.Lebensjahr

                         E. 10.-12.Lebensjahr

7.053   13.2   Fragentyp C

Nach Durchtrennung des N.buccalis kann man nicht mehr
richtig pfeifen,

weil

nach Durchtrennung des N.buccalis der M.buccinator gelähmt ist.

7.054	13.2	Fragentyp C

Der Schnitt muß bei operativen Eingriffen im Bereich der seitlichen oberflächlichen Gesichtsregion zirkulär zum äußeren Gehörgang geführt werden,

<u>weil</u>

bei dieser Schnittführung eine Schädigung der Facialis-äste vermieden wird.

7.055	13.2	Fragentyp C

Die Pars tympanica ossis temporalis kann beim Sturz auf die Kinnspitze brechen,

<u>weil</u>

die Pars tympanica des Schläfenbeins die Gelenkpfanne für den Kopf des Kiefergelenks bildet.

7.056	13.2	Fragentyp C

Das Caput mandibulae muß bei Reposition einer Kieferlu-xation mit gleichzeitiger "Maulsperre" zunächst nach oben gedrückt werden,

<u>weil</u>

der Unterkieferkopf walzenförmig gestaltet ist.

7.057   13.2   Fragentyp D

Welche Aussagen treffen zu? Als deutliche Knochenvorsprünge und -kanten lassen sich am Gesichtsteil des
Kopfes u.a. tasten

1) die Umrandung der Orbita

2) das bewegte Caput mandibulae

3) der Processus coronoideus der Mandibula

4) der Angulus mandibulae

5) die Protuberantia mentalis

Wählen Sie bitte die zutreffende Aussagenkombination.

A. Nur 1, 2 und 3 sind richtig

B. Nur 2, 3 und 4 sind richtig

C. Nur 3, 4 und 5 sind richtig

D. Nur 1, 2, 4 und 5 sind richtig

E. Alle Aussagen sind richtig

7.058   13.2   Fragentyp D

Welche Aussagen treffen zu?

1) Die V.facialis beginnt am medialen Augenwinkel als
   V.angularis.

2) Die V.retromandibularis entsteht vor dem Ohr durch
   den Zusammenfluß u.a. der Vv.temporales superficiales und Vv.maxillares.

3) Den Nodi lymphatici parotidei wird auch Lymphe aus
   der Kopfschwarte zugeführt.

4) Lymphe aus dem Bereich der Unterlippe gelangt vornehmlich in die Nodi lymphatici submentales.

Wählen Sie bitte die zutreffende Aussagenkombination.

A. Nur 1 und 3 sind richtig

B. Nur 2 und 4 sind richtig

C. Nur 1, 2 und 3 sind richtig

D. Nur 2, 3 und 4 sind richtig

E. Alle Aussagen sind richtig

Welche Aussagen treffen zu? Die Glandula parotis liegt
in einer Fascienloge, die

1) vom oberflächlichen und vom tiefen Blatt der Fascia
   parotidea gebildet wird

2) medial an das Spatium parapharyngeum grenzt

3) nach hinten bis an den M.sternocleidomastoideus
   und den Warzenfortsatz reicht

4) von der V.jugularis interna durchzogen wird

Wählen Sie bitte die zutreffende Aussagenkombination.

A. Nur 1 und 2 sind richtig

B. Nur 3 und 4 sind richtig

C. Nur 1, 2 und 3 sind richtig

D. Nur 2, 3 und 4 sind richtig

E. Alle Aussagen sind richtig

Welche Aussagen treffen zu?

1) Sämtliche Zähne des Unterkiefers werden vom N.alveo-
   laris inferior innerviert.

2) Im Unterkiefer wird das buccale Zahnfleisch im Bereich
   des 1.Molaren vom N.buccalis versorgt.

3) Das palatinale Zahnfleisch wird im Bereich der Frontzähne des Oberkiefers vom N.nasopalatinus innerviert.

4) Die Innervation der Molaren des Oberkiefers erfolgt
   über die Nn.palatini major et minores.

Wählen Sie bitte die zutreffende Aussagenkombination.

A. Nur 1 und 3 sind richtig

B. Nur 2 und 4 sind richtig

C. Nur 3 und 4 sind richtig

D. Nur 1, 2 und 3 sind richtig

E. Nur 2, 3 und 4 sind richtig

7.061   13.2   Fragentyp D

Welche Aussagen treffen zu?

1) Das Ligamentum stylomandibulare zieht zum Oberrand
   des Unterkieferkörpers und dient dem M.buccinator
   als Ursprung.

2) Das Ligamentum sphenomandibulare liegt zwischen den
   beiden Mm.pterygoidei.

3) Die Fasern der Pars profunda des M.masseter sind kürz-
   zer als die Fasern der Pars superficialis und heften
   sich an der Außenfläche des Ramus mandibulae an.

4) Der M.temporalis inseriert mit einer kräftigen Sehne
   am Processus condylaris mandibulae.

Wählen Sie bitte die zutreffende Aussagenkombination.

A. Nur 1 und 3 sind richtig

B. Nur 2 und 3 sind richtig

C. Nur 1, 2 und 3 sind richtig

D. Nur 2, 3 und 4 sind richtig

E. Alle Aussagen sind richtig

7.062   13.2   Fragentyp D

Welche Aussagen treffen zu? Bei der Kieferöffnung bei
aufrechter Kopfhaltung können mitwirken

1) die Schwerkraft

2) die Mm.pterygoidei laterales

3) die Mundbodenmuskeln

4) bei extremer Öffnung die Nackenmuskeln

Wählen Sie bitte die zutreffende Aussagenkombination.

A. Nur 3 ist richtig

B. Nur 2 und 3 sind richtig

C. Nur 1, 2 und 3 sind richtig

D. Nur 2, 3 und 4 sind richtig

E. Alle Aussagen sind richtig

c) Der Schädel als Ganzes

7.063   13.3   Fragentyp A 3

Welche Aussage trifft nicht zu? Die Schädelbasis ist
dünn u.a.

A. im Bereich der Lamina cribrosa des Siebbeins

B. am Dach der Orbita

C. am Boden der Hypophysengrube

D. am Clivus

E. im Bereich der Fossa mandibularis

7.064   13.3   Fragentyp A 3

Welche Aussage trifft nicht zu?

A. Der Einfluß des Gehirns auf die Schädelform wirkt
sich vornehmlich auf das Innenrelief der Schädelhöhle
aus.

B. Beim Anencephalus ist die knorpelig präformierte
Schädelbasis weitgehend rückgebildet, das deckknöcherne Schädeldach annähernd normal gestaltet.

C. Bei vorzeitigem Verschluß der Kranznaht entsteht als
Folge des behinderten Breitenwachstums des Schädels
ein Turmschädel.

D. Bei abnormer Vergrößerung des Schädelinhalts in früher
Kindheit (Hydrocephalus) bleiben an dem ballonartig
aufgetriebenen Hirnschädel die meisten Nähte offen.

E. Das Erscheinen der Zuwachszähne geht mit einem deutlichen Wachtumsschub des Kieferschädels einher.

7.065   13.3   Fragentyp A 3

Welche Aussage trifft nicht zu?

A. Die Pars basilaris des Hinterhauptbeins, Keilbeinkörper und -flügel sowie das Siebbein entstehen als
   Ossifikationen im Chondrocranium.

B. Mandibula und Pars squamosa des Schläfenbeins sind
   deckknöcherne Elemente des Osteocranium.

C. Die Concha inferior entsteht als Ersatzknochen aus
   dem unteren eingerollten Rand der Seitenwand der Na-
   senkapsel.

D. Zur Zeit der Geburt besteht noch kein knöchern um-
   grenzter Meatus acusticus externus.

E. Die Hinterhauptsfontanelle schließt sich kurz vor
   der Geburt, ihr knöcherner Verschluß ist ein wichti-
   ges Reifezeichen.

d) Mundhöhle

7.066   13.4   Fragentyp A 1

Welche Aussage trifft zu?

A. Die Chorda tympani führt dem N.lingualis Geschmacksfasern von der Zungenspitze und dem Zungenrücken zu.

B. Die Geschmacksfasern aus den Papillae vallatae erreichen den Geschmackskern über den N.vagus.

C. Die präganglionären parasympathischen Fasern für die
   Glandula submandibularis verlaufen über den N.glosso-
   pharyngeus und den N.tympanicus.

D. Die postganglionären parasympathischen Fasern für die
   Glandula submandibularis stammen aus dem Ganglion
   oticum.

E. Die sympathischen Fasern zur Glandula submandibularis
   kommen aus dem Ganglion cervicothoracicum.

7.067 13.4 Fragentyp A 1

Welche Aussage trifft nicht zu?

A. Mundhöhlenvorhof und eigentliche Mundhöhle stehen bei geschlossenem Kiefer an den Interdentalspalten sowie zwischen letztem Mahlzahn und Unterkieferast in Verbindung.

B. Die Grundlage der Lippen bildet der M.orbicularis oris.

C. Das Lippenrot erhält seine rote Farbe durch Einlagerung von Lipofuscin in die basalen Zellagen des schwach verhornten mehrschichtigen Plattenepithels.

D. Die Frenula labii verbinden Lippen und Zahnfleisch.

E. Der M.tensor veli palatini kann das Gaumensegel spannen, weil seine Endsehne um den Hamulus pterygoideus herumbiegt und in die Gaumenaponeurose einstrahlt.

7.068 13.4 Fragentyp A 3

Welche Aussage trifft nicht zu?

A. An der Gesichtsentwicklung beteiligen sich die Unterkieferwülste, die Oberkieferwülste und der Stirnwulst.

B. Lateraler und medialer Nasenwulst enstehen als schnell wachsende Vorwölbungen beiderseits der Riechplakode, die sich als Riechgrube einsenkt.

C. Die Oberlippe entsteht nur aus den beiden medialen Nasenwülsten.

D. Der primäre Gaumen entsteht aus Material des Stirnwulstes.

E. Oberkieferwulst und lateraler Nasenwulst sind zunächst durch die Tränennasenfurche getrennt.

7.069 13.4 Fragentyp A 3

Welche Aussage trifft nicht zu? Die sekretorischen Fasern zur Glandula parotis verlaufen über

A. den N.glossopharyngeus

B. den N.tympanicus

C. den N.petrosus minor

D. das Ganglion oticum

E. den N.petrosus major

7.070   13.4   Fragentyp A 3

Welche Aussage trifft nicht zu?

A. Die Glandula parotis produziert als rein seröse Drüse
   einen "Verdünnungsspeichel", der ein stärkespaltendes
   Enzym enthält.
B. Die Mündung des Ductus parotideus liegt gegenüber dem
   2.oberen Molaren im Vestibulum oris.
C. Der Ausführungsgang der Glandula submandibularis mündet auf der Caruncula sublingualis unter der Zunge.
D. Die Einzeldrüsen der Glandula sublingualis münden auf
   der Plica sublingualis.
E. Die Glandula lingualis anterior gibt ihr muköses Sekret an der Caruncula sublingualis ab.

7.071   13.4   Fragentyp A 3

Welche Aussage trifft nicht zu? An der sensiblen Versorgung der Schleimhaut im Cavum oris proprium beteiligen
sich der

A. N.palatinus major und Nn.palatini minores
B. N.lingualis
C. N.mentalis
D. N.sublingualis
E. N.nasopalatinus

7.072   13.4   Fragentyp A 3

Welche Aussage trifft nicht zu?

A. Die Papillae filiformes haben mechanische Bedeutung
   und besitzen in ihrem Bindegewebsstock differenzierte
   Tastsinnesorgane.
B. Die Rauhigkeit der Zunge ist auf Verhornungen an den
   Spitzen der Papillae filiformes zurückzuführen.
C. Die Papillae fungiformes sind pilzförmige Schleim-
   hauterhebungen, deren Oberflächenepithel eine oder
   mehrere Geschmacksknospen enthalten kann.
D. Die Papillae vallatae liegen vor dem Sulcus terminalis-
   lis. Ausführungsgänge der Ebnerschen Spüldrüsen münden in den Wallgraben.

E. Die Sinneszellen in den Geschmacksknospen sind primäre Sinneszellen.

7.073   13.4   Fragentyp A 3

Welche Aussage trifft <u>nicht</u> zu? Die sensiblen und sensorischen Impulse der Zunge werden abgeleitet über

A. den N.lingualis

B. die Chorda tympani

C. den N.glossopharyngeus

D. den N.sublingualis

E. den N.vagus

7.074   13.4   Fragentyp A 3

Welche Aussage trifft <u>nicht</u> zu?

A. Die Zungenaponeurose unterlagert als Sehnenplatte der
   Zungenmuskulatur die Schleimhaut.

B. Formveränderungen der Zunge werden in erster Linie
   durch die Binnenmuskulatur der Zunge hervorgerufen.

C. Die Zungenspitze kann durch die Stemmwirkung der Mm.
   styloglossi aus der Mundspalte herausgestreckt werden.

D. Die Zungenspitze kann durch vordere Faserbündel des
   M.genioglossus gesenkt werden.

E. Der Zungenrand kann durch einseitige Kontraktion des
   M.hyoglossus gesenkt werden.

7.075   13.4   Fragentyp A 3

Welche Aussage trifft <u>nicht</u> zu?

A. Der M.tensor veli palatini kann das Gaumensegel nur
   bis in Höhe des Hamulus pterygoideus anheben.
B. Bei einer Schädigung des N.glossopharyngeus ist auch
   der M.tensor veli palatini gelähmt. ·
C. Der M.levator veli palatini spannt ebenfalls das Gaumensegel an, kann es aber über die Verbindungslinie
   der beiden Hamuli pterygoidei anheben.
D. Der M.tensor veli palatini erweitert das Lumen der
   Ohrtrompete durch Zug an ihrer membranösen Wand.
E. Der M.uvulae ist ein paariger Muskel, bei dessen Kontraktion sich das Zäpfchen verkürzt.

7.076   13.4   Fragentyp A 3

Welche Aussage trifft <u>nicht</u> zu?

A. Als lymphatischen Rachenring bezeichnet man die
   lymphoepithelialen Formationen, die ringartig um den
   Isthmus faucium angeordnet sind.
B. Bei der Zungen- und der Gaumenmandel überkleidet ein
   mehrschichtiges unverhorntes Plattenepithel die unmittelbar an das Epithel grenzenden Sekundärfollikel.
C. Die Tonsilla palatina liegt vor dem Arcus palatoglos-
   sus und wird normalerweise vom Gaumensegel verdeckt.
D. Die Tonsilla palatina grenzt - getrennt durch die Pharynxwand - lateral an das Spatium parapharyngeum.
E. Die Lymphe der Tonsilla palatina fließt in erster Linie zu den Nodi lymphatici cervicales profundi ab.

7.077
7.078   13.4   Fragentyp B

Ordnen Sie bitte den in Liste 1 genannten Speicheldrüsen
das Ganglion zu (Liste 2), in dem jeweils die Perikaryen
der postganglionären parasympathischen Neurone liegen.

Liste 1	Liste 2

7.077 Glandula sublingualis   A. Ganglion semilunare

7.078 Glandulae palatinae   B. Ganglion pterygopala-
tinum

                                        C. Ganglion oticum

                                        D. Ganglion submandibu-
lare

                                        E. Ganglion geniculi

7.079	13.4	Fragentyp C

Bei einseitiger Hypoglossuslähmung zeigt die Zungenspitze beim Zurückführen nach der gesunden Seite,

weil

bei einseitiger Hypoglossuslähmung die gelähmten longitudinalen Faserzüge der Zungenmuskulatur die Verkürzung der gesunden Seite durch deren Längszüge nicht mehr kompensieren können.

7.080	13.4	Fragentyp C

Lippen-Kieferspalten und Wolfsrachen sind als voneinander unabhängige Mißbildungen anzusehen,

weil

Lippen-Kieferspalten und Wolfsrachen aus Störungen örtlich, zeitlich und formal differenter Entwicklungsprozesse resultieren.

7.081   13.4   Fragentyp D

Welche Aussagen treffen zu?

1) Das Os incisivum enthält nur die Alveolen der mittleren Schneidezähne.

2) Am Foramen incisivum treffen primärer und sekundärer
   Gaumen zusammen.

3) Die primitiven Choanen entstehen durch Einriß der
   Membrana bucconasalis und liegen beiderseits der
   Mittellinie und unmittelbar hinter dem primären Gaumen.

4) Die Hasenscharte entsteht als Folge einer Verwachsungs-
   hemmung zwischen lateralem Nasenfortsatz und Oberkie-
   ferfortsatz.

Wählen Sie bitte die zutreffende Aussagenkombination.

A. Nur 1 und 2 sind richtig

B. Nur 2 und 3 sind richtig

C. Nur 3 und 4 sind richtig

D. Nur 1, 2 und 3 sind richtig

E. Nur 2, 3 und 4 sind richtig

7.082   13.4   Fragentyp D

Welche Aussagen treffen zu?

1) Die Mm.mylohyoideus und geniohyoideus ziehen beim
   Schluckakt das Zungenbein nach vorn oben.

2) Der M.geniohyoideus liegt mundhöhlenwärts vom M.mylo-
   hyoideus.

3) Der M.digastricus wirkt bei festgestelltem Zungenbein
   als Kieferschließer.

4) Der M.stylohyoideus wird vom N.glossopharyngeus innerviert.

Wählen Sie bitte die zutreffende Aussagenkombination.

A. Nur 1 und 2 sind richtig

B. Nur 1 und 3 sind richtig

C. Nur 2 und 3 sind richtig

D. Nur 2 und 4 sind richtig

E. Alle Aussagen sind richtig

7.083   13.4   Fragentyp D

Welche Aussagen treffen zu? Am Mundboden

1) unterkreuzt der N.lingualis - von hinten oben nach
   medial vorn ziehend - den Ductus submandibularis und
   steigt zur Zungenschleimhaut auf

2) liegt das Ganglion submandibulare nahe dem Hinterrand
   des M.mylohyoideus dem N.lingualis an.

3) zieht der N.hypoglossus lateral vom M.hyoglossus zur
   Zungenmuskulatur

4) begleitet die A.lingualis den N.hypoglossus und tritt
   mit ihm gemeinsam in den Zungenkörper

Wählen Sie bitte die zutreffende Aussagenkombination.

A. Nur 1 und 3 sind richtig

B. Nur 2 und 4 sind richtig

C. Nur 3 und 4 sind richtig

D. Nur 1, 2 und 3 sind richtig

E. Nur 2, 3 und 4 sind richtig

7.084   13.4   Fragentyp D

Welche Aussagen treffen zu?

1) Die Glandula submandibularis liegt unterhalb des
   Mundbodens in einem Fascienfach der Lamina superficialis der Halsfascie.

2) Die Glandula sublingualis wölbt auf dem M.mylohyoideus
   die Plica sublingualis vor.

3) Im histologischen Schnitt ist für die Unterzungenspei-
   cheldrüse die große Zahl der Streifenstücke (Sekret-
   rohre) kennzeichnend.

4) Von den kleinen Speicheldrüsen sind die Glandulae palatinae rein serös.

Wählen Sie bitte die zutreffende Aussagenkombination.

A. Nur 1 und 2 sind richtig

B. Nur 2 und 3 sind richtig

C. Nur 3 und 4 sind richtig

D. Nur 1, 2 und 4 sind richtig

E. Nur 2, 3 und 4 sind richtig

7.085   13.4   Fragentyp D

Welche Aussagen treffen zu?

1) Die A.lingualis kann gemeinsam mit der A.facialis aus
   einem Truncus linguofacialis entspringen und dringt
   hinter der Spitze des großen Zungenbeinhorns, bedeckt
   von M.hyoglossus, in die Zunge.

2) Zwischen den beiden Zungenhälften bestehen durch das
   Septum linguae nur Capillarverbindungen, doch anastomosieren die Aa.sublinguales beider Seiten, so daß bei
   Verschluß einer A.lingualis vor Abgang der A.sublin-
   gualis keine Zungennekrose eintritt.

3) Das Venenblut der Zunge wird in der Regel der V.fa-
   cialis zugeleitet.

4) Regionäre Lymphknoten der Zunge sind die Nodi lymphatici retropharyngei.

Wählen Sie bitte die zutreffende Aussagenkombination.

A. Nur 1 und 2 sind richtig

B. Nur 1 und 3 sind richtig

C. Nur 2 und 3 sind richtig

D. Nur 3 und 4 sind richtig

E. Nur 1, 2 und 3 sind richtig

7.086   13.4   Fragentyp D

Welche Aussagen treffen zu?

1) An der Schleimhaut des harten Gaumens kennzeichnet
   die Papilla incisiva die Mündung des Canalis incisi-
   vus, durch den die Endäste der A.sphenopalatina und
   des N.nasopalatinus zum Dach der Mundhöhle ziehen.

2) Das Zäpfchen liegt bei geschlossenem Mund und herabhängendem Gaumensegel dem Zungengrund auf.

3) Das die Mundhöhle auskleidende unverhornte mehrschichtige Plattenepithel geht erst auf der "nasalen" Seite
   des Gaumensegels, nahe den Choanen, in mehrreihiges
   Flimmerepithel über.

4) Die Gaumenschleimhaut wird von den Nn.nasopalatinus,
   palatinus major und palatini minores innerviert.

Wählen Sie bitte die zutreffende Aussagenkombination.

A. Nur 1 und 2 sind richtig

B. Nur 1 und 3 sind richtig

C. Nur 3 und 4 sind richtig

D. Nur 1, 2 und 4 sind richtig

E. Alle Aussagen sind richtig

7.087	13.4	Fragentyp D

Welche Aussagen treffen zu? Der Arterienring um die Tonsilla palatina, der die Gaumenmandel mit Blut versorgt, wird gespeist aus

1) Rr. tonsillares der A. facialis

2) der A. palatina ascendens

3) der A. palatina descendens

4) der A. pharyngea ascendens

5) der A. dorsalis linguae

Wählen Sie bitte die zutreffende Aussagenkombination.

A. Nur 1 und 2 sind richtig

B. Nur 2 und 3 sind richtig

C. Nur 1, 2, 3 und 4 sind richtig

D. Nur 2, 3, 4 und 5 sind richtig

E. Alle Aussagen sind richtig

e) Nasenhöhle und Nasennebenhöhlen

7.088	13.5	Fragentyp A 3

Welche Aussage trifft nicht zu?

A. Das Vestibulum nasi ist mit mehrschichtigem, verhorntem Plattenepithel ausgekleidet, das Borstenhaare trägt.

B. Das mehrreihige Flimmerepithel der Regio respiratoria der Nasenhöhle erzeugt einen rachenwärts gerichteten Flimmerstrom.

C. Die Sinneszellen der Regio olfactoria differenzieren sich aus dem Epithel der Riechplakode.

D. Die Riechzellen sind sekundäre Sinneszellen und werden basal von Faserkörben der Dendriten der Nn.olfactorii umsponnen.

E. Die Regio olfactoria beschränkt sich meist auf ein kleines Feld auf der Concha superior und auf dem oberen Teil des Septum nasi.

7.089	13.5	Fragentyp A 3

Welche Aussage trifft nicht zu?

A. Der Sinus maxillaris dehnt sich nach oben bis zum Orbitaboden aus.

B. Die tiefste Stelle der Kieferhöhle liegt in der Regel über der Wurzel des Eckzahns.

C. Die paarigen Stirnhöhlen werden durch ein meist schief gestaltetes Septum getrennt.

D. Die Bulla ethmoidalis ist eine besonders große vordere Siebbeinzelle.

E. Das Dach der Keilbeinhöhle hat enge topographische Beziehungen zu Chiasma opticum und Hypophyse.

7.090
7.091   13.5   Fragentyp B

Ordnen Sie bitte den in Liste 1 genannten Haut- bzw.
Schleimhautarealen der Nasenhöhle die sie versorgenden
Nerven zu (Liste 2)

Liste 1   Liste 2

7.090 Nasenvorhof   A. Nn.olfactorii

7.091 untere Muschel   B. Äste des N.ethmoidalis
                                   anterior

                                C. Äste des N.ethmoidalis
                                   posterior

                                D. Äste des N.maxillaris

                                E. Äste des N.buccalis

7.092
7.093   13.5   Fragentyp B

Bitte geben Sie für die in Liste 1 genannten Nasennebenhöhlen an, in welchen Abschnitt der Nasenhöhle sie aus-
münden (Liste 2).

Liste 1   Liste 2

7.092 Sinus sphenoidalis   A. Recessus sphenoethmo-
                                   idalis
7.093 Cellulae ethmoidales
      posteriores   B. Meatus nasi superior

                                C. Meatus nasi medius

                                D. Meatus nasi inferior

                                E. Vestibulum nasi

Welche Aussagen treffen zu? In das Infundibulum ethmoidale münden

1) der Tränen-Nasengang

2) die Kieferhöhle

3) die Stirnhöhle

4) die vorderen Siebbeinzellen

Wählen Sie bitte die zutreffende Aussagenkombination.

A. Nur 1 und 3 sind richtig

B. Nur 2 und 4 sind richtig

C. Nur 1, 2 und 3 sind richtig

D. Nur 2, 3 und 4 sind richtig

E. Alle Aussagen sind richtig

8. Hals

a) Oberflächenanatomie

Welche Aussage trifft <u>nicht</u> zu? Die V.jugularis externa

A. geht aus der Vereinigung der V.auricularis posterior mit einem Seitenast der V.retromandibularis hervor

B. verläuft unter dem Platysma

C. zieht über den M.sternocleidomastoideus hinweg

D. steht mit der gleichnamigen Vene der Gegenseite durch den Arcus venosus juguli in direkter Verbindung

E. mündet meist in den Venenwinkel

8.002   14.1   Fragentyp D

Welche Aussagen treffen zu?

1) Definitionsgemäß wird der Hals cranial durch eine Linie abgegrenzt, die längs des Unterrands des Corpus
   mandibulae verläuft, die Spitze des Processus mastoideus kreuzt und entlang der Linea nuchae superior zur
   Protuberantia occipitalis externa zieht.

2) In der Mitte einer Kieferwinkel und Drosselgrube verbindenden Linie läßt sich bei aufrechter Kopfhaltung
   am Vorderrand des M.sternocleidomastoideus der Puls
   der A.carotis communis tasten.

3) Bei mittlerer Kehlkopfstellung und aufrechter Kopfhaltung ist beim erwachsenen Mann die Prominentia
   laryngea in Höhe des 3.-4.Halswirbels tastbar.

4) Das seitliche Halsdreieck wird von den beiden Köpfen
   des M.sternocleidomastoideus und vom Schlüsselbein
   umgrenzt.

Wählen Sie bitte die zutreffende Aussagenkombination.

A. Nur 1 und 2 sind richtig

B. Nur 3 und 4 sind richtig

C. Nur 1, 2 und 3 sind richtig

D. Nur 2, 3 und 4 sind richtig

E. Alle Aussagen sind richtig

b) Bewegungsapparat des Halses

8.003   14.2   Fragentyp A 3

Welche Aussage trifft nicht zu?

A. Das Platysma erhält seine motorischen Nervenfasern über den R. colli n. facialis, der mit dem N. transversus colli anastomosiert.

B. Bei einer Lähmung des N. accessorius können die aus den Cervicalmyotomen stammenden Fasern des M.sternocleidomastoideus noch kontrahiert werden.

C. Durch die Verkürzung des M.sternocleidomastoideus beim "angeborenen" Schiefhals steht der Kopf nach der gesunden Seite geneigt und nach der kranken Seite gedreht.

D. Bei einer Durchtrennung beider "Wurzeln" der Ansa cervicalis sind die infrahyalen Muskeln gelähmt und der Kehlkopf weicht nach der gesunden Seite ab.

E. Die Mm. scaleni ziehen zu den oberen (2-3) Rippen und überdachen die Pleurakuppel zeltartig.

8.004   14.2   Fragentyp A 3

Welche Aussage trifft nicht zu?

A. Das Platysma kann bei plötzlicher, häufig nicht willkürlich ausgelöster Kontraktion (z.B. beim Erschrekken) die Halshaut stauchen und den Unterkiefer abwärts ziehen.

B. Die Mm. omohyoidei vermögen bei beidseitiger Kontraktion die oberflächliche Halsfascie anzuspannen und das Lumen der subcutanen Halsvenen zu verengen.

C. Die infrahyalen Muskeln bestimmen durch ihren Tonus die Lage des Zungenbeins, z.B. beim Kauakt oder bei der Vorbereitung des Schluckakts.

D. M. sternohyoideus und M. thyrohyoideus regulieren den Abstand von Zungenbein und Kehlkopf innerhalb der durch die äußeren Kehlkopfbänder gegebenen Möglichkeiten.

E. Die Mm. scaleni spielen bei ruhiger Atmung eine wesentliche Rolle als Rippenheber.

8.005   14.2   Fragentyp A 3

Welche Aussage trifft nicht zu?

A. Die Lamina superficialis der Fascia cervicalis liegt
   unter dem Platysma und steht caudalwärts mit der Fascia pectoralis in Verbindung.

B. Das mittlere Blatt der Halsfascie spannt sich zwischen Zungenbein und Rückfläche beider Schlüsselbeine
   und des Manubrium sterni aus.

C. Der im "Spatium suprasternale" zwischen den Laminae
   superficialis und praetrachealis der Halsfascie gelegene Bindegewebskörper setzt sich in das Bindegewebe des vorderen Mediastinums fort.

D. Die Lamina praevertebralis der Fascia cervicalis
   liegt dorsal vom Gefäß-Nervenstrang des Halses zum
   Kopf.

E. Nach caudal setzt sich das tiefe Blatt der Halsfascie
   in die Fascia endothoracica fort, so daß entzündliche
   Prozesse in dieser Bindegewebsstraße zum Mediastinum
   vordringen können.

8.006   14.2   Fragentyp C

Der M. longus capitis kann bei beidseitiger Kontraktion
den Kopf nach vorn neigen,

weil

der M. longus capitis vor der Beugeachse des Atlantooc-
cipitalgelenks am Tuberculum anterius des Atlas inseriert.

8.007   14.2   Fragentyp D

Welche Aussagen treffen zu? Das Zungenbein

1) ist im Bereich von Zungenbeinkörper und großem Horn
   durch die Haut tastbar.

2) ist als bewegliches Skeletelement zwischen Mundboden-
   muskulatur und infrahyale Muskeln eingefügt.

3) kann nicht über den 4. Halswirbel hinaus tiefer treten, da es durch das Ligamentum stylohyoideum an der
   Schädelbasis verankert ist.

4) steht durch die Membrana thyrohyoidea mit dem Oberrand des Schildknorpels in Verbindung.

Wählen Sie bitte die zutreffende Aussagenkombination.

A. Nur 1 und 3 sind richtig

B. Nur 2 und 4 sind richtig

C. Nur 1, 2 und 3 sind richtig

D. Nur 1, 2 und 4 sind richtig

E. Nur 2, 3 und 4 sind richtig

c) Leitungsbahnen des Halses

8.008   14.3   Fragentyp A 3

Welche Aussage trifft nicht zu?

A. Die Nodi lymphatici retropharyngei liegen zwischen
dem Epipharynx (Pars nasalis pharyngis) und dem tiefen Blatt der Halsfascie.

B. Der Nodus lymphaticus jugulodigastricus liegt als
regionärer Lymphknoten für Lymphe aus der Tonsilla
palatina und der Zunge unter dem hinteren Digastricusbauch.

C. Die Nodi lymphatici cervicales profundi sind längs
der V.jugularis externa angeordnet.

D. Der Truncus jugularis entsteht aus dem Zusammenfluß
der Lymphbahnen längs der Vv.jugularis externa und
jugularis interna.

E. Der Truncus jugularis mündet in der Regel rechts in
den Ductus lymphaticus dexter, links in den Ductus
thoracicus.

8.009　　　　　　14.3　　　　　　　Fragentyp A 3

Welche Aussage trifft <u>nicht</u> zu?

A. Die drei Primärstränge des Plexus brachialis (Trunci)
   entstehen am Ausgang der Scalenuslücke aus Fasern der
   Rr.ventrales des 5.-8.Cervicalnervs und des 1.Thora-
   calnervs.

B. Die Nerven der Pars supraclavicularis des Plexus brachialis stammen alle aus dem Truncus superior.

C. Der Fasciculus posterior erhält Faserzuschüsse aus
   allen drei Trunci.

D. Der Fasciculus medialis besteht nur aus Nervenfasern
   des Truncus inferior.

E. Aus dem Fasciculus lateralis gehen als periphere Nerven der N.musculocutaneus und die laterale "Wurzel"
   des N.medianus hervor.

8.010　　　　　　14.3　　　　　　　Fragentyp D

Welche Aussagen treffen zu?

1) Die Aufzweigung der A.carotis communis in A.carotis
   externa und A.carotis interna liegt etwa in Höhe der
   Prominentia laryngea.

2) Das Glomus caroticum liegt in der Gefäßgabel, die A.
   carotis interna und A.carotis externa an ihrem Ursprung mit der A.carotis communis bilden.

3) Der N.hypoglossus überkreuzt im Trigonum caroticum
   die A.carotis externa und tritt am großen Zungenbeinhorn unter die Digastricusschlinge.

4) Der M.sternohyoideus bildet den "Leitmuskel" für den
   N.phrenicus, auf dem er vor der V.subclavia die obere
   Thoraxapertur erreicht.

Wählen Sie bitte die zutreffende Aussagenkombination.

A. Nur 1 und 3 sind richtig

B. Nur 2 und 4 sind richtig

C. Nur 1, 2 und 3 sind richtig

D. Nur 2, 3 und 4 sind richtig

E. Alle Aussagen sind richtig

8.011   14.3   Fragentyp D

Welche Aussagen treffen zu?

1) Im Gefäß-Nervenstrang des Halses verläuft - im oberen
   Abschnitt des Trigonum caroticum - zwischen A.carotis
   communis und V.jugularis interna der N.phrenicus.

2) Im Gefäß-Nervenstrang des Halses verlaufen - im unteren Abschnitt des Trigonum caroticum - die V. jugularis interna, medial die A. carotis communis, dorsal
   und zwischen den beiden Gefäßen der N. vagus.

3) Als erster vorderer Ast der A. carotis externa entspringt im Trigonum caroticum die A. thyroidea superior mit Zweigen zum M. sternocleidomastoideus, zu
   Kehlkopf und Schilddrüse.

4) Die A.lingualis kann unterhalb des großen Zungenbeinhorns aufgesucht werden.

Wählen Sie bitte die zutreffende Aussagenkombination.

A. Nur 1 und 2 sind richtig

B. Nur 2 und 3 sind richtig

C. Nur 2 und 4 sind richtig

D. Nur 2, 3 und 4 sind richtig

E. Alle Aussagen sind richtig

8.012   14.3   Fragentyp D

Welche Aussagen treffen zu?

1) Die A. subclavia verläßt den Halsbereich durch die
   Lücke zwischen M. scalenus medius und M. scalenus
   posterior.

2) Die A. subclavia ist operativ in der Tiefe des Trigonum omoclaviculare erreichbar, das durch den unteren Bauch des M. omohyoideus aus dem Trigonum colli
   laterale abgegrenzt wird.

3) Die V. subclavia tritt durch die von den Mm. scaleni
   anterior et medius begrenzte Lücke.

4) Der "Venenwinkel" entsteht durch den Zusammenfluß der
   Vv. jugularis interna und subclavia.

Wählen Sie bitte die zutreffende Aussagenkombination.

A. Nur 1 und 3 sind richtig

B. Nur 2 und 4 sind richtig

C. Nur 1, 2 und 3 sind richtig

D. Nur 2, 3 und 4 sind richtig

E. Alle Aussagen sind richtig

8.013   14.3   Fragentyp D

Welche Aussagen treffen zu?

1) Der Plexus cervicalis wird aus Rr.ventrales der Nn.
   cervicales I-IV gebildet.

2) Die sensiblen Äste des Plexus cervicalis treten am
   Hinterrand des M.sternocleidomastoideus hervor und
   breiten sich fächerförmig aus.

3) Außer dem N.phrenicus sind alle Äste des Plexus cervicalis sensibel.

4) Zu den Mm.scaleni treten Zweige aus den Rr.ventrales
   des 4.-8.Cervicalnervs.

Wählen Sie bitte die zutreffende Aussagenkombination.

A. Nur 1 und 3 sind richtig

B. Nur 2 und 4 sind richtig

C. Nur 1, 2 und 3 sind richtig

D. Nur 1, 2 und 4 sind richtig

E. Nur 2, 3 und 4 sind richtig

8.014   14.3   Fragentyp D

Welche Aussagen treffen zu?

1) Die Perikaryen des R.sinus carotici liegen im Ganglion cervicale superius.

2) Nn.cardiaci stammen aus allen drei Halsganglien des
   Sympathicusgrenzstrangs.

3) Die Ansa subclavia besteht aus Rr.interganglionares,
   die mittleres und unteres Halsganglion vor und hinter
   der A.subclavia verbinden.

4) Das untere Halsganglion verschmilzt meist mit dem ersten Brustganglion zum Ganglion cervicothoracicum und
   liegt in Höhe des Kopfes der 1.Rippe.

Wählen Sie bitte die zutreffende Aussagenkombination.

A. Nur 1 und 3 sind richtig

B. Nur 2 und 4 sind richtig

C. Nur 1, 2 und 3 sind richtig

D. Nur 2, 3 und 4 sind richtig

E. Alle Aussagen sind richtig

d) Rachen und Halsteil der Speiseröhre

8.015   14.4   Fragentyp A 1

Welche Aussage trifft zu? Die Schilddrüse entwickelt sich
aus dem Epithel

A. des basalen Anteils der ektodermalen Mundbucht unmittelbar vor der Membrana buccopharyngea

B. des basalen Anteils der 2.Schlundtasche

C. der ventralen Ausstülpung der 3.Schlundtasche

D. der dorso-lateralen Ausstülpung der 3. und 4.Schlund-
   tasche

E. am Boden des Schlunddarms zwischen Tuberculum impar
   und Copula, wo sich später das Foramen caecum der
   Zunge befindet.

8.016   14.4   Fragentyp A 3

Welche Aussage trifft nicht zu?

A. Die Tonsilla pharyngea liegt in der Schleimhaut des Fornix pharyngis.

B. Die Ohrtrompete öffnet sich in Höhe des unteren Nasengangs in der Seitenwand des Epipharynx.

C. Als Torus tubarius wird eine Schleimhautfalte in der Pars nasalis pharyngis bezeichnet, die vom unteren Ende des Tubenknorpels vorgewölbt wird.

D. Die Ansammlung lymphatischen Gewebes in der Tubentonsille und im lymphatischen "Seitenstrang" ruft die als Plica salpingopharyngea bezeichnete Schleimhautfalte in der seitlichen Pharynxwand hervor.

E. Die Plica n.laryngei zieht in der Vorderwand des Recessus piriformis nach medial und wird vom R.internus des N.laryngeus superior aufgeworfen.

8.017   14.4   Fragentyp A 3

Welche Aussage trifft nicht zu?

A. Am oberen Ende des Pharynx fehlt die Muskelschicht des Pharynx, die Fascia pharyngobasilaris ist ein besonders kräftiger Teil der Tela submucosa.

B. Die Faserbündel der Schlundschnürer setzen größtenteils an der Raphe pharyngis an, die am Tuberculum pharyngis angeheftet ist.

C. Der M.constrictor pharyngis superior wird vom N.glossopharyngeus innerviert.

D. Der M.constrictor pharyngis medius überdeckt an der hinteren Pharynxwand den unteren Schlundschnürer weitgehend.

E. Der M.stylopharyngeus tritt zwischen oberem und mittlerem Schlundschnürer auf die Innenseite des Muskelrohrs und erreicht den Oberrand des Schildknorpels.

8.018　　　　　　　14.4　　　　　　　Fragentyp A 3

Welche Aussage trifft <u>nicht</u> zu? Die Pharynxschleimhaut

A. ist in allen drei Etagen von mehrschichtigem unverhorntem Plattenepithel bedeckt

B. enthält im Fornix pharyngis und um den Aditus pharyngis gemischte Glandulae pharyngeae

C. besitzt an Vorder- und Hinterwand des Hypopharynx
   (Pars laryngea pharyngis) ausgedehnte Venennetze

D. entsendet Lymphgefäße zu den Nodi lymphatici retropharyngei und zu oberen tiefen Halslymphknoten

E. wird sensibel durch Äste der Nn.glossopharyngeus
   und vagus aus dem Plexus pharyngeus innerviert

8.019
8.020　　　　　　　14.4　　　　　　　Fragentyp B

Ordnen Sie bitte den in Liste 1 genannten Schlundtaschen
zu, zum Aufbau welcher Organe (Liste 2) sie in der Em-
bryonalentwicklung beitragen.

　　　Liste 1　　　　　　　　　　Liste 2

8.019 Schlundtasche III　　　　A. Thymus

8.020 Schlundtasche IV　　　　 B. Tonsilla palatina

　　　　　　　　　　　　　　　　C. Schilddrüse

　　　　　　　　　　　　　　　　D. Hypophysenvorderlap-
　　　　　　　　　　　　　　　　　 pen

　　　　　　　　　　　　　　　　E. craniales Epithel-
　　　　　　　　　　　　　　　　　 körperchen

8.021　　　　　　　14.4　　　　　　　Fragentyp C

Der Säugling kann gleichzeitig schlucken und atmen,

<u>weil</u>

bei ihm der Kehlkopf höher steht als beim Erwachsenen
und der Kehldeckel den Zungengrund überragt.

8.022   14.4   Fragentyp C

Der Halsteil der Speiseröhre ist operativ von rechts und
links gleich gut erreichbar,

__weil__

der Halsteil der Speiseröhre genau in der Medianebene
verläuft.

8.023   14.4   Fragentyp D

Welche Aussagen treffen zu? Beim Schlucken

1) kann Speise in die Nasenhöhle gelangen, wenn das
   Gaumensegel durch die Mm.levator und tensor veli palatini nicht angehoben und gespannt wird

2) wird der Kehlkopf nach oben gezogen und die Epiglottis nach unten gedrückt

3) wird die Zunge gegen den Gaumen gedrängt

4) wird der Pharynx zunächst stark erweitert

5) gleitet der Bissen vor allem durch den Recessus piriformis der Kauseite

Wählen Sie bitte die zutreffende Aussagenkombination.

A. Nur 1 und 2 sind richtig

B. Nur 4 und 5 sind richtig

C. Nur 1, 2 und 3 sind richtig

D. Nur 2, 3 und 5 sind richtig

E. Alle Aussagen sind richtig

8.024   14.4   Fragentyp D

Welche Aussagen treffen zu? Zur Bildung des Passavant-
schen Ringwulstes kontrahieren sich beim Schluckakt

1) der horizontale Faserzug des M.palatopharyngeus
2) der obere Schlundschnürer
3) der mittlere Schlundschnürer
4) der M.salpingopharyngeus

Wählen Sie bitte die zutreffende Aussagenkombintaion.

A. Nur 1 ist richtig
B. Nur 2 ist richtig
C. Nur 1 und 2 sind richtig
D. Nur 2 und 3 sind richtig
E. Nur 2 und 4 sind richtig

8.025   14.4   Fragentyp D

Welche Aussagen treffen zu?

1) Der Halsteil der Speiseröhre beginnt in Höhe des 6. -
   7. Halswirbels.
2) Der Oesophagusmund ist die engste Stelle der Speiseröhre.
3) Der Halsteil des Oesophagus wird durch Muskelzüge an
   den Kehlkopf gefesselt, die am Ringknorpel entspringen und in die Längsmuskelschicht der Speiseröhre einstrahlen.
4) Am Oesophagusmund fehlen zirkuläre Muskelzüge.

Wählen Sie bitte die zutreffende Aussagenkombination.

A. Nur 1 ist richtig
B. Nur 1 und 2 sind richtig
C. Nur 2 und 3 sind richtig
D. Nur 1, 2 und 3 sind richtig
E. Alle Aussagen sind richtig

e) **Kehlkopf und Halsteil der Luftröhre**

8.026   14.5   Fragentyp A 1

Welche Aussage trifft zu? Bei der unterhalb des Isthmus
der Schilddrüse durchzuführenden Tracheotomia inferior
ist besonders gefährdet

A. der Lobus pyramidalis der Schilddrüse

B. die A.thyroidea inferior

C. die (inkonstante) A.thyroidea ima sowie die V.thyroidea inferior

D. der N.vagus

E. der N.phrenicus

8.027   14.5   Fragentyp A 1

Welche Aussage trifft zu?

A. Die Epiglottis ist ventral am Oberrand des Ringknorpels bindegewebig angeheftet.

B. Die Schildknorpelplatte bildet die Skeletgrundlage der Seitenwand des Recessus piriformis.

C. Der von beiden Schildknorpelplatten eingeschlossene Winkel beträgt bei der Frau etwa 90°.

D. Das obere Horn des Schildknorpels ist durch das Ligamentum thyrohyoideum mit dem kleinen Zungenbeinhorn verbunden.

E. Die paarigen Stellknorpel sitzen dem Arcus des Ringknorpels beweglich auf.

8.028   14.5   Fragentyp A 3

Welche Aussage trifft nicht zu?

A. Die Höhe der Stimme hängt von Länge, Dicke und Spannung des Stimmbands ab.

B. Als Spanner des Stimmbands wirkt u.a. der M.cricothyroideus, weil er Schild- und Ringknorpel gegeneinander kippt.

C. Der einzige Öffner der Stimmritze ist der M.cricoarytaenoideus lateralis.

D. Die Mm.arytaenoidei verbinden die Stellknorpel an ihrer dorsalen Fläche und können die Pars intercartilaginea der Stimmritze verschließen.

E. Der N.laryngeus recurrens verläuft in der Oesophago-Trachealrinne und innerviert über den N.laryngeus inferior sämtliche inneren Kehlkopfmuskeln.

8.029   14.5   Fragentyp A 3

Welche Aussage trifft nicht zu?

A. Die Epiglottis ist auch auf der lingualen Seite mit mehrreihigem Flimmerepithel überzogen.

B. Die Plicae vocales sind von mehrschichtigem unverhorntem Plattenepithel bedeckt.

C. An den Stimmfalten ist die Schleimhaut fest mit den Stimmbändern verwachsen, so daß an den Stimmfalten kein Glottisödem entstehen kann.

D. Der Ventriculus laryngis ist eine seitliche Nische des Cavum laryngis zwischen Stimm- und Taschenfalten.

E. Die Ligamenta vocalia entsprechen dem oberen Rand des Conus elasticus.

8.030   14.5   Fragentyp A 3

Welche Aussage trifft nicht zu?

A. Die A.laryngea superior durchbricht gemeinsam mit dem
   R.internus des N.laryngeus superior die Membrana thyrohyoidea.

B. Die A.laryngea inferior geht als unpaare Arterie aus
   dem Truncus brachiocephalicus hervor.

C. Blut aus der oberen Kehlkopfhälfte wird in die V.ju-
   gularis interna abgeleitet.

D. Blut aus der unteren Kehlkopfhälfte fließt über die
   unpaare V.thyroidea inferior in die V.brachiocepha-
   lica sinistra.

E. Der Lymphabfluß erfolgt vom Kehlkopf zu tiefen Halslymphknoten und zu Nodi lymphatici tracheales.

8.031
8.032   14.5   Fragentyp B

Ordnen Sie bitte den in Liste 1 genannten Muskeln den
sie jeweils versorgenden Nerv zu (Liste 2).

       Liste 1   Liste 2

8.031 M.cricothyroideus   A. R.externus des N.laryn-
                                geus superior
8.032 M.thyroarytaenoideus
                             B. R.internus des N.laryn-
                                geus superior

                             C. N.laryngeus inferior

                             D. N.glossopharyngeus

                             E. N.hypoglossus

8.033
8.034   14.5   Fragentyp B

Ordnen Sie bitte den in Liste 1 genannten Schleimhautarealen den das jeweilige Areal versorgenden Nerv zu
(Liste 2).

Liste 1	Liste 2
8.033 Plica vestibularis	A. N.laryngeus inferior
8.034 Kehlkopfschleimhaut unterhalb der Stimmritze	B. R.externus des N.laryngeus superior
	C. R.internus des N.laryngeus superior
	D. N.glosspharyngeus
	E. Ansa cervicalis

8.035   14.5   Fragentyp C

Bei Durchtrennung des N.laryngeus superior kann die Pars intermembranacea der Stimmritze nicht mehr optimal erweitert werden,

<u>weil</u>

bei Durchtrennung des N.laryngeus superior der M.cricothyroideus gelähmt ist.

8.036   14.5   Fragentyp D

Welche Aussagen treffen zu?

1) Beim Kleinkind liegt der Kehlkopf bei aufrechter Kopfhaltung 1 - 2 Wirbel höher als beim Erwachsenen.

2) Beim Husten bewegt sich der Kehlkopf in vertikaler Richtung um bis zu 3 cm.

3) Bei gesenktem Kopf und gebeugter Halswirbelsäule taucht der Unterrand des Kehlkopfes in die obere Thoraxapertur.

4) Der Halsteil der Trachea liegt in Höhe der Drosselgrube beim Erwachsenen bis zu 7 cm von der medianen Halskontur entfernt.

Wählen Sie bitte die zutreffende Aussagenkombination.

A. Nur 1 ist richtig

B. Nur 1 und 2 sind richtig

C. Nur 1 und 4 sind richtig

D. Nur 1, 2 und 3 sind richtig

E. Alle Aussagen sind richtig

8.037 14.5 Fragentyp D

Welche Aussagen treffen zu? Die Articulationes cricoary-
taenoideae

1) sind modifizierte Scharniergelenke mit schlaffer Gelenkkapsel

2) ermöglichen als Schiebebewegung eine geringgradige
Annäherung bzw. Entfernung der Stellknorpel

3) erlauben Kippbewegungen der Stellknorpel, wobei die
Processus vocales gesenkt und einander genähert oder
gehoben und von einander entfernt werden

4) lassen keine Drehbewegungen der Stellknorpel um deren
Längsachsen zu

Wählen Sie bitte die zutreffende Aussagenkombination.

A. Nur 1 und 4 sind richtig

B. Nur 2 und 3 sind richtig

C. Nur 1, 2 und 3 sind richtig

D. Nur 2, 3 und 4 sind richtig

E. Alle Aussagen sind richtig

f) Schilddrüse und Epithelkörperchen

8.038 14.6 Fragentyp A 3

Welche Aussage trifft nicht zu?

A. Die Schilddrüse folgt bei der Atmung den Bewegungen
des Kehlkopfes.

B. Der Isthmus der Schilddrüse liegt etwa in Höhe der
ersten bis dritten Knorpelspange der Trachea.

C. Die Schilddrüse wird in der Regel von Ästen der A.ca-
rotis externa und der A.subclavia versorgt.

D. Der Seitenlappen der Schilddrüse grenzt mit seiner
hinteren Fläche an den Gefäß-Nervenstrang des Halses
zum Kopf.

E. Reste des Ductus thyroglossus findet man in der Regel
auch beim Erwachsenen noch unter der Zunge, neben dem
Frenulum linguae.

8.039   14.6   Fragentyp A 3

Welche Aussage trifft nicht zu?

A. Das äußere Blatt der bindegewebigen Kapsel der Schilddrüse stammt von der Lamina praetrachealis der Halsfascie.

B. Charakteristisches Bauelement der Schilddrüse ist der
   kolloidhaltige Follikel.

C. Ein plattes Follikelepithel weist auf die Phase der
   Hormonbildung bzw. -ausschüttung, ein hochprismatisches auf Hormonstapelung hin.

D. Vermehrte Ausschüttung von Tetra- und Trijodthyronin
   führt zu einer verminderten TSH-Bildung im Hypophysenvorderlappen.

E. Parafolliculäre Zellen der Schilddrüse bilden Calcitonin.

8.040   14.6   Fragentyp A 3

Welche Aussage trifft nicht zu? Die Epithelkörperchen

A. liegen meist auf der Rückseite der Schilddrüse zwischen den beiden Blättern der Bindegewebskapsel

B. sind hinsichtlich Zahl und Lage kaum variabel

C. bilden Parathormon, das den Calcium- und Phosphat-
   stoffwechsel reguliert

D. bestehen aus Epithelzellhaufen, in denen man helle
   und dunkle Hauptzellen unterscheiden kann

E. enthalten ein dichtes Capillarnetz

8.041
8.042   14.6   Fragentyp B

Ordnen Sie bitte jedem in Liste 1 genannten Organ bzw.
Organabschnitt die Arterie (Liste 2) zu, durch die in
der Regel die Blutversorgung erfolgt.

        Liste 1   Liste 2

8.041 oberer Pol und Vorder-   A. A.transversa colli
      seite der Glandula thy-
      roidea   B. A.thyroidea inferior

8.042 Glandulae parathyroideae C. A.cervicalis ascen-
      inferiores   dens

                                D. Truncus costocervi-
                                   calis

                                E. A.thyroidea superior

8.043   14.6   Fragentyp C

Die Schilddrüse bewegt sich bei Beginn des Schluckakts
cranialwärts,

weil

die Schilddrüse durch ihre derbe äußere Kapsel am Kehlkopf befestigt ist, der bei Beginn des Schluckakts angehoben wird.

9. Leibeswand

a) Oberflächenanatomie

Welche Aussage trifft nicht zu?

A. Der Dornfortsatz des 1.Brustwirbels kann - in der Richtung von cranial nach caudal - als erster Wirbeldorn durch die Haut getastet werden.

B. Die Haut über den Spinae iliacae posteriores superiores ist am Periost fixiert und deshalb eingezogen (seitliche Begrenzung der Venusraute = Michaelissche Raute).

C. Der Übergang des muskulösen Teils des äußeren schrägen Bauchmuskels in die Aponeurose kann beim muskelkräftigen Mann in Höhe des vorderen oberen Darmbeinstachels als Muskelecke äußerlich sichtbar sein.

D. Der M.obliquus externus abdominis wölbt sich bei nicht-kontrahierter Bauchmuskulatur als Weichenwulst über den Darmbeinkamm.

E. Der Nabel liegt beim schlanken Erwachsenen etwas unterhalb der Mitte zwischen Schwertfortsatz und Symphyse etwa in Höhe des 4.Lendenwirbels.

9.002   15.1   Fragentyp A 3

Welche Aussage trifft nicht zu?

A. Den Headschen Zonen entsprechen die hinsichtlich der
   Schmerzempfindung unisegmental innervierten Hautareale der Leibeswand.

B. Da im Bereich des Schulterblattes die Rr.dorsales
   der Spinalnerven keine lateralen Hautäste besitzen,
   wird die Haut über dem Schulterblatt durch Äste der
   Intercostalnerven innerviert.

C. Die Rr.cutanei laterales der Thoracalnerven treten
   etwa in der Axillarlinie durch die Fascia pectoralis
   und die oberflächliche Bauchfascie.

D. Der erste Intercostalnerv besitzt kein autonomes
   Hautgebiet.

E. Zwischen den segmentalen Zonen C_4 und Th_2 besteht an
   der Rumpfwand eine Segmentlücke.

9.003   15.1   Fragentyp A 3

Welche Aussage trifft nicht zu?

A. Aus der Rumpfwand wird Blut abgeleitet über die Vv.
   intercostales und Vv.lumbales.

B. Die Vv.thoracicae internae nehmen Blut aus der Bauch-
   haut über die Vv.subcutaneae abdominis auf.

C. Die Vv.thoracoepigastricae münden in die V.azygos
   bzw. hemiazygos.

D. Bei einer Pfortaderstauung kann Blut aus der V.por-
   tae über die Vv.paraumbilicales in das Einzugsgebiet
   sowohl der V.cava superior als auch der V.cava inferior gelangen.

E. Bei einer Abflußbehinderung der unteren Hohlvene kann
   Blut auf dem Kollateralweg zwischen V.femoralis und
   System der V.cava superior - über die V.epigastrica
   superficialis und Vv.thoracoepigastricae - abströmen.

9.004   15.1   Fragentyp A 3

Welche Aussage trifft nicht zu? Die Lymphe aus der ven-
trolateralen Bauchwand kann abfließen über

A. Nodi lymphatici inguinales superficiales

B. Nodi lymphatici axillares pectorales

C. Nodi lymphatici parasternales

D. Nodi lymphatici intercostales

E. Nodi lymphatici axillares laterales

9.005   15.1   Fragentyp C

Die erste Rippe ist an ihrem sternalen Ende durch die Haut nicht tastbar,

weil

das sternale Ende der ersten Rippe vom Schlüsselbein verdeckt wird.

9.006   15.1   Fragentyp D

Welche Aussagen treffen zu?

1) An Brust- und Bauchwand sind die Hautareale hinsichtlich der Tastempfindung streng unisegmental innerviert.

2) Die Versorgungsgebiete der einzelnen Intercostalnerven decken sich nicht mit den Intercostalräumen, sondern entsprechen den Dermatomen.

3) Der N.ilioinguinalis gibt Äste durch den Anulus inguinalis superficialis zum Scrotum bzw. zu den Labia majora ab.

4) Der R.genitalis des N.genitofemoralis zieht durch den Leistenkanal zum M.cremaster und zur Tunica dartos.

Wählen Sie bitte die zutreffende Aussagenkombination.

A. Nur 1 und 3 sind richtig

B. Nur 2 und 4 sind richtig

C. Nur 1, 2 und 3 sind richtig

D. Nur 1, 2 und 4 sind richtig

E. Nur 2, 3 und 4 sind richtig

b) Rücken

Welche Aussage trifft zu?

A. Bei den Halswirbeln III-VII ist der Wirbelkörper relativ groß, das Foramen vertebrale verhältnismäßig klein.

B. Die Processus transversi aller Halswirbel umschließen jeweils ein Foramen transversarium.

C. Die A.vertebralis tritt in der Regel am 7.Halswirbel in den von den Foramina transversaria gebildeten Kanal und verläßt ihn am Axis.

D. Die A.carotis externa kann im Notfall gegen das kräftige Tuberculum anterius des 7.Halswirbelquerfortsatzes (Tuberculum caroticum) angedrückt und komprimiert werden.

E. Am Körper des 11. und 12.Brustwirbels ist keine Fovea costalis ausgebildet.

Welche Aussage trifft zu? Die ligamentäre Vorderwand des Wirbelkanals wird gebildet von

A. dem Ligamentum supraspinale

B. den Ligamenta interspinalia

C. den Ligamenta flava

D. dem Ligamentum longitudinale posterius

E. dem Ligamentum longitudinale anterius

Welche Aussage trifft zu? Im Suboccipitalbereich wird der Wirbelkanal dorsal abgeschlossen durch

A. das Ligamentum nuchae

B. die Membrana atlantooccipitalis posterior

C. die Membrana tectoria

D. das Ligamentum cruciforme atlantis

E. das Ligamentum apicis dentis

9.010 15.2 Fragentyp A 1

Welche Aussage trifft zu? Extreme Drehbewegungen des
Kopfes im Atlantooccipitalgelenk werden vor allem gehemmt durch

A. das Ligamentum apicis dentis

B. das Ligamentum transversum atlantis

C. die Ligamenta alaria

D. die Fasciculi longitudinales des Ligamentum cruciforme atlantis

E. die Membrana tectoria

9.011 15.2 Fragentyp A 1

Welche Aussage trifft zu? Einer extremen Dorsalflexion
der Wirbelsäule wirken entgegen

A. die Dornfortsätze der Brustwirbel

B. die Querfortsätze der Halswirbel

C. die Gelenkfortsätze der Lendenwirbel

D. die Ligamenta interspinalia

E. die Ligamenta intertransversaria

9.012   15.2   Fragentyp A 3

Welche Aussage trifft _nicht_ zu? Die typische segmentale
Gliederung der Wirbelsäule

A. ergibt sich mittelbar aus der frühembryonalen Segmen-
   tierung der Stammplatten in Somiten
B. ist Voraussetzung ihrer Beweglichkeit
C. setzt sich in den Kopfbereich als Branchiomerie fort
D. kann durch Asymmetrie der Übergangswirbel oder Inter-
   calation eines Halswirbels gestört sein
E. bleibt an Kreuzbein und Steißbein nachweisbar

9.013   15.2   Fragentyp A 3

Welche Aussage trifft _nicht_ zu?

A. Der Wirbelkanal setzt sich am Foramen (occipitale)
   magnum kontinuierlich in das Cavum cranii fort.
B. Der Sacralkanal ist im Bereich des (der) letzten Sa-
   cralwirbel(s) dorsal nur ligamentär geschlossen.
C. Durch die Foramina intervertebralia, die segmentalen
   seitlichen Öffnungen des Wirbelkanals, treten die
   Spinalnerven aus.
D. Die Foramina intervertebralia werden nach dorsal durch
   die Querfortsätze begrenzt.
E. Die Foramina intervertebralia liegen im Niveau der
   Bandscheiben.

9.014   15.2   Fragentyp A 3

Welche Aussage trifft _nicht_ zu?

A. Das tiefe Blatt der Fascia thoracolumbalis trennt den
   medialen vom lateralen Trakt der autochthonen Rückenmuskulatur.
B. Im Lendenbereich bildet die Fascia thoracolumbalis
   eine Führungsröhre für die autochthonen Rückenmuskeln.
C. Im Halsbereich umschlingt der M.splenius die cranialen
   Züge des M.erector spinae.
D. Das oberflächliche Blatt der Fascia thoracolumbalis
   trennt im Lenden- und im unteren Brustbereich den M.
   latissimus dorsi von der autochthonen Rückenmuskulatur.

E. Die Fascia nuchae liegt unter den Mm.trapezius und rhomboideus.

9.015   15.2   Fragentyp A 3

Welche Aussage trifft nicht zu?

A. Die Unterscheidung von medialem und lateralem Trakt des M.erector spinae wird durch die differente Innervation beider Muskelsysteme durch mediale bzw. laterale Äste der Rr.dorsales der Spinalnerven möglich.

B. Der mediale Trakt des M.erector spinae besteht aus spinalen und transversospinalen Muskelzügen sowie aus drei tiefen Nackenmuskeln.

C. M.longissimus und M.iliocostalis besitzen caudal eine gemeinsame oberflächliche Ursprungssehne, die sich an den Dornen der Lendenwirbel, an Kreuzbein und Darmbeinkamm anheftet.

D. Die Faserbündel des M.splenius verlaufen im Prinzip spinotransversal.

E. Der M.obliquus capitis superior zieht vom Dornfortsatz des Axis zum Processus mastoideus.

9.016   15.2   Fragentyp A 3

Welche Aussage trifft nicht zu?

A. Am Foramen magnum ist die Dura mater spinalis mit dem Knochen verwachsen.

B. Das Periost des Wirbelkanals und die Dura mater spinalis werden durch das Cavum epidurale getrennt, das Binde- und Fettgewebe sowie die inneren Wirbelvenenplexus enthält.

C. In jedes Foramen intervertebrale entsendet die Dura mater spinalis einen konischen Fortsatz, der die Spinalnervenwurzeln und das Spinalganglion umschließt.

D. Das Ligamentum denticulatum verbindet jederseits die Pia mater spinalis mit der Dura mater und dient als Halteeinrichtung des Rückenmarks.

E. Das Filum durae matris spinalis endet in Höhe des 1.-2.Sacralwirbels.

9.017
9.018   15.2   Fragentyp B

Ordnen Sie bitte jeder in Liste 1 genannten Muskeltätig-
keit die dadurch ausgelöste Bewegung zu (Liste 2).

Liste 1   Liste 2

9.017 einseitige Kontrak-   A. Drehbewegung der Wirbel-
      tion des M.transver-   säule nach der gleichen
      sospinalis   Seite

9.018 einseitige Kontrak-   B. Drehbewegung der Wirbel-
      tion des M.longissi-   säule nach der entgegen-
      mus capitis   gesetzten Seite

                             C. Drehbewegung des Kopfes
                                nach der gleichen Seite
                                und Seitwärtsneigung

                             D. Drehbewegung des Kopfes
                                nach der entgegengesetz-
                                ten Seite und Seitwärts-
                                neigung

                             E. Seitwärtsneigung des
                                Kopfes ohne Drehbewegung

9.019
9.020   15.2   Fragentyp B

Ordnen Sie bitte jeder in Liste 1 genannten Muskeltätig-
keit die dadurch ausgelöste Bewegung zu (Liste 2).

Liste 1   Liste 2

9.019 einseitige Kontrak-   A. Drehung der Wirbelsäule
      tion des M.iliocosta-   nach der gleichen Seite
      lis
                             B. Drehung der Wirbelsäule
9.020 einseitige Kontrak-   nach der Gegenseite
      tion des M.splenius
      cervicis   C. Seitwärtsneigung der
                                Wirbelsäule

                             D. Drehung von Axis und
                                Atlas (und damit auch
                                des Kopfes) nach der
                                gleichen Seite

                             E. Drehung von Axis und
                                Atlas (und damit auch
                                des Kopfes) nach der
                                entgegengesetzten Seite

9.021   15.2   Fragentyp C

Das Längenwachstum der Wirbelsäule ist nur im Bereich der Bandscheiben möglich,

<u>weil</u>

die für das Längenwachstum notwendigen epiphysären Knorpelzonen an den Wirbelkörpern nicht ausgebildet sind.

9.022   15.2   Fragentyp C

Der Atlas besitzt keinen Wirbelkörper,

<u>weil</u>

beim Atlas die paarigen Massae laterales durch das Ligamentum transversum atlantis verbunden sind.

9.023   15.2   Fragentyp C

Die Foramina sacralia pelvina bzw. dorsalia sind den Foramina intervertebralia homolog,

<u>weil</u>

durch die Foramina sacralia die ventralen bzw. dorsalen Sacralnervenäste austreten.

9.024   15.2   Fragentyp C

Bereits beim Neugeborenen ist die Lordose der Halswirbelsäule ausgeprägt,

<u>weil</u>

bereits beim Neugeborenen der Schwerpunkt des Kopfes vor dem Atlantooccipitalgelenk liegt.

9.025 15.2 Fragentyp C

Im Lumbalbereich sind Rotationsbewegungen der Wirbel
kaum möglich,

weil

im Lumbalbereich der M.semispinalis (in der Regel) fehlt.

9.026 15.2 Fragentyp C

Der M.obliquus capitis inferior besitzt für Drehbewegungen des Kopfes nach der gleichen Seite trotz geringer
Größe ein relativ günstiges Drehmoment,

weil

der M.obliquus capitis inferior lateral am Querfortsatz
des Atlas ansetzt und die Drehachse in mäßig steilem
Winkel kreuzt.

9.027 15.2 Fragentyp C

Die inneren Wirbelvenenplexus stellen eine wichtige
Kollateralverbindung bei Abflußbehinderungen im Bereich
sowohl der oberen als auch der unteren Hohlvene dar,

weil

bei den inneren Wirbelvenenplexus der Abfluß nicht durch
Venenklappen gerichtet wird.

9.O28   15.2   Fragentyp D

Welche Aussagen treffen zu?

1) Unter Spina bifida versteht man eine dorsale Spaltbildung im Bogenbereich eines oder mehrerer Wirbel.

2) Bei der Meningocele wölben sich die Hirnhäute durch
   einen angeborenen Defekt der knöchernen Umhüllung des
   Rückenmarks unter die Rückenhaut vor.

3) Enthält die sackartige Vorwölbung der Meningen auch
   Rückenmark und Spinalnervenwurzeln, bezeichnet man
   sie als Meningomyelocele.

4) Die Rachischisis (Myelocele) stellt den weitestgehen-
   den Defekt bei der Spina bifida dar, das Neuralrohr
   ist nicht geschlossen.

Wählen Sie bitte die zutreffende Aussagenkombination.

A. Nur 1 ist richtig

B. Nur 1 und 2 sind richtig

C. Nur 2 und 3 sind richtig

D. Nur 1, 2 und 4 sind richtig

E. Alle Aussagen sind richtig

9.O29   15.2   Fragentyp D

Welche Aussagen treffen zu? Der Nucleus pulposus

1) ist inkompressibel, aber verformbar und geringgradig
   verschieblich

2) sichert als zugfeste Hülle die Verbindung der Wirbelkörper

3) trägt den Wirbelkörper wie ein Wasserkissen

4) hält den Anulus fibrosus gespannt

Wählen Sie bitte die zutreffende Aussagenkombination.

A. Nur 1 und 3 sind richtig

B. Nur 2 und 4 sind richtig

C. Nur 1, 2 und 3 sind richtig

D. Nur 1, 2 und 4 sind richtig

E. Nur 2, 3 und 4 sind richtig

9.030 15.2 Fragentyp D

Welche Aussagen treffen zu?

1) Die Lendenlordose der Wirbelsäule entsteht postnatal als funktionelle Anpassung an die aufrechte Körperhaltung.

2) Die normale Wirbelsäule kann Änderungen der Beckenneigung kompensieren, so daß der Körperschwerpunkt nur geringgradig verlagert wird.

3) Die Lordosen und Kyphosen der adulten Wirbelsäule ergeben sich aus der Keilform der Wirbelkörper und Zwischenwirbelscheiben.

4) Infolge der Ermüdung der Muskulatur nehmen die typischen Krümmungen der Wirbelsäule des Erwachsenen im Laufe des Tages ab.

Wählen Sie bitte die zutreffende Aussagenkombination.

A. Nur 1 und 3 sind richtig

B. Nur 2 und 4 sind richtig

C. Nur 1, 2 und 3 sind richtig

D. Nur 1, 2 und 4 sind richtig

E. Nur 2, 3 und 4 sind richtig

9.031 15.2 Fragentyp D

Welche Aussagen treffen zu?

1) Die Projektionsstelle für das Ende des Rückenmarks auf die vordere Rumpfwand liegt beim Erwachsenen etwa in der Mitte zwischen Nabel und Spitze des Schwertfortsatzes.

2) Die Cauda equina wird von den Wurzeln der caudalen Spinalnerven gebildet.

3) Zwischen dem Subarachnoidealraum und den Lymphspalten der Spinalnerven bestehen Verbindungen, über die Liquor abfließen kann.

4) Das Cavum subarachnoideale endet beim Erwachsenen etwa in Höhe des 2.-3.Lendenwirbels.

Wählen Sie bitte die zutreffende Aussagenkombination.

A. Nur 1 und 2 sind richtig

B. Nur 3 und 4 sind richtig

C. Nur 1, 2 und 3 sind richtig

D. Nur 2, 3 und 4 sind richtig

E. Alle Aussagen sind richtig

c) Brustwand

Welche Aussage trifft zu? Vom Ligamentum arcuatum mediale, das einem Teil des lateralen Schenkels der Pars lumbalis des Zwerchfells als Ursprung dient, wird überbrückt der

A. M.rectus abdominis

B. M.transversus thoracis

C. M.transversus abdominis

D. M.quadratus lumborum

E. M.psoas major

Welche Aussage trifft zu?

A. Die zwischen den Rippenknorpeln gelegenen Abschnitte der Mm.intercostales interni senken die Rippen.

B. Bei ruhiger Atmung wirken vor allem die Mm.scaleni als Inspiratoren.

C. Auch bei maximaler Kontraktion der Pars costalis des Zwerchfells kann der Herzsattel nicht tiefer liegen als der Ursprung der Pars sternalis.

D. Durch die Kontraktion des Zwerchfells wird der Inhalt der Peritonealhöhle komprimiert.

E. Beim Kleinkind überwiegt die Brustatmung, beim Säugling ist sie der alleinige Atemtyp.

9.034   15.3   Fragentyp A 3

Welche Aussage trifft nicht zu? Das Sternum

A. entsteht aus der Vereinigung der Sternalleisten

B. besitzt eine Synchondrosis manubriosternalis und xiphosternalis

C. ist am Angulus sterni nach ventral konvex abgeknickt

D. besitzt oft einen gespaltenen Processus xiphoideus

E. artikuliert in der Incisura jugularis mit dem Schlüsselbein

9.035   15.3   Fragentyp A 3

Welche Aussage trifft nicht zu? An der ersten Rippe

A. wird die Gelenkfläche des Rippenkopfes durch die Crista capitis costae in zwei Facetten unterteilt

B. liegt der Angulus costae dem Tuberculum costae sehr nahe

C. fehlt die Flächenkrümmung

D. ist die Kantenkrümmung sehr ausgeprägt

E. setzt der Rippenknorpel die Richtung der knöchernen Rippe fort

9.036   15.3   Fragentyp A 3

Welche Aussage trifft nicht zu?

A. Die Spongiosaräume der Rippen enthalten rotes Knochenmark.

B. Lateral des Angulus sterni läßt sich die 2.Rippe durch die Haut tasten.

C. Alle Rippenknorpel stehen direkt oder indirekt mit dem Brustbein in Verbindung.

D. Die Gelenkhöhle des 2.Sternocostalgelenks wird häufig durch ein Ligamentum sternocostale intraarticulare zweigeteilt.

E. Bei der Rippenhebung wird das Sternum nach cranial und ventral verschoben, wobei sich der Angulus sterni abflacht.

9.037   15.3   Fragentyp A 3

Welche Aussage trifft nicht zu?

A. Die Mm.intercostales werden von Rr.ventrales der Nn.thoracici innerviert.

B. Die Brustfascie bedeckt die äußeren Zwischenrippenmuskeln an ihrer Oberfläche.

C. Die Mm.intercostales externi sind nur zwischen den knöcheren Abschnitten der Rippen ausgespannt.

D. Die Fasern der Mm.intercostales interni verlaufen von unten und hinten nach oben und vorn.

E. Durch die Intercostalgefäße und -nerven werden von den inneren Zwischenrippenmuskeln als tiefe Schicht die Mm.intercostales intimi abgegrenzt.

9.038   15.3   Fragentyp A 3

Welche Aussage trifft nicht zu? Die Aa.intercostales III - XI der rechten Seite

A. entspringen an der Hinterwand der Aorta

B. verlaufen dorsal von Oesophagus und Ductus thoracicus

C. überkreuzen den Truncus sympathicus und die V.hemiazygos auf der Ventralseite

D. werden cranial von der V. intercostalis, caudal vom N.intercostalis begleitet

E. anastomosieren mit Rr.intercostales anteriores aus der A.thoracica interna bzw. der A.musculophrenica.

9.039   15.3   Fragentyp A 3

Welche Aussage trifft nicht zu? Die rechte Zwerchfellkuppel steht beim Mann

A. bei tiefer Exspiration, auf die vordere Brustwand projiziert, etwa in Höhe des 4. Intercostalraums

B. bei tiefer Inspiration etwa in Höhe des 8. Brustwirbels

C. im Liegen etwa 2 cm höher als bei aufrechtem Stand

D. meist etwas höher als bei der nicht-graviden Frau

E. tiefer als beim männlichen Kleinkind

9.040   15.3   Fragentyp A 3

Welche Aussage trifft nicht zu?

A. Die Endabschnitte der Milchgänge der Brustdrüse können beim Säugling unter dem Einfluß mütterlicher Hormone in den ersten beiden Lebenswochen sezernieren.

B. Aussprossung, Aufzweigung und vollständige Kanalisie-
   rung der Milchgänge sowie Ausbildung der Alveolen in
   der weiblichen Brustdrüse charakterisieren beim Mädchen den Beginn der Pubertät.

C. Die Colostrumbildung beginnt im 8.Schwangerschafts-
   monat unter dem Einfluß von Prolactin.

D. Die männliche Brustdrüse ist prinzipiell gleich gebaut wie die ruhende Glandula mammaria der Frau.

E. Die Brustwarze entwickelt sich meist erst nach der Geburt, wenn Bindegewebe in das eingesenkte Drüsenfeld
   einsproßt.

9.041
9.042   15.3   Fragentyp B

Ordnen Sie bitte den in Liste 1 genannten Gefäßen jeweils die Arterie oder Vene (Liste 2) zu, mit der das Gefäß in der Regel anastomosiert.

	Liste 1		Liste 2
9.041	A.epigastrica superior	A.	A.thoracica lateralis
		B.	V.epigastrica inferior
9.042	V.epigastrica superficialis	C.	A.epigastrica inferior
		D.	A.cervicalis superficialis
		E.	V.thoracoepigastrica

9.043
9.044
9.045
9.046   15.3   Fragentyp B

Ordnen Sie bitte den in Liste 1 genannten Leitungsbahnen
zu, mit welchem Kennbuchstaben ihre Durchtrittsstelle in
der schematischen Darstellung (Abb. 10) der abdominalen
Zwerchfellfläche bezeichnet ist.

Liste 1

9.043 V.azygos

9.044 Ductus thoracicus

9.045 R.phrenicoabdominalis des N.phrenicus dexter

9.046 Trunci vagales

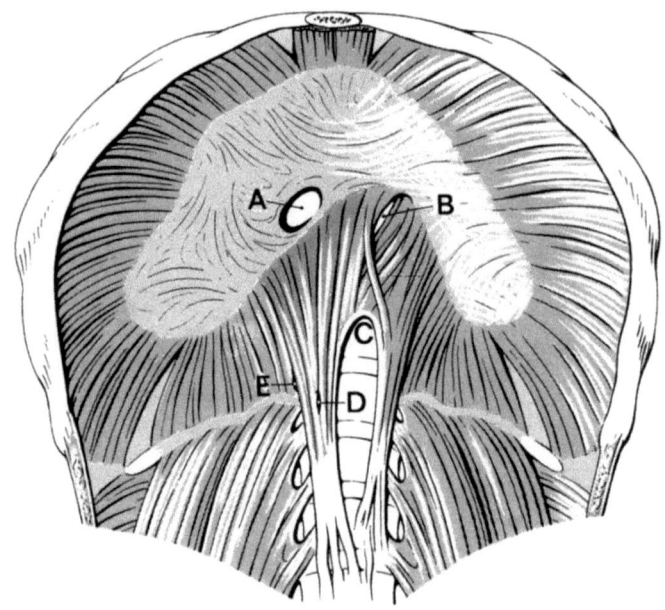

Abb. 10

Ordnen Sie bitte den in Liste 1 beschriebenen Zwerchfel
stellen zu, mit welchem Kennbuchstaben sie in der schematischen Darstellung (Abb. 11) der abdominalen Zwerchfellfläche bezeichnet sind.

Liste 1

9.047 muskelschwache Stelle zwischen Pars lumbalis und
Pars costalis

9.048 Durchtrittsstelle, die von einem als Ligamentum
bezeichneten Sehnenbogen umrandet wird

9.049 Durchtrittsstelle in der Pars lumbalis, vornehmlich von Fasern des Crus dextrum begrenzt

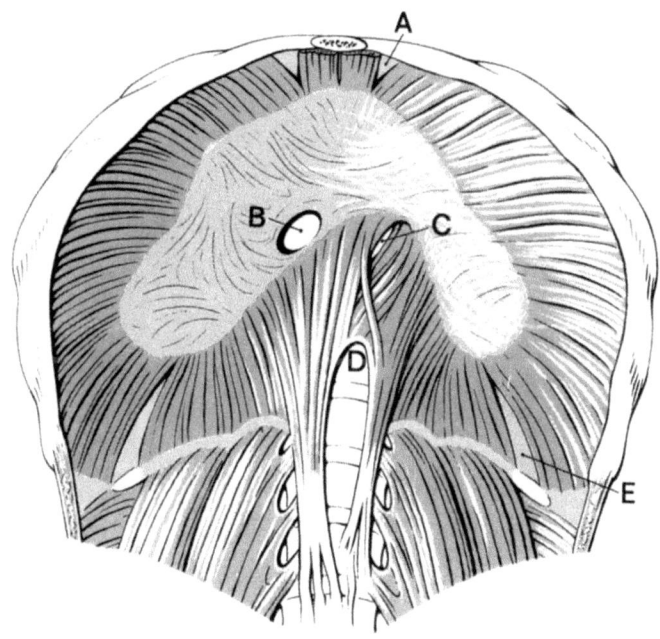

Abb. 11

9.050   15.3   Fragentyp C

Bei einer Pleurapunktion ventral der Axillarlinie ist die
Gefahr einer Verletzung der Intercostalgefäße gering,

weil

die Vasa intercostalia ventral der Axillarlinie im Sulcus costae verlaufen und von der Rippe gedeckt werden.

9.051   15.3   Fragentyp C

Das Zwerchfell wird durch einen Nerv des Plexus cervicalis innerviert,

weil

das Blastem der Zwerchfellmuskulatur aus Myotomen des
Halsbereichs stammt.

9.052   15.3   Fragentyp C

Die Länge der Pars abdominalis des Oesophagus kann - in
Abhängigkeit vom Zwerchfellstand - etwas variieren,

weil

die Speiseröhre mit dem muskulären Rand des Hiatus oesophageus durch eine nachgiebige Bindegewebsplatte verschieblich verbunden ist.

9.053   15.3   Fragentyp C

Das Zwerchfell steht beim Kleinkind um etwa 1 1/2 Zwischenrippenräume höher als beim Erwachsenen,

weil

das Zwerchfell beim Kleinkind seinen "Descensus" noch
nicht vollendet hat.

9.054   15.3   Fragentyp C

Während der Einatmung steigt der Druck im Pleuraspalt
an,

<u>weil</u>

die Rippen und das Brustbein gehoben werden.

9.055   15.3   Fragentyp D

Welche Aussagen treffen zu? Bei der Rippenhebung

1) ist der Raumgewinn nach lateral bei den mittleren und
   unteren Rippen größer als bei den oberen Rippen
2) werden die Rippenknorpel der echten Rippen torquiert
3) vergrößern sich die Rippenknorpelwinkel
4) spannen sich Faserzüge der Ligamenta sternocostalia
   radiata an

Wählen Sie bitte die zutreffende Aussagenkombination.

A. Nur 1 ist richtig
B. Nur 1 und 2 sind richtig
C. Nur 1, 2 und 3 sind richtig
D. Nur 2, 3 und 4 sind richtig
E. Alle Aussagen sind richtig

9.056   15.3   Fragentyp D

Welche Aussagen treffen zu?

1) Die obere Thoraxapertur wird von dem 1.Brustwirbel,
   dem 1.Rippenpaar und dem Oberrand des Manubrium sterni
   gebildet.

2) Beim Neugeborenen ist der sagittale Durchmesser des
   Thorax relativ größer als beim Erwachsenen, doch absolut kleiner als der Querdurchmesser.

3) Beim Erwachsenen stehen die Rippen weniger steil als
   beim Kleinkind.

4) Die Zwischenrippenräume sind dorsal weiter als ventral, zwischen den oberen Rippen enger als zwischen
   den unteren.

Wählen Sie bitte die zutreffende Aussagenkombination.

A. Nur 1 und 2 sind richtig

B. Nur 3 und 4 sind richtig

C. Nur 1, 2 und 3 sind richtig

D. Nur 2, 3 und 4 sind richtig

E. Alle Aussagen sind richtig

9.057   15.3   Fragentyp D

Welche Aussagen treffen zu?

1) Die Aorta wird im Hiatus aorticus durch einen Sehnen-streifen, Ligamentum arcuatum medianum, umrandet und bei der Zwerchfellkontraktion nicht eingeengt.

2) Der Truncus sympathicus tritt durch die als Bochda-leksches Dreieck bezeichnete muskelfreie Stelle zwi-schen Pars lumbalis und Pars costalis des Zwerchfells.

3) Die Wand der V.cava inferior ist fest in das Centrum tendineum eingespannt, so daß das Gefäßlumen offen-gehalten wird.

4) Der Ductus thoracicus zieht mit der Speiseröhre durch den Hiatus oesophageus.

Wählen Sie bitte die zutreffende Aussagenkombination.

A. Nur 1 und 3 sind richtig

B. Nur 2 und 4 sind richtig

C. Nur 1, 2 und 3 sind richtig

D. Nur 1, 2 und 4 sind richtig

E. Nur 2, 3 und 4 sind richtig

9.058   15.3   Fragentyp D

Welche Aussagen treffen zu? Die Mamma der geschlechtsreifen Frau

1) wird durch die Ligamenta suspensoria mammae unverschieblich an der Brustwand fixiert

2) reicht im Liegen meist von der 3. bis zur 6.Rippe

3) erhält im oberen medialen Abschnitt Blut aus Rr.per-
   forantes der A.thoracica interna zugeführt

4) gibt Lymphe auch durch die Brustwand zu den Nodi lymphatici parasternales ab

Wählen Sie bitte die zutreffende Aussagenkombination.

A. Nur 1 und 3 sind richtig

B. Nur 2 und 4 sind richtig

C. Nur 1, 2 und 3 sind richtig

D. Nur 1, 2 und 4 sind richtig

E. Nur 2, 3 und 4 sind richtig

d) Bauchwand

9.059   15.4   Fragentyp A 1

Welche Aussage trifft zu? Die Intersectiones tendinae
des M.rectus abdominis sind

A. Ausdruck der segmentalen Gliederung der Mytome

B. Schaltsehnen, welche das Eingreifen anderer Bauchmuskeln in das Rectussystem ermöglichen

C. Bindegewebsnarben, die nach Muskelrissen, vor allem
   bei der Geburt oder bei Sportlern, entstanden sind

D. bogenförmige, aponeurotische Züge im ventralen Blatt
   der Rectusscheide

E. bindegewebige Abgrenzungen des jeweils von einem Tho-
   rakalnerv innervierten Muskelareals

9.060　　　　　　　15.4　　　　　　　Fragentyp A 1

Welche Aussage trifft zu? Als Trigonum lumbale bezeichnet man

A. das muskelfreie Dreieck zwischen Pars costalis und
   Pars lumbalis des Zwerchfells, dem der obere Nieren-
   pol anliegt

B. die Stelle, an der das Ligamentum laterale den M.quadra-
   tus lumborum überbrückt

C. ein dreieckiges, von Darmbeinkamm, M.latissiumus dorsi
   und M.obliquus externus abdominis begrenztes Feld

D. den aponeurotischen Teil der Fascia thoracolumbalis,
   an dem der M.latissimus dorsi entspringt

E. die dreieickige Grenzkontur des Muskelfleischs des
   M.obliquus externus abdominis beim Übergang in die
   Sehnenplatte, etwa in Höhe des vorderen oberen Darm-
   beinstachels

9.061　　　　　　　15.4　　　　　　　Fragentyp A 3

Welche Aussage trifft nicht zu?

A. Der M.obliquus externus abdominis entspringt an der
   Außenfläche der 8 caudalen Rippen alternierend mit
   Ursprungszacken der Mm.serratus anterior und latissi-
   mus dorsi.

B. Die Aponeurose des M.obliquus internus abdominis spal-
   tet sich in eine vor und eine hinter den M.rectus abdominis ziehende Sehnenplatte.

C. Der M.transversus abdominis entspringt über das tiefe
   Blatt der Fascia thoracolumbalis auch von den Processus der Lendenwirbel.

D. Das hintere Blatt der Rectusscheide ist unterhalb der
   Linea arcuata rein sehnig.

E. Der M.quadratus lumborum spannt sich zwischen Darmbeinkamm und 12.Rippe aus, dorsale Fasern ziehen zu Quer-
   fortsätzen der Lendenwirbelsäule.

9.062   15.4   Fragentyp A 3

Welche Aussage trifft nicht zu? Die Linea alba

A. ist die Durchflechtungszone von Aponeurosen der schrägen und queren Bauchmuskeln

B. wird unterhalb der Linea arcuata nur von der Aponeurose der beiden Mm.obliqui abdominis externi gebildet

C. weist im Nabelbereich eine kreisförmige Unterbrechung, den Anulus umbilicalis, auf

D. wird oberhalb der Symphyse durch das Adminiculum lineae albae verstärkt

E. setzt sich caudal in das Ligamentum suspensorium penis bzw. clitoridis fort

9.063   15.4   Fragentyp A 3

Welche Aussage trifft nicht zu? Die Fascia transversalis

A. ist fest und unverschieblich mit der subserösen Bindegewebsschicht des Peritoneum verbunden

B. ist caudal am Leistenband angeheftet

C. stülpt beim Mann einen Fascientrichter als Fascia spermatica interna in den Leistenkanal aus

D. wird medial vom Anulus inguinalis profundus durch das Ligamentum interfoveolare verstärkt

E. zieht caudal der Linea arcuata mit der Aponeurose des M.transversus abdominis in das ventrale Blatt der Rectusscheide

9.064   15.4   Fragentyp A 3

Welche Aussage trifft nicht zu? Die A.epigastrica inferior

A. verläuft lateral der Fossa inguinalis lateralis

B. dringt in die Rectusscheide ein

C. zieht auf der Dorsalfläche des M.rectus abdominis cranialwärts

D. anastomosiert oberhalb des Nabels mit der A.epigastrica superior

E. stellt eine Verbindung zwischen der A.iliaca externa und dem Stromgebiet der A.subclavia her

9.065   15.4   Fragentyp A 3

Welche Aussage trifft nicht zu?

A. Das Ligamentum interfoveolare liegt als Verstärkung
   der Fascia transversalis zwischen der Fossa inguinalis medialis und der Fossa inguinalis lateralis.

B. Die obere Begrenzung (das Dach) des Leistenkanals
   wird vom Unterrand der Mm.obliquus internus abdominis
   und transversus abdominis gebildet.

C. Die hintere Wand des Leistenkanals wird von der Fascia
   transversalis und ihren Verstärkungszügen gebildet.

D. Die Fossae supravesicales sind keine besonders schwa-
   chen Stellen der Bauchwand.

E. Das Ligamentum lacunare trennt die Lacuna musculorum
   von der Lacuna vasorum.

9.066   15.4   Fragentyp A 3

Welche Aussage trifft nicht zu?

A. Die direkten (medialen) Leistenhernien erscheinen am
   Anulus inguinalis superficialis an der vorderen Bauchwand.

B. Der Samenstrang liegt bei den direkten (medialen) Leistenhernien lateral vom Bruchsack.

C. Angeborene Leistenhernien können auch beim weiblichen
   Geschlecht auftreten.

D. Der Leistenkanal mündet unterhalb des Leistenbandes.

E. Eine indirekte (laterale) Leistenhernie kann auch er-
   worben sein.

9.067
9.068   15.4   Fragentyp B

Ordnen Sie bitte den in Liste 1 genannten Bindegewebsstrukturen jeweils den Muskel (Liste 2) zu, zu dem sie
in Beziehung stehen.

Liste 1	Liste 2

9.067 Ligamentum arcuatum   A. M.iliopsoas
      laterale
                               B. M.quadratus lumborum
9.068 Arcus iliopectineus
                               C. M.obliquus externus ab-
                                  dominis

                               D. Crus mediale der Pars
                                  lumbalis des Zwerchfells

                               E. M.pectineus

9.069   15.4   Fragentyp D

Welche Aussagen treffen zu?

1) Bei der Rumpfdrehung wirken der M.obliquus externus
   abdominis der einen Seite und der M.obliquus internus
   abdominis der Gegenseite als Synergisten.

2) Ohne Bauchpresse ist die vollständige Entleerung des
   Darms und der Harnblase nicht möglich.

3) Durch die Kontraktion des äußeren und des inneren
   schrägen Bauchmuskels der gleichen Seite kann der
   Rumpf seitwärts geneigt werden.

4) Die Rectusscheide macht den M.rectus abdominis von
   den übrigen Bauchmuskeln funktionell unabhängig.

Wählen Sie bitte die zutreffende Aussagenkombination.

A. Nur 1 und 3 sind richtig

B. Nur 2 und 4 sind richtig

C. Nur 1, 2 und 3 sind richtig

D. Nur 2, 3 und 4 sind richtig

E. Alle Aussagen sind richtig

Welche Aussagen treffen zu?

1) Eine angeborene Leistenhernie hat immer einen per-
   sistierenden Processus vaginalis·peritonaei zur
   Voraussetzung.

2) Eine angeborene Leistenhernie ist stets eine indirekte
   Hernie.

3) Eine direkte Leistenhernie ist stets eine erworbene
   Hernie.

4) Eine erworbene direkte Leistenhernie stülpt sich medial von der A.epigastrica inferior durch die Bauchwand.

Wählen Sie bitte die zutreffende Aussagenkombination.

A. Nur 1 ist richtig

B. Nur 2 und 3 sind richtig

C. Nur 1, 2 und 4 sind richtig

D. Nur 2, 3 und 4 sind richtig

E. Alle Aussagen sind richtig

10. Brusteingeweide

a) Mediastinum

10.001   16.1   Fragentyp A 1

Welche Aussage trifft zu? Die Entfernung von den Front-
zähnen bis zur Cardia beträgt beim Erwachsenen

A. weniger als 25 cm

B. etwa 30 cm

C. etwa 40 cm

D. etwa 50 cm

E. mehr als 50 cm

10.002   16.1   Fragentyp A 1

Welche Aussage trifft zu? Die Tunica muscularis des
Oesophagus

A. besteht ganz aus glattem Muskelgewebe

B. besteht ganz aus quergestreiftem Muskelgewebe

C. ist im Bereich der inneren Ringmuskelschicht aus
glattem, im Bereich der äußeren Längsmuskelschicht
aus quergestreiftem Muskelgewebe zusammengesetzt

D. ist im oberen Drittel aus quergestreiftem, im unteren Drittel aus glattem Muskelgewebe zusammengesetzt

E. ist auf der dorsalen Wandseite kräftiger als ventral
ausgebildet

10.003   16.1   Fragentyp A 1

Welche Aussage trifft zu? Die sogenannte "mittlere Enge"
des Oesophagus ist bedingt

A. allein durch den Aortenbogen

B. durch den Aortenbogen und den rechten Hauptbronchus

C. allein durch den linken Hauptbronchus

D. durch den linken Hauptbronchus und die Aorta ascendens

E. durch den linken Hauptbronchus und den Anfangsteil der Aorta descendens

---

10.004 16.1 Fragentyp A 3

Welche Aussage trifft nicht zu?

A. die Schleimhaut des Oesophagus besitzt mehrschichtiges unverhorntes Plattenepithel.

B. Während der Embryonalzeit hat der Oesophagus ein mehrschichtiges prismatisches Flimmerepithel.

C. Die Glandulae oesophageae liegen überwiegend in der Tunica submucosa.

D. Die Lamina muscularis mucosae des Oesophagus besteht im oberen Drittel aus quergestreiftem Muskelgewebe.

E. Auch die quergestreifte Muskulatur des Oesophagus wird von visceromotorischen Nervenfasern versorgt.

10.005 16.1 Fragentyp A 3

Welche Aussage trifft nicht zu?

A. Infolge der asymmetrischen Teilung der Trachea ist der rechte Bronchus steiler gestellt als der linke.

B. Im Lungensegment verlaufen die Arterien zentral zusammen mit den Bronchien, die Venen dagegen an den Segmentgrenzen.

C. Das Ligamentum pulmonale befestigt die Pleurakuppel an der Brustwirbelsäule.

D. Bronchial- und Pulmonalgefäße bilden in der Lunge keine streng voneinander getrennten Kreislaufeinheiten.

E. Der Winkel der Bifurcatio trachea ändert sich zwischen Inspiration und Exspiration.

10.006   16.1   Fragentyp A 3

Welche Aussage trifft <u>nicht</u> zu?

A. Im Thymus werden Lymphocyten zu T-Lymphocyten geprägt.

B. Den Thymus gliedert man in Mark und Rinde.

C. Die Hassallschen Körperchen des Thymus bestehen aus schalenartig angeordneten Reticulumzellen.

D. Die T-Lymphocyten erfüllen ihre Funktion im Thymus.

E. Das gesunde Neugeborene ist im Besitz eines funktionsfähigen Immunsystems.

10.007
10.008
10.009
10.010   16.1   Fragentyp B

Ordnen Sie bitte den in der folgenden Abbildung 12 unter 10.007 bis 10.010 bezeichneten Strukturen des Thorax die zutreffende Organbezeichnung (A-E) zu.

A. Lungenoberlappen

B. Lungenunterlappen

C. Rechter Herzvorhof

D. Linker Herzvorhof

E. Linke Herzkammer

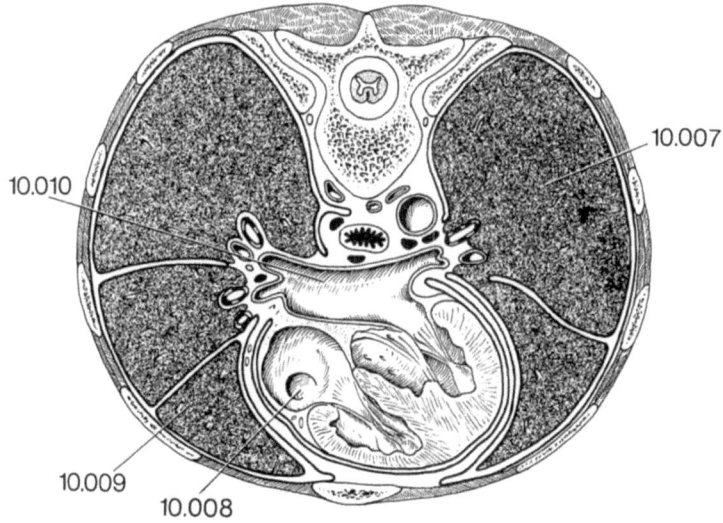

Abb. 12

10.011   16.1   Fragentyp C

Das Thymuswachstum erreicht mit Abschluß des Körper-
wachstums seinen Höhepunkt,

weil

das Thymuswachstum proportional dem Körperwachstum verläuft.

10.012   16.1   Fragentyp D

Welche Aussagen treffen zu?

1) Die Trachea des Erwachsenen ist 10 - 15 cm lang und
   reicht etwa vom 6. Halswirbel bis zum 4. Brustwirbel.

2) Die Trachea wird von mehrreihigem Flimmerepithel mit
   Becher-Zellen ausgekleidet.

3) Die glatte Muskulatur der Trachea ist im wesentlichen
   auf den Paries membranaceus beschränkt.

4) In der Trachealschleimhaut kommen in größerer Zahl seromucöse Drüsen vor.

Wählen Sie bitte die zutreffende Aussagenkombination.

A. Nur 2 ist richtig

B. Nur 2 und 3 sind richtig

C. Nur 1, 2 und 4 sind richtig

D. Nur 1, 3 und 4 sind richtig

E. Alle Aussagen sind richtig

b) Herz, Perikardhöhle

10.013   16.2   Fragentyp A 1

Welche Aussage trifft zu? Der Sinusknoten

A. liegt am Übergang der V. cava inferior in den rechten
   Vorhof

B. liegt an der Hinterseite des linken Vorhofs

C. liegt an der Valvula sinus caronarii

D. liegt an der Einmündungsstelle der V. cava superior
   in den rechten Vorhof

E. ist durch spezifische Fasern (Purkinje-Fasern) mit
   dem Atrioventricularknoten verbunden

10.014	16.2	Fragentyp A 3

Welche Aussage trifft <u>nicht</u> zu?

A. Die Vorderfläche des Herzens wird in situ zum überwiegenden Teil vom rechten Ventrikel gebildet.

B. Im Röntgenbild bei sagittalem Strahlengang wird der rechte "Herzrand" unten vom rechten Vorhof, oben meist vom Rand der V. cava superior gebildet.

C. Die Herzohren greifen nach vorn und schmiegen sich den großen Schlagadern an.

D. Die Facies diaphragmatica des Herzens wird vorwiegend vom linken Ventrikel gebildet.

E. Der Sulcus coronarius verläuft an der Herzvorderfläche in situ horizontal.

10.015	16.2	Fragentyp A 3

Welche Aussage trifft <u>nicht</u> zu? Am linken Rand des Herzröntgenbilds zeichnen sich bei sagittalem Strahlengang gewöhnlich ab

A. der Aortenbogen

B. die Aorta ascendens

C. der Truncus pulmonalis

D. der linke Vorhof

E. der linke Ventrikel

10.016	16.2	Fragentyp A 3

Welche Aussage trifft <u>nicht</u> zu?

A. Die Innervation des Herzbeutels erfolgt durch Intercostalnerven.

B. Eine Vergrößerung des linken Vorhofs kann den Oesophagus einengen.

C. Aorta und Truncus pulmonalis verlaufen etwa 3 cm lang im Herzbeutel.

D. Der Herzbeutel ist teilweise mit dem Centrum tendineum des Zwerchfells fest verwachsen.

E. Der Herzbeutel ist geringgradig dehnbar.

10.017	16.2	Fragentyp A 3

Welche Aussage trifft <u>nicht</u> zu? Die Herzkranzarterien

A. entspringen meist aus den Sinus aortae

B. versorgen neben der Herzwand aucm das Perikard

C. folgen mit ihren größeren Stämmen den äußerlich sichtbaren Furchen des Herzens

D. bilden im peripheren Stromgebiet funktionelle Endarterien

E. werden größtenteils von Venen begleitet, die vorwiegend über den Sinus coronarius in den rechten Vorhof einmünden

10.018	16.2	Fragentyp A 3

Welche Aussage trifft <u>nicht</u> zu? Das Herzskelet des Menschen

A. besteht aus Geflechtknochen

B. liegt in der Ventilebene

C. dient der Anheftung der Kammermuskulatur

D. dient der Anheftung der Vorhofmuskulatur

E. wird vom Erregungsleitungssystem durchbrochen

10.019 10.020	16.2	Fragentyp B

Ordnen Sie bitte dem linken und dem rechten Herzrand (Liste 1) die ihm benachbarten Lungenlappen (Liste 2) zu.

Liste 1

Liste 2

10.019 rechter "Herzrand"

10.020 linker "Herzrand"

A. Nur Oberlappen

B. Nur Unterlappen

C. Oberlappen und Mittellappen

D. Mittellappen und Unterlappen

E. Nur Mittellappen

10.021
10.022   16.2   Fragentyp B

Ordnen Sie bitte den in der Abbildung 13 unter 10.021
und 10.022 markierten Bögen des Röntgenschattens des Herzens die Struktur (A-E) zu, die den Bogen im Röntgenbild
jeweils hervorruft.

A. Arcus aortae

B. Truncus pulmonalis

C. rechter Herzventrikel

D. V. cava inferior

E. rechter Vorhof

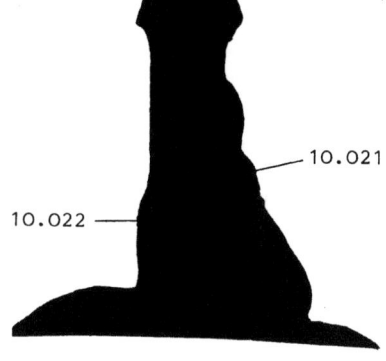

10.021

10.022 ─

Abb. 13

10.023
10.024   16.2   Fragentyp B

Ordnen Sie bitte jeder der in Liste genannten Herzklappen
die für sie richtige Projektionsstelle (Liste 2) zu.

          Liste 1   Liste 2

10.023 Pulmonalisklappe   A. Articulatio sternocla-
                                vicularis sinistra
10.024 Tricuspidalklappe
                             B. Sternum zwischen Ansatz
                                der 3. Rippe links und
                                der 4. Rippe rechts

                             C. Sternalansatz der lin-
                                ken 3. Rippe

                             D. Sternalansatz der lin-
                                ken 1. Rippe

                             E. rechts von der Spitze
                                des Processus xiphoi-
                                deus

10.025
10.026
10.027
10.028   16.2   Fragentyp B

Ordnen Sie bitte den in der Abbildung 14 unter 10.025 -
10.028 markierten Strukturen die jeweils zutreffende
Aussage (A-E) zu.

A. Bei Verschluß Schädigung des Erregungsleitungssystems

B. Mündet in den rechten Vorhof

C. Führt sauerstoffreiches Blut aus der rechten Lunge

D. Bei Stenose Hypertrophie des linken Ventrikels

E. Bei Insuffizienz Hypertrophie des rechten Ventrikels

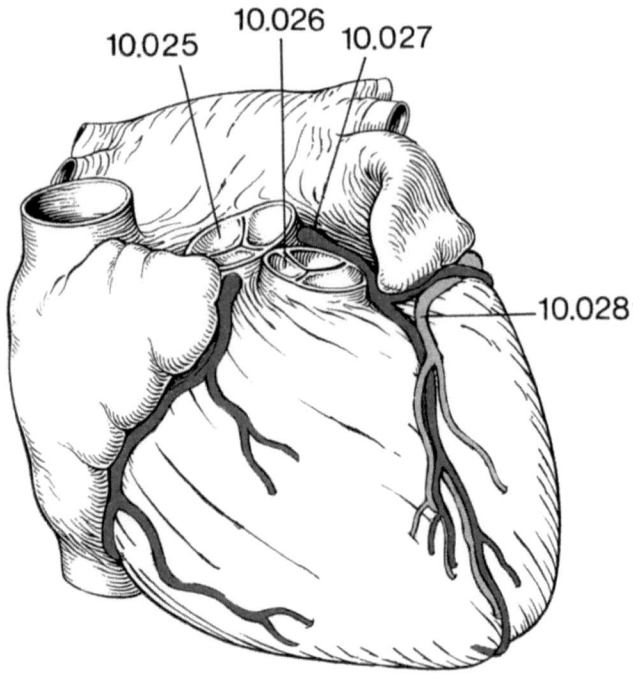

Abb. 14

10.029
10.030   16.2   Fragentyp B

Ordnen Sie bitte jeder der in der nachfolgenden Abbild-
gung 15 unter 10.029 und 10.030 markierten Herzklappen
die zutreffende Charakterisierung (A-E) des durch sie
hindurchtretenden Blutes zu.

A. Sauerstoffreiches Blut in den linken Vorhof

B. Sauerstoffarmes Blut in den rechten Ventrikel

C. Sauerstoffreiches Blut in den Körperkreislauf

D. Sauerstoffarmes Blut in die Lungen

E. Sauerstoffreiches Blut zum Herzmuskel

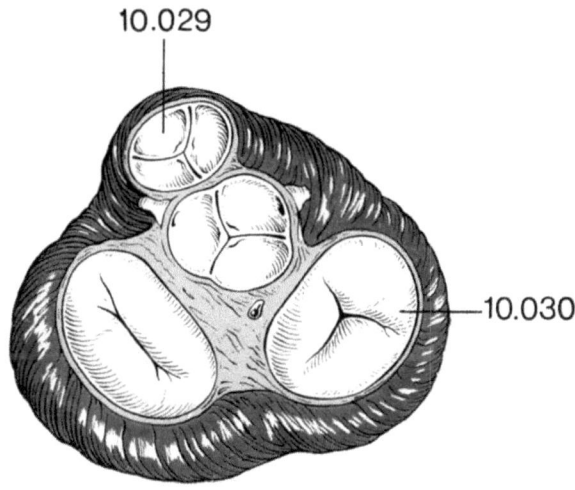

Abb. 15

10.031   16.2   Fragentyp C

Unmittelbar nach der Geburt wird das Foramen ovale verschlossen,

weil

unmittelbar nach der Geburt der Blutdruck im linken Vorhof ansteigt.

10.032   16.2   Fragentyp D
_____

Welche Aussagen treffen zu?

1) Das linke Ostium atrioventriculare läßt sich am linken Sternalrand etwa auf den Ansatz der 4. linken Rippe projizieren.

2) Der Sinus transversus pericardii trennt die Perikard-
   umschlagstelle an der Aorta von der Umschlagstelle am
   Truncus pulmonalis.

3) Die Zwerchfellfläche des Herzens ist mit dem Zwerchfell verwachsen.

4) Der rechte Rand des Röntgenschattens des Herzens wird
   bei sagittalem Strahlengang vom rechten Ventrikel gebildet.

Wählen Sie bitte die zutreffende Aussagenkombination.

A. Nur 1 ist richtig

B. Nur 1 und 2 sind richtig

C. Nur 1, 2 und 4 sind richtig

D. Nur 2, 3 und 4 sind richtig

E. Alle Aussagen sind richtig

10.033   16.2   Fragentyp D
_____

Welche Aussagen treffen zu?

1) Die Wand der Herzvorhöfe ist wesentlich dünner als
   die Kammerwände.

2) Die Muskulatur der rechten Kammerwand ist dünner als
   die der linken Kammerwand.

3) An der Kammerscheidewand werden ein muskulärer und
   ein membranöser Teil unterschieden.

4) Trabeculae carneae sind in das Herzlumen vorspringen-
   de Balken der Herzmuskulatur.

Wählen Sie bitte die zutreffende Aussagenkombination.

A. Nur 2 ist richtig

B. Nur 1 und 2 sind richtig

C. Nur 2 und 3 sind richtig

D. Nur 1, 2 und 4 sind richtig

E. Alle Aussagen sind richtig

10.034   16.2   Fragentyp D

Welche Aussagen treffen zu?

1) Der Atrioventricularknoten liegt an der Einmündungsstelle des Sinus coronarius in den rechten Vorhof.

2) Der Atrioventricularknoten geht kontinuierlich in das
   Hissche Bündel über.

3) Die Aufteilung des Hisschen Bündels erfolgt am tiefsten Punkt des Septum interventriculare ventriculorum.

4) Bei der Ventrikelkontraktion wird die Ventilebene zur
   Herzspitze verschoben.

Wählen Sie bitte die zutreffende Aussagenkombination.

A. Nur 2 ist richtig

B. Nur 1 und 2 sind richtig

C. Nur 2 und 3 sind richtig

D. Nur 1, 2 und 4 sind richtig

E. Alle Aussagen sind richtig

10.035   16.2   Fragentyp D

Welche Aussagen treffen zu?

1) Die Trabecula septomarginalis, ein bogenförmiger Mus-
   kelzug in der rechten Herzkammer, enthält Teile des
   Erregungsleitungssystems.

2) Die Crista terminalis ist eine Muskelleiste an der
   Grenze zwischen ehemaligem Sinus venosus und eigent-
   lichem Vorhof.

3) Alle Herzklappen liegen in der sogenannten Ventilebene.

4) An der Kammerbasis liegt die Pulmonalisklappe dorsal
   von der Aortenklappe.

Wählen Sie bitte die zutreffende Aussagenkombination.

A. Nur 2 ist richtig

B. Nur 1 und 2 sind richtig

C. Nur 1, 2 und 3 sind richtig

D. Nur 1, 2 und 4 sind richtig

E. Alle Aussagen sind richtig

10.036   16.2   Fragentyp D

Welche Aussagen treffen zu?

1) Die Crista supraventricularis in der rechten Kammer
   begrenzt Einstrom- und Ausstrombahn.

2) Die Fossa ovalis liegt im Septum interatriale.

3) Die Valvula venae cavae inferioris an der Einmündung
   der unteren Hohlvene leitet das Blut im Fetalkreis-
   lauf zum Foramen ovale.

4) Der Sinus coronarius mündet unterhalb der Valvula venae cavae inferioris in den rechten Vorhof.

Wählen Sie bitte die zutreffende Aussagenkombination.

A. Nur 2 ist richtig

B. Nur 1 und 2 sind richtig

C. Nur 2 und 3 sind richtig

D. Nur 1, 2 und 4 sind richtig

E. Alle Aussagen sind richtig

10.037   16.2   Fragentyp D

Welche Aussagen treffen zu?

1) Die Chordae tendineae eines obligaten Papillarmuskels
   setzen jeweils nur an einem Klappensegel an.

2) Durch Kontraktion der Papillarmuskeln werden die
   Atrioventricularklappen geöffnet.

3) Die Noduli valvularum semilunarium sichern den Klap-
   penschluß.

4) Alle Herzklappen sind bis zum freien Rand reich vascularisiert.

Wählen Sie bitte die zutreffende Aussagenkombination.

A. Nur 3 ist richtig

B. Nur 1 und 2 sind richtig

C. Nur 1 und 3 sind richtig

D. Nur 1, 2 und 4 sind richtig

E. Alle Aussagen sind richtig

10.038   16.2   Fragentyp D

Welche Aussagen treffen zu?

1) Die linke Coronararterie versorgt in der Regel den größeren Teil der Herzvorderseite und den linken Herzrand.

2) Der Ramus interventricularis posterior ist meist ein Ast der rechten Coronararterie.

3) Die V.cordis magna begleitet die beiden Äste der A. coronaria sinistra.

4) Der Sinus coronarius führt nicht das gesamte venöse Blut aus dem Herzmuskel in die Binnenräume des Herzens zurück.

Wählen Sie bitte die zutreffende Aussagenkombination.

A. Nur 2 ist richtig

B. Nur 1 und 2 sind richtig

C. Nur 2 und 3 sind richtig

D. Nur 1, 3 und 4 sind richtig

E. Alle Aussagen sind richtig

10.039   16.2   Fragentyp D

Welche Aussagen treffen zu?

1) Die Herzmuskelzellen sind verzweigt.

2) In den Disci intercalares grenzen Herzmuskelzellen aneinander.

3) Die Herzmuskelzellen besitzen ein gut ausgebildetes sarkoplasmatisches Reticulum.

4) Herzmuskelzellen haben ein deutlich ausgeprägtes transversales (T-) Kanälchensystem, in das sich der Intercellularraum hinein erstreckt.

Wählen Sie bitte die zutreffende Aussagenkombination.

A. Nur 3 ist richtig

B. Nur 1 und 3 sind richtig

C. Nur 2 und 3 sind richtig

D. Nur 1, 2 und 3 sind richtig

E. Alle Aussagen sind richtig

10.040   16.2   Fragentyp D

Welche Aussagen treffen zu?

1) Die Herzentwicklung beginnt mit der Anlage eines paarigen Endothelrohrs.

2) An der Bildung der V. cava inferior ist die V. revehens communis beteiligt.

3) Vorhofteil und Kammerteil des Herzens werden durch ein gemeinsames Septum secundum in eine rechte und linke Hälfte unterteilt.

4) Der rechte Vorhof entsteht u.a. aus Teilen des Sinus venosus.

Wählen Sie bitte die zutreffende Aussagenkombination.

A. Nur 1 ist richtig

B. Nur 1 und 2 sind richtig

C. Nur 1 und 3 sind richtig

D. Nur 1, 2 und 4 sind richtig

E. Alle Aussagen sind richtig

c) Leitungsbahnen im Mediastinum

10.041   16.3   Fragentyp A 1

Welche Aussage trifft zu? Der rechte N.laryngeus recurrens schlingt sich um

A. den Aortenbogen

B. das Ligamentum arteriosum

C. die V.brachiocephalica dextra

D. die A.subclavia dextra

E. die V.subclavia dextra

10.042　　　　　　　16.3　　　　　　Fragentyp A 1

Welche Aussage trifft zu? Die V.azygos ist die craniale
Fortsetzung der

A. V.subcostalis dextra

B. V.phrenica inferior

C. V.lumbalis ascendens dextra

D. V.iliaca dextra

E. V.suprarenalis dextra

10.043　　　　　　　16.3　　　　　　Fragentyp A 1

Welche Aussage trifft zu? Der Brustgrenzstrang liegt

A. im mittleren Mediastinum

B. im vorderen Mediastinum

C. vor den Anguli costarum

D. - von der Pleura costalis bedeckt - eingebettet in
der Fascia endothoracica

E. seitlich auf den Brustwirbelkörpern

10.044　　　　　　　16.3　　　　　　Fragentyp A 3

Welche Aussage trifft nicht zu? An der arteriellen Versorgung des Oesophagus beteiligen sich Äste der

A. A.thyroidea inferior

B. Aorta thoracica

C. Aa.intercostales

D. A.lienalis

E. A.gastrica sinistra

10.045   16.3   Fragentyp A 3

Welche Aussage trifft <u>nicht</u> zu? Die Vv.oesophageae können das Blut weiterleiten in die

A. V.azygos
B. V.hemiazygos
C. V.gastrica sinistra
D. V.thyroidea inferior
E. V.subclavia

10.046   16.3   Fragentyp A 3

Welche Aussage trifft <u>nicht</u> zu? Die V.azygos nimmt u.a. auf die

A. Vv.bronchiales
B. Vv.oesophageae
C. Vv.intercostales
D. V.thyroidea ima
E. V.hemiazygos

10.047   16.3   Fragentyp C

Die Aorta ascendens gibt keine Äste ab,

<u>weil</u>

die Aorta ascendens in den Herzbeutel eingeschlossen ist.

10.048   16.3   Fragentyp D

Welche Aussagen treffen zu?

1) Der Endabschnitt des Ductus thoracicus zieht meist in einem nach cranial konvexen Bogen von hinten über die linke A. subclavia in den linken Venenwinkel.

2) Der Ductus thoracicus führt die gesamte Lymphe aus dem Thoraxbereich dem linken Venenwinkel zu.

3) Die V. hemiazygos zieht von hinten über den linken Lungenstiel hinweg im vorderen Anteil des oberen Mediastinum zur V. cava superior.

4) Über den rechten Lungenstiel hinweg zieht die V. azygos nach vorne zur V. cava superior.

Wählen Sie bitte die zutreffende Aussagenkombination.

A. Nur 1 ist richtig

B. Nur 1 und 3 sind richtig

C. Nur 1 und 4 sind richtig

D. Nur 1, 2 und 4 sind richtig

E. Alle Aussagen sind richtig

10.049   16.3   Fragentyp D

Welche Aussagen treffen zu?

1) Der Ductus thoracicus verläuft in der Regel ventral vom Endabschnitt der V. hemiazygos cranialwärts.

2) Der Ductus thoracicus zieht anschließend vor der A. subclavia sinistra aufwärts bis in Höhe des 4. Halswirbels.

3) Der Ductus thoracicus ist von der Pleurakuppel durch Gefäße und die Fascia endothoracica getrennt.

4) Zwischen Hiatus aorticus und 5. Thorakalwirbel ist der Ductus thoracicus von rechts her nach Abziehen der Pleura und Spaltung der Fascia endothoracica zwischen Aorta und V. azygos zugänglich.

Wählen Sie bitte die zutreffende Aussagenkombination.

A. Nur 4 ist richtig

B. Nur 1 und 2 sind richtig

C. Nur 1 und 3 sind richtig

D. Nur 1, 3 und 4 sind richtig

E. Alle Aussagen sind richtig

| 10.050 | 16.3 | Fragentyp D |

Welche Aussagen treffen zu?

1) Der Verschluß des Ductus thoracicus kann ohne wesentliche Störung bleiben, da lympho-venöse Anastomosen zur V.azygos vorkommen.

2) Die Lymphe aus der Leber kann auch über den Ductus thoracicus abfließen.

3) Der Ductus thoracicus kann (als Variante) auch in den rechten Venenwinkel einmünden.

4) Über den Ductus thoracicus gelangen Lymphocyten in den venösen Schenkel des Körperkreislaufs.

Wählen Sie bitte die zutreffende Aussagenkombination.

A. Nur 2 ist richtig

B. Nur 1 und 2 sind richtig

C. Nur 1, 2 und 3 sind richtig

D. Nur 1, 2 und 4 sind richtig

E. Alle Aussagen sind richtig

10.051　　　　　　　16.3　　　　　　　Fragentyp D

Welche Aussagen treffen zu?

1) Der Brustgrenzstrang (Truncus sympathicus) verläuft ventral von den Vasa intercostalia vor den Rippenköpfchen.

2) Die über die Nn. splanchnici major und minor geleiteten Erregungen werden größtenteils in prävertebralen Ganglien auf das zweite efferente Neuron übergeleitet.

3) Das Ganglion stellatum liegt ventral vom Abgang der A. thoracica interna aus der A. carotis communis.

4) Die Nn. splanchnici führen auch sensible Fasern.

Wählen Sie bitte die zutreffende Aussagenkombination.

A. Nur 2 ist richtig

B. Nur 1 und 2 sind richtig

C. Nur 1, 2 und 3 sind richtig

D. Nur 1, 2 und 4 sind richtig

E. Alle Aussagen sind richtig

d) Pleurahöhlen

10.052　　　　　　　16.4　　　　　　　Fragentyp A 1

Welche Aussage trifft zu? Die gesamte innere Oberfläche der Alveolen beider Lungen beträgt beim Erwachsenen bei tiefer Inspiration etwa

A. 　2 m^2

B. 　20 m^2

C. 　80 m^2

D. 200 m^2

E. 500 m^2

10.053　　　　　　　16.4　　　　　　　Fragentyp A 1

Welche Aussage trifft zu?

A. Im Alveolarseptum verschmelzen stellenweise die Basallaminae des Alveolarepithels und der Capillaren.

B. Die kleinen Alveolarzellen besitzen zahlreiche plattenartige Ausläufer, die den größeren Teil der Alveolaroberfläche bedecken.

C. Im Bereich der Blut-Luftschranke fehlt das Alveolarepithel.

D. Die großen Alveolarzellen ("Nischenzellen") produzieren einen Phospholipidfilm, den "surfactant", zur Regulierung der Oberflächenspannung in den Alveolen.

E. Die Alveolareingänge werden von Ringen aus glatter Muskulatur umfaßt.

10.054   16.4   Fragentyp A 1

Welche Aussage trifft zu? Die Rr.bronchiales entspringen aus

A. der Aorta oder den oberen Intercostalarterien

B. der A.pulmonalis

C. den Vv.pulmonales

D. der A.thoracica interna

E. dem Truncus brachiocephalicus

10.055   16.4   Fragentyp A 3

Welche Aussage trifft nicht zu?

A. Die Lymphe der Lungen fließt zu regionären Lymphknoten, die größtenteils in der Lunge liegen.

B. Die Lymphknoten am Lungenhilus sind Nodi lymphatici bronchopulmonales.

C. Die Bifurcatio tracheae wird von Sammellymphknoten der Lunge umlagert.

D. Die Lymphe der Pleura parietalis wird über subcutane Lymphbahnen der Haut abgeleitet.

E. Auch Nodi lymphatici cervicales profundi erhalten Lymphe aus der Pleura.

10.056
10.057   16.4   Fragentyp B

Ordnen Sie bitte jeder der in Liste 1 genannten Grenzen
die für sie richtige Projektionsstelle (Liste 2) zu.

Liste 1	Liste 2
10.056 untere Pleuragrenze in der Paravertebrallinie	A. 8. Rippe
	B. 10. Rippe
10.057 untere Lungengrenze in der (mittleren) Axillarlinie (in Exspirationsstellung)	C. 7. Rippe
	D. 12. Rippe
	E. Synchondrosis xiphosternalis

10.058
10.059   16.4   Fragentyp B

Ordnen Sie bitte die in Liste 1 aufgeführten Abschnitte
der Luftwege den typischen Bauelementen (Liste 2) der
jeweiligen Wand zu.

Liste 1

10.058 Trachea

10.059 Bronchioli
respiratorii

Liste 2

A. einschichtiges Plattenepithel, elastische Fasernetze, Basalringe mit elastischen Fasern und glatten Muskelzellen

B. einschichtiges kubisches Epithel, keine Flimmerhaare, keine Becher-Zellen, schräg verlaufende Muskelzellzüge, einzelne Alveolen

C. einschichtiges prismatisches Flimmerepithel, keine Becherzellen, spärliche Drüsen, schräg verlaufende Muskelzellzüge, keine Knorpelplatten

D. mehrreihiges Flimmerepithel mit Becher-Zellen, seromucöse Drüsen, netzartig angeordnete Muskelzüge, elastische Knorplatten

E. mehrreihiges Flimmerepithel mit Becher-Zellen, seromucöse Drüsen, hufeisenförmige Knorpelspangen, Paries membranaceus

10.060	16.4	Fragentyp C

Das Herz ermöglicht der rechten Lunge ein etwas größeres Volumen als der linken Lunge,

<u>weil</u>

das Herz zum größeren Teil links der Medianebene liegt und links einen größeren Teil des Brustraums beansprucht als rechts.

10.061	16.4	Fragentyp C

Die Lunge wird bei der Einatmung gleichmäßig gedehnt,

<u>weil</u>

die Lunge bei der Einatmung der Weiterstellung des Thorax folgt.

10.062	16.4	Fragentyp C

Bei perforierenden Verletzungen der Brustwand entsteht meist ein Pneumothorax,

<u>weil</u>

bei perforierenden Verletzungen durch die eindringende Luft Pleura costalis und Fascia endothoracica voneinander getrennt werden.

10.063   16.4   Fragentyp D

Welche Aussagen treffen zu?

1) Rechte und linke Pleura parietalis können sich hinter dem Sternum in Höhe des 3. und 4. Sternocostalgelenks berühren.

2) Die Pleura mediastinalis erhält ihre sensible Innervation aus dem N.phrenicus.

3) Die Lungenspitze projiziert sich in Höhe des 3. Brustwirbeldorns auf die dorsale Körperwand.

4) Die Grenze zwischen Ober- und Mittellappen der rechten Lunge beginnt in der (mittleren) Axillarlinie an der Fissura obliqua und verläuft von hier parallel zur 4.Rippe bis zum 4. Sternocostalgelenk.

Wählen Sie bitte die zutreffende Aussagenkombination.

A. Nur 2 ist richtig

B. Nur 2 und 3 sind richtig

C. Nur 1, 2 und 3 sind richtig

D. Nur 1, 2 und 4 sind richtig

E. Alle Aussagen sind richtig

10.064   16.4   Fragentyp D

Welche Aussagen treffen zu?

1) Die sensiblen Fasern, die Erregungen aus Dehnungsreceptoren der Lunge leiten, verlaufen über die Halsganglien des Sympathicus zum Rückenmark.

2) Die Lungenbasis wird bei der rechten Lunge von Mittel- und Unterlappen gebildet.

3) Bei der linken Lunge bilden Lingula pulmonis und Unterlappen die Lungenbasis.

4) Im rechten Lungenhilus liegt der Bronchus cranial (eparteriell), die A.pulmonalis ventrocaudal, und die beiden Lungenvenen treten am weitesten caudal aus der Lunge aus.

Wählen Sie bitte die zutreffende Aussagenkombination.

A. Nur 1 ist richtig

B. Nur 1 und 2 sind richtig

C. Nur 1, 2 und 3 sind richtig

D. Nur 2, 3 und 4 sind richtig

E. Alle Aussagen sind richtig

10.065   16.4   Fragentyp D

Welche Aussagen treffen zu?

1) Die rechte Pleurahöhle bildet häufig eine Aussackung ("Recessus retrooesophageus") zwischen Oesophagus und Wirbelsäule.

2) Der Recessus costodiaphragmaticus liegt am Umschlag der Pleura parietalis in die Pleura visceralis.

3) Die Pleura costalis ist fest mit den Rippen, dem Brustbein und der Wirbelsäule verwachsen.

4) Der Sulcus pulmonalis ist ein Komplementärraum, in den sich die Lunge bei der Inspiration vorschiebt.

Wählen Sie bitte die zutreffende Aussagenkombination.

A. Nur 1 ist richtig

B. Nur 1 und 3 sind richtig

C. Nur 2 und 3 sind richtig

D. Nur 2, 3 und 4 sind richtig

E. Alle Aussagen sind richtig

10.066   16.4   Fragentyp D

Welche Aussagen treffen zu?

1) Die Trunci bronchomediastinales leiten die Lymphe direkt oder indirekt dem rechten bzw. linken Venenwinkel zu.

2) Bei der Untersuchung der Lungen vom Rücken her können Aussagen vorwiegend über die Lungenunterlappen gemacht werden.

3) Bei der Perkussion der rechten Thoraxvorderwand wird nur der rechte Oberlappen untersucht.

4) An den linken "Herzrand" grenzen der Ober- und Unterlappen der linken Lunge.

Wählen Sie bitte die zutreffende Aussagenkombination.

A. Nur 1 ist richtig

B. Nur 1 und 2 sind richtig

C. Nur 2 und 3 sind richtig

D. Nur 2, 3 und 4 sind richtig

E. Alle Aussagen sind richtig

10.067   16.4   Fragentyp D

Welche Aussagen treffen zu?

1) Vegetative efferente Nervenfasern ziehen im Plexus pulmonalis durch den Lungenhilus in die Lunge.

2) An der Steuerung der Atmung ist außer dem N. vagus der N. glossopharyngeus beteiligt.

3) Die Lunge ist schmerzempfindlich.

4) Die Erregung der sensiblen Vagusäste in der Lunge erfolgt durch Dehnungsreceptoren.

Wählen Sie bitte die zutreffende Aussagenkombination.

A. Nur 2 ist richtig

B. Nur 1 und 2 sind richtig

C. Nur 3 und 4 sind richtig

D. Nur 1, 2 und 4 sind richtig

E. Alle Aussagen sind richtig

10.068   16.4   Fragentyp D

Welche Aussagen treffen zu? Elastische Fasernetze findet
man im Lungengewebe in

1) den Knorpelspangen der Tracheǎ und der großen Bronchien
2) der Wand der Ductus alveolares
3) den Alveolarsepten
4) der Wand der Lungengefäße

Wählen Sie bitte die zutreffende Aussagenkombination.

A. Nur 4 ist richtig
B. Nur 3 und 4 sind richtig
C. Nur 1, 3 und 4 sind richtig
D. Nur 2, 3 und 4 sind richtig
E. Alle Aussagen sind richtig

10.069   16.4   Fragentyp D

Welche Aussagen treffen zu?

1) Entwicklungsgeschichtlich stammt der Respirations-
   trakt von den Kiemenfurchen ab.
2) Das Alveolarepithel ist entodermaler Herkunft. Alle
   anderen Bestandteile der Alveolarwand differenzieren
   sich aus dem Mesoderm.
3) Endgültige Gestalt findet der Bronchialbaum erst nach
   der Geburt.
4) Die Lungenalveolen brechen mit dem ersten Atemzug in
   den Bronchialbaum durch.

Wählen Sie bitte die zutreffende Aussagenkombination.

A. Nur 2 ist richtig
B. Nur 1 und 2 sind richtig
C. Nur 2 und 3 sind richtig
D. Nur 1, 2 und 3 sind richtig
E. Alle Aussagen sind richtig

11. Bauch- und Beckeneingeweide

a) Peritonealhöhle

11.001
11.002   17.1   Fragentyp B

Ordnen Sie bitte den in der Abbildung 16 unter 11.001
und 11.002 markierten Anheftungs- bzw. Schnittlinien von
Mesenterien die zutreffende Bezeichnung (A-E) zu.

A. Ligamentum falciforme

B. Ligamentum gastrophrenicum

C. Ligamentum phrenicolienale

D. Ligamentum hepatoduodenale

E. Ligamentum hepatogastricum

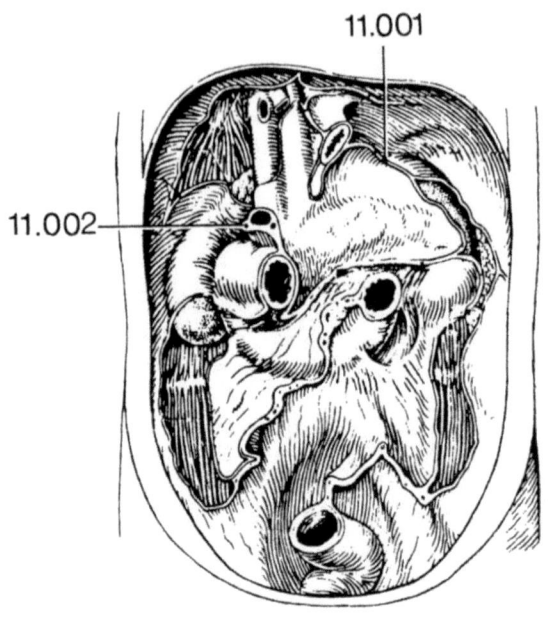

11.001

11.002

Abb. 16

11.003		
11.004	17.1	Fragentyp B

Ordnen Sie bitte den in Liste 1 genannten Räumen jeweils ein dort gelegenes Gebilde (Liste 2) zu.

Liste 1

11.003 Cavum peritonei

11.004 Fossa ischiorectalis

Liste 2

A. Nn.splanchnici pelvini

B. Vesicula seminalis

C. A.vesicalis superior

D. A. rectalis inferior

E. Ovarium

11.005   17.1   Fragentyp C

Das Duodenum liegt größtenteils im Oberbauch,

weil

vom Duodenum nur ein kleiner Teil der Pars horizontalis
(inferior) unterhalb der Anheftung der Radix mesenterii
liegt.

11.006   17.1   Fragentyp C

Welche Aussagen treffen zu?

1) Die Radix des Mesocolon transversum ist am Vorderrand
   des Pankreas angeheftet.
2) Die Radix mesenterii ist an der Pars horizontalis (inferior) des Duodenum befestigt.
3) Das Ligamentum gastrocolicum ist Teil der Wand der
   Bursa omentalis.
4) Das Ligamentum phrenicocolicum befestigt die rechte
   Colonflexur am Zwerchfell.

Wählen Sie bitte die zutreffende Aussagenkombination.

A. Nur 2 ist richtig
B. Nur 2 und 3 sind richtig
C. Nur 1, 2 und 3 sind richtig
D. Nur 1, 2 und 4 sind richtig
E. Alle Aussagen sind richtig

Welche Aussagen treffen zu?

1) Der tiefste Punkt der Peritonealhöhle ist bei der
   Frau die Excavatio vesicouterina.
2) In den Recessus retrocaecalis kann die Appendix vermiformis verlagert sein.
3) Die Flexura coli dextra liegt in der Regel weiter
   cranial als die linke Colonflexur.
4) Die unpaare V. rectalis superior leitet das Blut über
   die V. mesenterica inferior hinter dem Pankreas der
   V. portae zu.

Wählen Sie bitte die zutreffende Aussagenkombination.

A. Nur 2 ist richtig

B. Nur 2 und 3 sind richtig

C. Nur 2 und 4 sind richtig

D. Nur 1, 2 und 3 sind richtig

E. Alle Aussagen sind richtig

Welche Aussagen treffen zu?

1) Die Pars superior des Duodenum besitzt ein ventrales
   Mesenterium.
2) Die Milz entsteht im dorsalen Mesogastrium.
3) Die Leber entsteht im ventralen Mesogastrium.
4) Der Ductus choledochus verläuft streckenweise im
   Omentum minus.

Wählen Sie bitte die zutreffende Aussagenkombination.

A. Nur 2 ist richtig

B. Nur 2 und 3 sind richtig

C. Nur 1, 2 und 3 sind richtig

D. Nur 2, 3 und 4 sind richtig

E. Alle Aussagen sind richtig

b) Oberbauchorgane

11.009   17.2   Fragentyp A 1

Welche Aussage trifft zu? Nach Durchtrennung des Mesocolon transversum links der Wirbelsäule gelangt man in

A. den linken retrorenalen Bindegewebsraum

B. den Magen

C. den Bindegewebsraum hinter dem Pankreas

D. das Vestibulum bursae omentalis

E. die Bursa omentalis

11.010   17.2   Fragentyp A 1

Welche Aussage trifft zu? Im Ligamentum gastrolienale
verläuft die

A. A. lienalis

B. A. gastrica sinistra

C. A. gastrica brevis

D. A. gastroepiploica sinistra

E. A. gastroduodenalis

11.011   17.2   Fragentyp A 1

Welche Aussage trifft zu? Der Ductus choledochus verläuft

A. im Ligamentum teres hepatis

B. im Ligamentum hepatorenale

C. im Ligamentum hepatogastricum

D. im Ligamentum falciforme hepatis

E. im Ligamentum hepatoduodenale

11.012	17.2	Fragentyp A 1

Welche Aussage trifft zu? Die Vv.hepaticae verlaufen

A. im Ligamentum hepatoduodenale .

B. im Ligamentum falciforme hepatis

C. in der Appendix fibrosa hepatis

D. im Omentum minus

E. in keiner der genannten Strukturen

11.013	17.2	Fragentyp A 1

Welche Aussage trifft zu? Alle Abschnitte des Magen-Darmkanals besitzen

A. ein mehrreihiges isoprismatisches Epithel

B. eine Lamina muscularis mucosae

C. submucöse Drüsen

D. eine äußere Ringmuskelschicht in der Tunica muscularis

E. Zotten und Krypten

11.014   17.2   Fragentyp A 1

Welche Aussage trifft zu? Das in der Abbildung 17 (Schnitt durch die Leber) mit 1 bezeichnete Gefäß ist

A. ein Zweig der V. portae

B. der Zweig eines Astes des Truncus coeliacus

C. der Zweig eines Astes der A. mesenterica superior

D. ein Gallengang

E. eine Wurzelvene der Vv. hepaticae

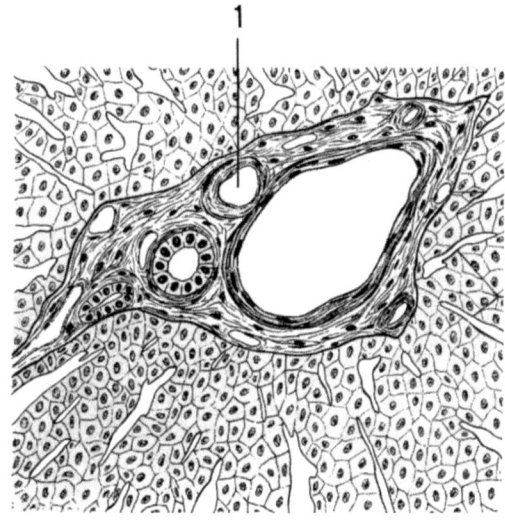

Abb. 17

11.015   17.2   Fragentyp A 3

Welche Aussage trifft <u>nicht</u> zu?

A. Unter Magenstraße versteht man den untersten, in das Duodenum überleitenden Teil der Pars pylorica.

B. Die Magenschleimhaut ist etwa 1 mm dick.

C. Die Magenschleimhaut ist an der Oberfläche in Areae gastricae gegliedert.

D. Die Magendrüsen münden in Foveolae gastricae.

E. Das Epithel der Magendrüsen der Pars pylorica enthält endokrine Zellen.

| 11.016 | 17.2 | Fragentyp A 3 |

Welche Aussage trifft nicht zu?

A. Dorsal von der Pars descendens duodeni liegen rechte Nebenniere, rechte Niere und der proximale Abschnitt des rechten Ureters.

B. Die Grenze zwischen Jejunum und Ileum läßt sich nicht genau festlegen.

C. Das Duodenum liegt teilweise im Ober-, teilweise im Unterbauch.

D. Die Pars ascendens des Duodenum überkreuzt in der Regel den 4. - 5. Lendenwirbel.

E. Das Ileumende steigt in der Regel aus dem kleinen Becken zur Dickdarmklappe auf.

| 11.017 | 17.2 | Fragentyp A 3 |

Welche Aussage trifft nicht zu?

A. Das Duodenum ist etwa 25-30 cm lang.

B. Die Gesamtlänge von Jejunum und Ileum hängt stark vom Kontraktionszustand der Muskulatur der Darmwand ab.

C. Die Länge der Radix mesenterii beträgt etwa 17 cm, die des Gekröseansatzes am Dünndarm 5 m.

D. Die Plicae circulares stehen in der zweiten Hälfte des Dünndarms am dichtesten.

E. Die Oberfläche des Dünndarms wird durch die Plicae circulares, Zotten und Mikrovilli auf mehr als das Dreißigfache vergrößert.

11.018 17.2 Fragentyp A 3

Welche Aussage trifft nicht zu?

A. Die Flexura duodenojejunalis liegt meist an der rechten Seite des 12.Brustwirbelkörpers.

B. Die Pars inferior duodeni ist dem Pankreaskopf angelagert.

C. Der Anfangsteil der Pars superior duodeni ist auf Vorder- und Hinterfläche von Peritoneum überzogen.

D. Die Pars descendens des Duodenum wird vom Mesocolon transversum überkreuzt.

E. Aus dem periarteriellen Gewebe der A.mesenterica superior ziehen oft Züge glatter Muskelzellen zur Flexura duodenojejunalis.

11.019 17.2 Fragentyp A 3

Welche Aussage trifft nicht zu? Der Lageerhaltung der Leber dienen

A. die Area nuda

B. die Baucheingeweide

C. der Druck der Peritonealflüssigkeit

D. der "Lungenzug"

E. das Ligamentum falciforme hepatis

11.020 17.2 Fragentyp A 3

Welche Aussage trifft nicht zu? Das Ligamentum hepatoduodenale enthält

A. die A. hepatica propria

B. die Vv. hepaticae

C. den Plexus hepaticus

D. den Ductus cysticus

E. den Ductus choledochus

11.021   17.2   Fragentyp A 3

Welche Aussage trifft nicht zu?

A. Die Leber läßt sich in Segmente gliedern.

B. Die Segmentgliederung der Leber geht von den oberflächlich sichtbaren Furchen und Lappengrenzen der
   Eingeweidefläche der Leber aus.

C. Im Leberhilus liegen am rechten Rand der Ductus choledochus, nach links anschließend die V. portae und
   die A. hepatica.

D. Der Pfortaderkreislauf ist durch Capillarisierung
   im venösen Teil der Strombahn charakterisiert.

E. Die Gallenblase ist mehr oder minder breitflächig mit
   der Leber verwachsen.

11.022   17.2   Fragentyp A 3

Welche Aussage trifft nicht zu?

A. Im Zentrum des Leberacinus liegt die V. centralis.

B. Die Glissonsche Trias besteht aus Gallengang, Ast
   der V. portae und Ast der A. hepatica propria.

C. Die Wand der Gallencapillaren wird von der Oberfläche
   der Leberzellen gebildet.

D. Den Lebersinusoiden fehlt normalerweise eine Basallamina.

E. Die Kupfferschen Sternzellen sind phagocytierende
   Zellen im Endothelverband.

11.023   17.2   Fragentyp A 3

Welche Aussage trifft nicht zu?

A. Das Leberparenchym leitet sich vom Entoderm des Mitteldarms ab.

B. Die bindegewebigen Anteile der Leber entwickeln sich aus dem Mesenchym des Septum transversum, die Leber-sinusoide aus den Vv.omphalomesentericae.

C. Die fetale Leber ist etwa vom 3. - 8. Monat zur Blut-bildung befähigt.

D. Die Gallenblase gehört entwicklungsgeschichtlich zur ventralen Pankreasanlage.

E. Aus der Leberbucht entwickelt sich auch der Ductus hepaticus communis.

11.024   17.2   Fragentyp A 3

Welche Aussage trifft nicht zu?

A. Das Pankreas liegt retroperitoneal quer vor dem zwei-ten Lendenwirbel und reicht mit dem Schwanz nahe an die Milz.

B. Das Foramen epiploicum wird von Magen, Ligamentum he-patogastricum und Colon transversum begrenzt und bil-det den Eingang zur Leberpforte.

C. Am oberen Rand des Pankreas verläuft hinten die A. linealis.

D. Das Pankreas erhält Blut aus den Aa. gastroduodenalis und linealis zugeführt.

E. Im Pankreas verlaufen Gefäße, über die das Gefäßge-biet des Truncus coeliacus mit dem der A. mesenterica superior anastomosiert.

11.025   17.2   Fragentyp A 3

Welche Aussage trifft nicht zu? Das Pankreas

A. ragt von unten dorsal in die Bursa omentalis

B. wird im Kopfbereich dorsal von der A. mesenterica su-perior in vertikaler Richtung gekreuzt

C. liegt dorsal der Radix des Mesocolon transversum

D. wird dorsal von der A. linealis in horizontaler Richtung begleitet

E. umfaßt die V. portae mit dem hakenförmigen Processus uncinatus

11.026   17.2   Fragentyp A 3

Welche Aussage trifft <u>nicht</u> zu? Der Pankreaskörper und die A.linealis sind operativ zugänglich durch

A. das kleine Netz

B. das Ligamentum gastrocolicum

C. das Mesocolon transversum

D. den Recessus duodenalis superior

E. das Ligamentum gastrolienale

11.027   17.2   Fragentyp A 3

Welche Aussage trifft <u>nicht</u> zu? Das Pankreas zeichnet sich aus durch

A. starke Basophilie in den Drüsenzellen

B. Sekretgranula in den Drüsenzellen

C. zentroacinäre Zellen

D. Streifenstücke im Ausführungsgang

E. Bindegewebsarmut

11.028   17.2   Fragentyp A 3

Welche Aussage trifft <u>nicht</u> zu? Auf der Schnittfläche der frischen wie fixierten menschlichen Milz sind schon mit bloßem Auge zu erkennen die

A. Folliculi lymphatici lienales (Malpighische Körperchen)

B. rote Pulpa

C. Milzkapsel

D. Milzsinus

E. weiße Pulpa

11.029   17.2   Fragentyp A 3

Welche Aussage trifft <u>nicht</u> zu?

A. Zentralarterien der Milz sind "Endarterien".

B. Pulpaarterien liegen in der roten Milzpulpa.

C. Blutzellen können aus dem Gewebe der roten Milzpulpa
   in die Milzsinus eintreten.

D. Pinselarterien werden eine kurze Strecke von den
   Schweigger-Seidelschen Hülsen umgeben.

E. Die Milzsinus münden über Pulpavenen in Balkenvenen.

11.030
11.031   17.2   Fragentyp B

Ordnen Sie den in Liste 1 genannten Organen die entsprechenden Organgruppen (Liste 2) zu, zu denen enge topographische Beziehungen bestehen.

Liste 1	Liste 2
11.030 Leber	A. Duodenum, Magen, linke Colon- flexur
11.031 Milz	
	B. rechte Niere, Colon transversum, Magen, rechte Nebenniere, Duo- denum
	C. rechte Colonflexur, Pankreas, linke Niere
	D. Magen, Pankreas, Colon, linke Niere
	E. linke Niere, linke Nebenniere, Pankreas, Duodenum

11.032   17.2
11.033   17.3   Fragentyp B

Ordnen Sie bitte den in Liste 1 genannten Organen ein
zutreffendes Lagemerkmal (Liste 2) zu.

Liste 1   Liste 2

11.032 Caecum   A. in der rechten Regio hypochon-
                   driaca intraperitoneal gelegen
11.033 Milz

                   B. in der linken Fossa iliaca pri-
                   mär retroperitoneal gelegen

                   C. oberhalb des Ligamentum phreni-
                   cocolicum intraperitoneal gele-
                   gen

                   D. in der linken Regio hypochon-
                   driaca sekundär retroperito-
                   neal gelegen

                   E. seitlich oberhalb der Vasa
                   iliaca externa dextra sekundär
                   retroperitoneal gelegen

11.034
11.035   17.2   Fragentyp B

Geben Sie bitte an, welche Gekröseverhältnisse in entwicklungsgeschichtlicher Sicht für die in Liste 1 aufgeführten Darmabschnitte typisch sind (Liste 2).

Liste 1   Liste 2

11.034 Magen   A. intraperitoneal mit dorsalem
                   Mesenterium
11.035 Jejunum
                   B. extraperitoneal

                   C. zum Teil intraperitoneal,
                   zum Teil sekundär retroperi-
                   toneal

                   D. intraperitoneal mit ventra-
                   lem und dorsalem Mesenterium

                   E. primär retroperitoneal

11.036
11.037   17.2   Fragentyp B
_____

Ordnen Sie bitte den in Liste 1 genannten anatomischen
Strukturen den Kennbuchstaben zu, der ihre Projektionsstelle (Liste 2) auf der ventralen oder dorsalen Rumpfwand beim Erwachsenen bezeichnet.

Liste 1   Liste 2
_____   _____

11.036 Cardia   A. Articulatio sacroiliaca
                                  dextra
11.037 Cisterna chyli
                               B. links vom 11.-12.Brust-
                                  wirbel

                               C. 4.Brustwirbel

                               D. 12.Brust- -3.Lendenwirbel

                               E. Crista iliaca

11.038
11.039   17.2   Fragentyp B
_____

Ordnen Sie bitte den in Liste 1 genannten anatomischen
Strukturen den Kennbuchstaben zu, der ihre Projektions-
stelle (Liste 2) auf der ventralen oder der dorsalen
Rumpfwand beim Erwachsenen bezeichnet.

Liste 1   Liste 2
_____   _____

11.038 Fundus der   A. Promontorium
       Vesica fellea
                               B. Spina iliaca anterior su-
11.039 Pylorus   perior

                               C. rechts vom 1.-2. (seltener
                                  3.) Lendenwirbel

                               D. 3.Sacralwirbel

                               E. Schnittpunkt der Mediocla-
                                  vicularlinie mit dem rech-
                                  ten Rippenbogen

11.040   17.2   Fragentyp C
_____

Durch Nahrungsaufnahme wird die Magensekretion direkt
beeinflußt,

weil
____

durch Nahrungsaufnahme die in der Pars pylorica des Magens gelegenen Gastrin-bildenden Zellen lokal stimuliert werden und das Hormon freisetzen.

11.041   17.2   Fragentyp C

Bei einer Pfortaderstauung können die submucösen Vv.oesophageae zu Oesophagusvaricen erweitert sein,

weil

bei einer Pfortaderstauung Blut der Pfortader über die Vv. paraumbilicales und die V. thoracoepigastrica zur V. cava superior abfließen kann.

11.042   17.2   Fragentyp C

Der Zugang zum Disseschen Raum der Leber ist Erythrocyten in der Regel verwehrt,

weil

der Zugang zum Disseschen Raum durch das Kaliber der Fenestrae der Sinusendothelien begrenzt wird.

11.043   17.2   Fragentyp C

Bei einer Perforation der Gallenblase kann sich gelegentlich eine Fistel zum Duodenum bilden,

weil

die Gallenblase dem Duodenum eng benachbart ist.

11.044   17.2   Fragentyp C

Im Pankreas können zwei Ausführungsgänge ausgebildet sein,

weil

das Pankreas aus einer dorsalen und einer ventralen Anlage hervorgeht.

11.045	17.2	Fragentyp C

Im Pankreaskopf gelegene Tumoren führen besonders leicht zum Diabetes mellitus,

__weil__

im Pankreaskopf die Mehrzahl der Langerhansschen Inseln liegt.

11.046	17.2	Fragentyp C

Die Milz ist für den Menschen lebensnotwendig,

__weil__

allein in der Milz die Immunkörperbildung stattfindet.

11.047	17.2	Fragentyp C

Die menschliche Milz dient als Blutspeicher,

__weil__

die menschliche Milz mittels reichlich glatter Muskulatur in ihrer Kapsel und in ihren Trabekeln unterschiedliche Blutvolumina aufnehmen kann.

11.048	17.2	Fragentyp D

Welche Aussagen treffen zu?

1) Der Magen läßt sich in Pars cardiaca, Fundus, Corpus und Pars pylorica gliedern.

2) Zwischen Oesophagus und Fundus ventriculi schneidet die Incisura cardiaca ein.

3) Die Incisura angularis ist ein (röntgenologisch darstellbarer) Knick in der kleinen Kurvatur.

4) Als Antrum pyloricum bezeichnet man eine auf die Incisura angularis folgende, durch eine peristaltische Welle vorübergehend verengte Erweiterung der Pars pylorica.

Wählen Sie bitte die zutreffende Aussagenkombination.

A. Nur 2 ist richtig

B. Nur 1 und 2 sind richtig

C. Nur 1, 2 und 3 sind richtig

D. Nur 1, 2 und 4 sind richtig

E. Alle Aussagen sind richtig

11.049	17.2	Fragentyp D

Welche Aussagen treffen zu?

1) Die peristaltischen Wellen des Magens beginnen am Corpus ventriculi.

2) Die Magenwand besitzt als dritte, innerste Muskel-schicht Fibrae obliquae, die in die Ringmuskulatur einstrahlen.

3) Die Corpusdrüsen bestehen aus kurzen, stark verzweig-ten, weitlumigen Tubuli, die weiter auseinanderliegen als die Pylorusdrüsen.

4) Haupt- und Belegzellen charakterisieren die Drüsen von Fundus und Corpus ventriculi.

Wählen Sie bitte die zutreffende Aussagenkombination.

A. Nur 4 ist richtig

B. Nur 2 und 4 sind richtig

C. Nur 1, 2 und 4 sind richtig

D. Nur 2, 3 und 4 sind richtig

E. Alle Aussagen sind richtig

11.050   17.2   Fragentyp D

Welche Aussagen treffen zu?

1) Die Pars superior des Duodenum verläuft vom Pylorus
   ventralwärts und wird durch das Ligamentum hepatogastricum an der Leber unbeweglich befestigt.

2) An der großen Kurvatur des Magens verlaufen die Aa.
   gastroepiploicae dextra et sinistra.

3) Die Magenvenen ziehen größtenteils zur Pfortader.

4) Die ableitenden Gallen- und Pankreaskanäle münden in
   der Pars ascendens duodeni.

Wählen Sie bitte die zutreffende Aussagenkombination.

A. Nur 2 ist richtig

B. Nur 2 und 3 sind richtig

C. Nur 1, 2 und 3 sind richtig

D. Nur 2, 3 und 4 sind richtig

E. Alle Aussagen sind richtig

11.051   17.2   Fragentyp D

Welche Aussagen treffen zu?

1) Die Versorgungsgebiete von linkem und rechtem Ast
   der V. portae grenzen in der Anheftungslinie des Ligamentum falciforme aneinander.

2) Der Lobus caudatus grenzt an das Vestibulum bursae
   omentalis.

3) Die Leberpforte liegt zwischen Lobus caudatus und Lobus quadratus.

4) Die Area nuda der Leber wird von einer Umschlagfalte
   des Peritoneum begrenzt.

Wählen Sie bitte die zutreffende Aussagenkombination.

A. Nur 4 ist richtig

B. Nur 1 und 4 sind richtig

C. Nur 1, 3 und 4 sind richtig

D. Nur 2, 3 und 4 sind richtig

E. Alle Aussagen sind richtig

11.052   17.2   Fragentyp D

Welche Aussagen treffen zu?

1) Die Schleimhaut der Gallenblase ist stark gefaltet.

2) Die Gallenblase hat ein einschichtiges hochprismatisches Epithel.

3) Die Gallenblase besitzt, wie der Dünndarm, eine zweischichtige Tunica muscularis.

4) Der Ductus cysticus zweigt vom Ductus hepaticus dexter ab.

Wählen Sie bitte die zutreffende Aussagenkombination.

A. Nur 1 ist richtig

B. Nur 1 und 2 sind richtig

C. Nur 1, 2 und 3 sind richtig

D. Nur 1, 3 und 4 sind richtig

E. Alle Aussagen sind richtig

11.053   17.2   Fragentyp D

Welche Aussagen treffen zu?

1) Das Pankreas liegt retroperitoneal.

2) Der Pankreaskopf wird aus einem Gefäßkranz aus der A. gastroduodenalis und der A. mesenterica superior versorgt.

3) Der Ductus choledochus unterkreuzt die Bauchspeicheldrüse.

4) Der Pankreasschwanz kann bis in das Ligamentum phrenicolienale hineinreichen.

Wählen Sie bitte die zutreffende Aussagenkombination.

A. Nur 1 ist richtig

B. Nur 1 und 2 sind richtig

C. Nur 1, 2 und 4 sind richtig

D. Nur 1, 3 und 4 sind richtig

E. Alle Aussagen sind richtig

11.054   17.3   Fragentyp D

Welche Aussagen treffen zu?

1) Die V. mesenterica inferior mündet hinter dem Pankreas in die V. lienalis oder (seltener) in die V. mesenterica superior.

2) Der Ductus choledochus unterkreuzt die Pars superior duodeni.

3) Die Pankreasvenen münden in die V. cava inferior.

4) Der Ductus choledochus nimmt in der Regel den Ductus pancreaticus major auf und mündet auf der Papilla duodeni.

Wählen Sie bitte die zutreffende Aussagenkombination.

A. Nur 2 ist richtig

B. Nur 1 und 2 sind richtig

C. Nur 1, 2 und 4 sind richtig

D. Nur 2, 3 und 4 sind richtig

E. Alle Aussagen sind richtig

11.055   17.2   Fragentyp D

Welche Aussagen treffen zu?

1) Der N. phrenicus dexter versorgt mit sensiblen Fasern den Peritonealüberzug der Leber.

2) Der Unterrand der Leber verläuft bei Projektion auf die vordere Bauchwand von der 9. rechten Rippe (in der Medioclavicularlinie) schräg aufwärts zum Knorpel der 5. linken Rippe.

3) In der Hinterwand des Recessus intersigmoideus verläuft meist der linke Ureter.

4) Im Ligamentum hepatoduodenale liegt der Ductus choledochus am weitesten rechts, die V. portae links davon und in der Tiefe, die A. hepatica propria vor oder links von der V. portae.

Wählen Sie bitte die zutreffende Aussagenkombination.

A. Nur 2 ist richtig

B. Nur 1 und 2 sind richtig

C. Nur 1, 2 und 3 sind richtig

D. Nur 2, 3 und 4 sind richtig

E. Alle Aussagen sind richtig

11.056	17.2	Fragentyp D

Welche Aussagen treffen zu?

1) Die A. mesenterica superior zieht hinter dem Pankreas zur Incisura pancreatis und verläuft über das Duodenum hinweg in die Radix mesenterii.

2) Der Arterienbogen der kleinen Kurvatur des Magens liegt in einer aus dem Mesogastrium ventrale hervorgegangenen Bindegewebsplatte.

3) Die A. gastrica sinistra verläuft in einer Plica gastropancreatica vom Truncus coeliacus zur kleinen Kurvatur des Magens.

4) Die A. lienalis zieht hinter dem Pankreas nach links.

Wählen Sie bitte die zutreffende Aussagenkombination.

A. Nur 2 ist richtig

B. Nur 1 und 2 sind richtig

C. Nur 1, 2 und 4 sind richtig

D. Nur 2, 3 und 4 sind richtig

E. Alle Aussagen sind richtig

11.057 17.2 Fragentyp D

Welche Aussagen treffen zu?

1) Die A.lienalis erreicht die Milz über das Ligamentum
phrenicolienale.

2) Die A.lienalis anastomosiert über die A.gastroepi-
ploica sinistra mit Ästen der A.hepatica communis.

3) Die V.lienalis nimmt beim Mann die V.testicularis
sinistra auf.

4) Bei der operativen Entfernung der Milz muß stets ein
größerer Pfortaderast unterbunden werden.

Wählen Sie bitte die zutreffende Aussagenkombination.

A. Nur 1 ist richtig

B. Nur 1 und 4 sind richtig

C. Nur 1, 2 und 4 sind richtig

D. Nur 2, 3 und 4 sind richtig

E. Alle Aussagen sind richtig

11.058 17.2 Fragentyp D

Welche Aussagen treffen zu? Bei einer Pfortaderstauung
kann das Blut aus dem Pfortadersystem unter Umgehung der
Leber in die obere oder untere Hohlvene gelangen, u.a.
über

1) Vv. paraumbilicales - V. epigastrica superficialis zur
V. femoralis oder V.thoracoepigastrica zur V. axillaris

2) V. coronaria ventriculi - Vv. oesophageae zur V. azygos

3) V. rectalis superior - Vv. rectales mediae und Vv.
rectales inferiores zur V. iliaca interna

4) Venen retroperitoneal gelegener Darmabschnitte - re-
troperitoneale Venen des Cavasystems (z.B. Vv. rena-
les, testiculares, ovaricae)zur V. cava inferior

Wählen Sie bitte die zutreffende Aussagenkombination.

A. Nur 3 ist richtig

B. Nur 2 und 3 sind richtig

C. Nur 1, 2 und 3 sind richtig

D. Nur 2, 3 und 4 sind richtig

E. Alle Aussagen sind richtig

11.059   17.2   Fragentyp D

Welche Aussagen treffen zu?

1) Das Venenblut der Milz gelangt unmittelbar zur Leber.

2) Die V. lienalis nimmt Venen vom Magen auf.

3) Die V. lienalis führt Nährstoffe aus dem Darm unmittelbar der Leber zu.

4) Die V. lienalis führt mit Insulin angereichertes Blut.

Wählen Sie bitte die zutreffende Aussagenkombination.

A. Nur 2 ist richtig

B. Nur 1 und 2 sind richtig

C. Nur 1, 2 und 3 sind richtig

D. Nur 1, 2 und 4 sind richtig

E. Alle Aussagen sind richtig

11.060   17.2   Fragentyp D

Welche Aussagen treffen zu?

1) Nodi lymphatici coeliaci sind regionäre Lymphknoten des Magens.

2) Lymphe von Jejunum und Ileum wird über Trunci intestinales der Cisterna chyli zugeführt.

3) Der Lymphabfluß vom Rectum erfolgt über die Trunci intestinales und über den Truncus lumbalis.

4) Im Mesenterium liegen Lymphgefäße, aber keine Lymphknoten.

Wählen Sie bitte die zutreffende Aussagenkombination.

A. Nur 1 ist richtig

B. Nur 1 und 2 sind richtig

C. Nur 2 und 3 sind richtig

D. Nur 2, 3 und 4 sind richtig

E. Alle Aussagen sind richtig

c) Unterbauchorgane

11.061   17.3   Fragentyp A 1

Welche Aussage trifft zu? Das Meckelsche Divertikel ist
eine Aussackung des

A. Colon ascendens

B. Ileum in unmittelbarer Nähe der Valva ileocaecalis

C. Ileum etwa 0.5 - 1 m oral der Valva ileocaecalis

D. Jejunum etwa 1-1.5 m aboral der Flexura duodenojejunalis

E. Colon transversum nahe der linken Colonflexur

11.062   17.3   Fragentyp A 1

Welche Aussage trifft zu?

A. Die Arteriolen und Venolen der Darmzotten liegen in
der Tunica submucosa.

B. Im Zottenstroma fließt der Chylus durch die Intercellularspalten zu den submucösen Lymphgefäßen.

C. Die glatten Muskelzellen im Stroma der Zotten können
Zottenkontraktionen veranlassen.

D. Die sensiblen Nerven der Darmwand registrieren den
Wasseranteil des Darminhalts.

E. Die Ganglienzellen der Darmwand sind in der Lamina
propria mucosae angehäuft.

11.063   17.3   Fragentyp A 3

Welche Aussage trifft nicht zu?

A. Das Colon besitzt im Unterschied zum Dünndarm Appen-
dices epiploicae.

B. Die Ausbildung der Haustren hängt vom Kontraktionszustand der Dickdarmmuskulatur ab.

C. Das Colon transversum berührt in der Regel die Gallenblase.

D. Die Lage der linken Hälfte des Colon transversum variiert stärker als die der rechten Hälfte.

E. Das Colon sigmoideum liegt sekundär retroperitoneal.

| 11.064 | 17.3 | Fragentyp A 3 |

Welche Aussage trifft nicht zu? Im Dünndarmepithel kommen vor

A. Panethsche Körnerzellen

B. endokrine Zellen

C. Becher-Zellen

D. Enterocyten

E. centroacinäre Zellen

| 11.065 | 17.3 | Fragentyp A 3 |

Welche Aussage trifft nicht zu?

A. Resorbierende Darmepithelzellen besitzen einen ausgeprägten Bürstensaum aus Mikrovilli.

B. Die Mikrovilli der Darmzellen sind von Glykocalyx überzogen.

C. Darmepithelzellen werden beständig durch neugebildete Epithelzellen aus Mitosen im Epithel der Darmkrypten ersetzt.

D. Die endokrinen Zellen des Darms liegen überwiegend im submucösen Bindegewebe.

E. Kennzeichnend für das Duodenum sind Brunnersche Drüsen in der Tunica submucosa.

11.066   17.3   Fragentyp A 3

Welche Aussage trifft nicht zu?

A. Die Milz wird dadurch retroperitoneal verlagert, daß
   der hinterste Abschnitt des dorsalen Mesogastrium mit
   der hinteren Leibeswand verschmilzt.

B. Der Ductus omphaloentericus mündet am Scheitel der
   Nabelschleife in den Mitteldarm.

C. Die Drehung der Nabelschleife erfolgt etwa um eine
   von der A. mesenterica superior gebildete Achse.

D. Unter physiologischem Nabelbruch wird eine zeitweise
   Verlagerung eines Teils der Darmschlingen in das extraembryonale Coelom verstanden.

E. Nach Rückverlagerung des physiologischen Nabelbruchs
   in die Leibeshöhle liegt die Caecumanlage zeitweise
   rechts unmittelbar unter der Leber.

11.067   17.3   Fragentyp A 3

Welche Aussage trifft nicht zu?

A. Die Epithelzellen des Dickdarms besitzen an ihrer
   Oberfläche stellenweise Stereocilien.

B. Kennzeichnend für die Krypten des Dickdarms sind Becher-Zellen.

C. Die tiefsten Krypten des Darms kommen im Rectum vor.

D. Die Zona intermedia des Analkanals hat ein größtenteils unverhorntes Plattenepithel und Talgdrüsen.

E. Eine geschlossene kräftige Längsmuskelschicht kommt
   im Bereich des Dickdarms nur in der Appendix vermiformis und im Rectum vor.

11.068
11.069   17.3   Fragentyp B

Ordnen Sie bitte die in Liste 1 aufgeführten Darmabschnitte den entsprechenden Skelettstrukturen (Liste 2)
zu.

Liste 1   Liste 2

11.068 Flexura duodeno-   A. 1.-2. Lendenwirbel
       jejunalis
                                 B. Fossa iliaca dextra
11.069 Übergang Ileum-
       Caecum   C. Linea arcuata des Darm-
                                    beins

                                 D. 5. Lendenwirbel

                                 E. 12. Rippe

11.070
11.071   17.3   Fragentyp B

Geben Sie bitte an, welche Gekröseverhältnisse für die
in Liste 1 aufgeführten Darmabschnitte typisch sind (Liste 2).

Liste 1   Liste 2

11.070 Caecum   A. zum Teil intraperitoneal,
                                    zum Teil sekundär retro-
11.071 Colon ascendens   peritoneal

                                 B. intraperitoneal mit ven-
                                    tralem und dorsalem Me-
                                    senterium

                                 C. sekundär retroperitoneal

                                 D. zum Teil retroperitoneal,
                                    zum Teil extraperitoneal

                                 E. zum Teil intraperitoneal,
                                    zum Teil extraperitoneal

11.072
11.073   17.3   Fragentyp B

Ordnen Sie bitte die in Liste 1 aufgeführten Darmabschnitte den entsprechenden Skelettstrukturen (Liste 2)
zu.

Liste 1	Liste 2
11.072 Übergang Colon descendens - Colon sigmoideum	A. etwa in Höhe der linken Crista iliaca
	B. Spitze 12.Rippe links
11.073 Übergang Colon sigmoideum - Rectum	C. Promontorium
	D. 3.Sacralwirbel
	E. Grenze 12.Brust- 1.Lendenwirbel

11.074
11.075   17.3   Fragentyp B

Ordnen Sie bitte den in Liste 1 aufgeführten Darmab-
schnitten die histologischen Charakteristika (Liste 2)
zu.

Liste 1	Liste 2
11.074 Ileum	A. Areae und Foveolae, tubulöse Drüsen, Folliculi lymphatici solitarii
11.075 Appendix vermiformis	B. hohe Plicae circulares, dicht stehende Zotten, submucös gelegene Drüsen
	C. niedrige oder keine Plicae circulares, kurze Zotten, Folliculi lymphatici aggregati gegenüber dem Mesenterialansatz
	D. Krypten, keine Zotten, Folliculi solitarii, Längsmuskulatur in drei Taenien konzentriert
	E. Krypten, keine Zotten, Folliculi lymphatici aggregati in der Lamina propria mucosae, auch in der Tela submucosa

11.076		
11.077	17.3	Fragentyp B

Ordnen Sie bitte jedem der in Liste 1 genannten Organe die passende Merkmalskombination (Liste 2) zu.

Liste 1

11.076 Jejunum

11.077 Pars pylorica
des Magens

Liste 2

A. Zotten, Krypten, Drüsen in der Tela submucosa

B. Zotten, Krypten, Folliculi lymphatici aggregati in der Tunica mucosa

C. keine Zotten, Krypten, Folliculi lymphatici aggregati in der Tunica mucosa

D. keine Zotten, Foveolae, Drüsen in der Tunica mucosa

E. keine Zotten, Krypten, Folliculi lymphatici solitarii

11.078	17.3	Fragentyp C

Das Colon ascendens liegt retroperitoneal,

weil

das Colon ascendens embryonal primär retroperitoneal angelegt wird.

11.079	17.3	Fragentyp C

Die normale Appendix vermiformis ist relativ frei beweglich,

weil

die Appendix vermiformis als freies Gekröse die Mesoappendix besitzt.

11.080   17.3   Fragentyp C

Das Caecum kann bei unvollständiger Darmdrehung unter
dem rechten Leberlappen liegen,

weil

das Caecum als letzter Darmabschnitt aus der physiologischen Nabelhernie in die Bauchhöhle zurückkehrt.

11.081   17.3   Fragentyp C

Die arterielle Versorgung des Colon ist besser gewährleistet als die von Jejunum und Ileum,

weil

die Colonarterien in 3-4 Reihen von Arkaden zahlreiche
Anastomosen besitzen.

11.082   17.3   Fragentyp D

Welche Aussagen treffen zu?

1) Der Margo anterior des Pankreas entspricht der Anheftungslinie des Mesocolon transversum.

2) Das Tuber omentale des Pankreas wölbt sich in die Bursa omentalis vor.

3) Der Endabschnitt des Ileum überkreuzt den M.psoas,
   die A. und V. iliaca communis und den Ureter der rechten Seite.

4) An der Appendix vermiformis und am Rectum ist die Län-
   genmuskelschicht nicht in Taenien konzentriert.

Wählen Sie bitte die zutreffende Aussagenkombination.

A. Nur 4 ist richtig

B. Nur 1 und 2 sind richtig

C. Nur 1, 2 und 3 sind richtig

D. Nur 2, 3 und 4 sind richtig

E. Alle Aussagen sind richtig

11.083   17.3   Fragentyp D

Welche Aussagen treffen zu?

1) Die Lage- und Formveränderungen des Magens während
   der Entwicklung entstehen durch unterschiedliche Wachs-
   tumsraten der einzelnen Wandabschnitte.

2) Nach Beendigung der "Magendrehung" versorgt der linke
   N. vagus über den vorderen Vagusstamm hauptsächlich
   die Vorderseite des Magens.

3) Alle Abschnitte des embryonalen Darms stehen zunächst
   durch ein ventrales Mesenterium mit der vorderen Bauchwand in Verbindung.

4) Das Vestibulum bursae omentalis entsteht aus taschen-
   artigen Recessus, die sich von rechts gegen das Mesogastrium dorsale vorschieben.

Wählen Sie bitte die zutreffende Aussagenkombination.

A. Nur 2 ist richtig

B. Nur 1 und 2 sind richtig

C. Nur 1, 2 und 3 sind richtig

D. Nur 1, 2 und 4 sind richtig

E. Alle Aussagen sind richtig

11.084   17.3   Fragentyp D

Welche Aussagen treffen zu?

1) Eine starke Füllung des Caecum kann zur Öffnung der
   Valva ileocaecalis führen.

2) Ein frei pendelndes Caecum kann bis ins kleine Becken
   reichen.

3) Die Länge des Wurmfortsatzes variiert etwa zwischen
   4-20 cm.

4) Die Lage des Wurmfortsatzes ist sehr variabel, besonders häufig liegt er retrocaecal.

Wählen Sie bitte die zutreffende Aussagenkombination.

A. Nur 3 ist richtig

B. Nur 2 und 3 sind richtig

C. Nur 1, 2 und 3 sind richtig

D. Nur 2, 3 und 4 sind richtig

E. Alle Aussagen sind richtig

	17.3	
11.085	17.4	Fragentyp D

Welche Aussagen treffen zu?

1) Die Ausbildung der Nebennierenrinden-Zonen ist zum Zeitpunkt der Geburt abgeschlossen.

2) Das Nebennierenmark entwickelt sich aus Sympathicogonien, die in die Anlage der Nebennierenrinde einwandern.

3) Die Langerhansschen Inseln des Pankreas bestehen etwa zu 20% aus Glucagon-bildenden A-Zellen.

4) Die Inselzellen sind ektodermaler Herkunft und wandern im 3. Fetalmonat in das Pankreas ein.

Wählen Sie bitte die zutreffende Aussagenkombination.

A. Nur 3 ist richtig

B. Nur 2 und 3 sind richtig

C. Nur 1, 2 und 3 sind richtig

D. Nur 2, 3 und 4 sind richtig

E. Alle Aussagen sind richtig

| | 17.3 | |
	17.4	
11.086	17.6	Fragentyp D

Welche Aussagen treffen zu?

1) Ureter, Nierenbecken und Sammelrohre der Nachniere entstehen aus einer gemeinsamen Anlage aus dem Urnierengang.

2) Harnblase, Urethra und oberer Anteil des Analkanals gehen auf eine gemeinsame Anlage des Darmrohrs zurück.

3) Leber und Gallenblase entwickeln sich aus einer gemeinsamen Anlage des Darmrohrs.

4) Pankreas und Milz entstehen aus einer gemeinsamen Anlage im Mesogastrium dorsale.

Wählen Sie bitte die zutreffende Aussagenkombination.

A. Nur 3 ist richtig

B. Nur 2 und 3 sind richtig

C. Nur 1, 2 und 3 sind richtig

D. Nur 1, 3 und 4 sind richtig

E. Alle Aussagen sind richtig

d) Organe im Retroperitonealraum

| 11.087 | 17.4 | Fragentyp A 1 |

Welche Aussage trifft zu? Die ventrale Fläche der in Abbildung 18 dargestellten Niere ist mit dem durch 1 bezeichneten Feld benachbart

A. der Leber

B. dem Duodenum

C. dem Colon

D. dem Pankreas

E. dem Magen

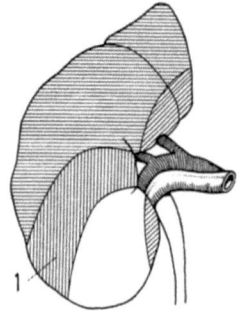

Abb. 18

11.088   17.4   Fragentyp A 1

Welche Aussage trifft zu? Die ventrale Fläche der in Abbildung 19 dargestellten Niere ist mit dem durch 2 bezeichneten Feld benachbart

A. der Leber

B. dem Duodenum

C. dem Colon

D. dem Pankreas

E. der Bursa omentalis

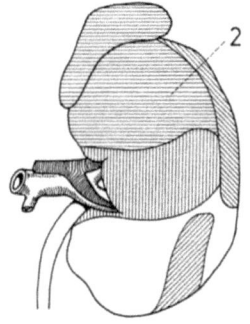

Abb. 19

11.089   17.4   Fragentyp A 1

Welche Aussage trifft zu? Von den Teilen eines subcapsulären Nephron liegen in der Innenzone des Nierenmarks

A. die Pars contorta des Hauptstücks

B. die Pars recta des Hauptstücks

C. das Überleitungsstück

D. die Pars recta des Mittelstücks

E. keiner der genannten Teile

11.090   17.4   Fragentyp A 1

Welche Aussage trifft zu? Das Überleitungsstück zeichnet
sich aus durch

A. ein im Verhältnis zum Hauptstück sehr enges Lumen

B. einen hohen Gehalt an Mitochondrien

C. ein niedriges Epithel

D. etwa gleiche Länge bei allen Nephronen

E. einen stark gewundenen Verlauf

11.091   17.4   Fragentyp A 1

Welche Aussage trifft zu? Renin wird gebildet

A. in Podocyten

B. in epitheloiden Zellen der Arteriola afferens

C. im Endothel der Arteriola efferens

D. in Mesangiumzellen

E. in den vegetativen Nerven des juxtaglomerulären Apparats

11.092   17.4   Fragentyp A 1

Welche Aussage trifft zu? Die Arteriolae rectae des Nierenmarks entspringen als

A. direkte Äste der Aa. interlobares

B. Vasa efferentia der juxtamedullären Glomeruli

C. absteigende Äste der A. arcuata

D. absteigende Äste der A. interlobularis

E. Vasa efferentia der subcapsulären Glomeruli

11.093   17.4   Fragentyp A 1

Welche Aussage trifft zu? Von den Strukturen der Gegenstrom-Leitungsbündel liegen in der Innenzone des Nierenmarks

A. die Pars recta des Hauptstücks

B. die Pars recta des Mittelstücks

C. die A. interlobaris

D. das Sammelrohr

E. die A. interlobularis

11.094   17.4   Fragentyp A 3

Welche Aussage trifft nicht zu? Jede Niere ist (über die
Capsula adiposa) benachbart dem

A. Diaphragma

B. M. psoas

C. M. quadratus lumborum

D. M. iliacus

E. M. transversus abdominis

11.095   17.4   Fragentyp A 3

Welche Aussage trifft nicht zu? Die linke Niere ist (über
die Capsula adiposa) benachbart

A. dem Magen

B. dem Pankreas

C. der Milz

D. der V.cava inferior

E. der Flexura coli sinistra

11.096   17.4   Fragentyp A 3

Welche Aussage trifft nicht zu? Zur Punktion der rechten
Niere paravertebral in Höhe des Oberrandes der 12. Rippe
müssen u.a. durchstoßen werden

A. der M. latissimus dorsi

B. der M. intercostalis externus

C. der M. quadratus lumborum

D. die Pleura parietalis

E. die Fascia subperitonealis

A. die Podocyten des Nierenkörperchens

B. das Epithel ("parietales" Blatt) der Bowmanschen Kapsel

C. das Hauptstück (proximaler Tubulus)

D. das Mittelstück (distaler Tubulus)

E. das Sammelrohr (Ductus papillaris)

11.098   17.4   Fragentyp A 3

Welche Aussage trifft nicht zu?

A. Alle gewundenen Nephronabschnitte liegen in der Nierenrinde.

B. Alle gestreckten Nephronabschnitte liegen im Nierenmark und in den Markstrahlen.

C. In den Markstrahlen liegen auch initiale Sammelrohre.

D. Alle Henleschen Schleifen (Überleitungsstücke) erreichen mit ihrem Scheitelpunkt die Papillenspitze.

E. An der Grenze zwischen Außen- und Innenzone des Nierenmarks gehen Überleitungsstücke in Mittelstücke über.

11.099   17.4   Fragentyp A 3

Welche Aussage trifft nicht zu? Der rechte Ureter kreuzt (dorsal oder ventral)

A. die Vasa testicularia (ovarica) dextra

B. Äste der A. mesenterica superior

C. das Ileum

D. Äste der A. mesenterica inferior

E. die A. iliaca communis dextra

11.100   17.4   Fragentyp A 3

Welche Aussage trifft nicht zu?

A. An der Nebennierenrinde unterscheidet man Zona glomerulosa, Zona fasciculata und Zona reticularis.

B. Das wabige Aussehen der Zellen der Zona fasciculata kommt durch Herauslösen von Lipiden zustande.

C. Die Zellen der Nebennierenrinde besitzen ein stark entwickeltes Ergastoplasma.

D. Die Dicke der einzelnen Schichten der Nebennierenrinde ist u.a. altersabhängig.

E. Die Nebennierenrinde produziert auch Geschlechtshormone.

11.101   17.4   Fragentyp A 3

Welche Aussage trifft nicht zu?

A. Die Vorniere ist beim Menschen nur rudimentär angelegt.

B. Die Anlage der Urniere erstreckt sich vom unteren Cervical- bis zum oberen Lumbalsegment.

C. Urniere (Mesonephros) und Nachniere (Metanephros) entstehen aus dem Ursegmentstiel (Nephrotom).

D. Die Urniere bildet sich beim Menschen restlos zurück.

E. Das metanephrogene Gewebe wird in den Sacralsegmenten angelegt.

11.102   17.4   Fragentyp A 3

Welche Aussage trifft nicht zu?

A. Die Nephrone der menschlichen Niere entwickeln sich aus metanephrogenem Gewebe.

B. Das Nierenbecken entsteht aus der Ureterknospe.

C. Die Ureterknospe entsteht als Ausstülpung des Urnierenganges.

D. Die Sammelrohre entwickeln sich aus der Ureterknospe.

E. Die Nachniere macht einen Descensus durch.

11.103	17.4	Fragentyp C

Die Niere liegt im Retroperitonealraum,

weil

die Niere größtenteils aus dem primär extraperitoneal
gelegenen metanephrogenen Gewebe hervorgeht.

11.104	17.4	Fragentyp C

Die linke Niere liegt in der Regel eine halbe Wirbelhöhe
tiefer als die rechte Niere,

weil

die linke Niere durch die Milz verdrängt wird.

11.105	17.4	Fragentyp C

Die Niere ist unverschieblich an der hinteren Bauchwand
angeheftet,

weil

die Fascien des M. psoas und des M. quadratus lumborum
unmittelbar in die Capsula fibrosa der Niere einstrahlen.

11.106	17.4	Fragentyp C

Im "Trigonum lumbocostale" stehen Pleura und Peritoneum
in enger Nachbarschaftsbeziehung,

weil

im "Trigonum lumbocostale" der Zwerchfellmuskel nicht
ausgebildet ist.

11.107   17.4   Fragentyp C

Die Podocyten der Nierenkörperchen bilden die dichteste
Struktur des Harnfilters,

weil

die Podocyten mit ihren Fortsätzen Schlitze bilden, deren
Durchmesser geringer ist als der der Endothelporen der
Glomeruscapillaren.

11.108   17.4   Fragentyp C

Anschnitte der Pars contorta des Hauptstücks der Nieren-
tubuli lassen sich leicht von Anschnitten der Pars contorta des Mittelstücks unterscheiden,

weil

Anschnitte der Pars contorta des Hauptstücks heller sind
und ein deutlicher begrenztes Lumen aufweisen als Anschnitte der Pars contorta des Mittelstücks.

11.109   17.4   Fragentyp C

Im Nierenkörperchen behält die Basallamina zwischen Ca-
pillarendothel und Podocyten ihre Dicke bei,

weil

im Nierenkörperchen entsprechend dem von Podocyten neu
gebildeten Basallaminamaterial Mesangiumzellen wieder
Basallaminamaterial in gleicher Menge abbauen.

11.110   17.4   Fragentyp C

Das ramifizierte (dentritische) Nierenbecken besitzt mehr
Nierenkelche als das ampulläre,

weil

beim ramifizierten Nierenbecken der Uretersproß während
der Entwicklung mehr Aufteilungen erfahren hat als beim
ampullären.

11.111 17.4 Fragentyp D

Welche Aussagen treffen zu?

1) Nieren und Nebennieren werden gemeinsam von der Capsula adiposa und der Nierenfascie umschlossen.

2) Hinter der Niere zieht der N. iliohypogastricus zur Seite abwärts.

3) Die Nieren sind atemverschieblich.

4) Der obere Pol jeder Niere überragt die 12. Rippe cranialwärts.

Wählen Sie bitte die zutreffende Aussagenkombination.

A. Nur 1 ist richtig

B. Nur 1 und 3 sind richtig

C. Nur 1, 2 und 3 sind richtig

D. Nur 1, 3 und 4 sind richtig

E. Alle Aussagen sind richtig

11.112 17.4 Fragentyp D

Welche Aussagen treffen zu? Im Tubulussystem der Niere liegt unmittelbar

1) die Pars recta des Hauptstücks zwischen Pars recta des Mittelstücks und Verbindungsstück

2) die Pars recta des Mittelstücks zwischen Überleitungsstück und Pars contorta des Mittelstücks

3) das Überleitungsstück zwischen Pars contorta des Hauptstücks und Pars contorta des Mittelstücks

4) die Pars contorta des Mittelstücks zwischen Pars recta des Hauptstücks und Sammelrohr

Wählen Sie bitte die zutreffende Aussagenkombination.

A. Nur 2 ist richtig

B. Nur 1 und 2 sind richtig

C. Nur 1, 2 und 3 sind richtig

D. Nur 2, 3 und 4 sind richtig

E. Alle Aussagen sind richtig

11.113   17.4   Fragentyp D

Welche Aussagen treffen zu? Von den Teilen eines juxtamedullären Nephron liegen im Rindenlabyrinth der Niere

1) die Pars contorta des Hauptstücks
2) die Pars contorta des Mittelstücks
3) das Überleitungsstück
4) das Nierenkörperchen

Wählen Sie bitte die zutreffende Aussagenkombination.

A. Nur 4 ist richtig
B. Nur 3 und 4 sind richtig
C. Nur 1, 2 und 4 sind richtig
D. Nur 1, 3 und 4 sind richtig
E. Alle Aussagen sind richtig

11.114   17.4   Fragentyp D

Welche Aussagen treffen zu?

1) Die Pars contorta des Hauptstücks eines Nephron beginnt am Harnpol des Nierenkörperchens.
2) Die Pars contorta des Mittelstücks legt sich teilweise dem Gefäßpol des Nierenkörperchens an.
3) Die Sammelrohre dienen auch der Harnkonzentration.
4) Im Hauptstück können Substanzen in den Vorharn aus-
   geschieden werden.

Wählen Sie bitte die zutreffende Aussagenkombination.

A. Nur 1 ist richtig
B. Nur 1 und 2 sind richtig
C. Nur 1, 2 und 4 sind richtig
D. Nur 2, 3 und 4 sind richtig
E. Alle Aussagen sind richtig

Welche Aussagen treffen zu?

1) Kapselnahe Nephrone besitzen ein längeres Überleitungsstück als marknahe Nephrone.

2) Die Macula densa ist Teil des Tubulus contortus des Mittelstücks (distales Konvolut).

3) Die Arteriolae afferentes kapselnaher Nephrone entspringen aus Aa. interlobulares.

4) Aus den Arteriolae efferentes marknaher Nephrone gehen Arteriolae rectae des Marks hervor.

Wählen Sie bitte die zutreffende Aussagenkombination.

A. Nur 1 ist richtig

B. Nur 1 und 2 sind richtig

C. Nur 2 und 3 sind richtig

D. Nur 2, 3 und 4 sind richtig

E. Alle Aussagen sind richtig

Welche Aussagen treffen zu?

1) Das Nierenbecken des Erwachsenen faßt durchschnittlich 18-25 ml Harn.

2) Der Ureter ist beim Erwachsenen durchschnittlich 30 cm lang.

3) Der Harn wird durch wellenförmige Kontraktionen der Uretermuskulatur in Schüben zur Harnblase transportiert.

4) Die Uretermündungen in der Harnblase sind beim Erwachsenen durchschnittlich 4-5 cm voneinander entfernt.

Wählen Sie bitte die zutreffende Aussagenkombination.

A. Nur 3 ist richtig

B. Nur 2 und 3 sind richtig

C. Nur 1, 3 und 4 sind richtig

D. Nur 2, 3 und 4 sind richtig

E. Alle Aussagen sind richtig

11.117   17.4   Fragentyp D

Welche Aussagen treffen zu?

1) Der Ureter entwickelt sich beim Mann als Aussprossung des Wolffschen Ganges.

2) Der Ureter entwickelt sich bei der Frau als Aussprossung des Müllerschen Ganges.

3) Das metanephrogene Blastem differenziert sich nur unter der induktiven Wirkung der Ureterknospe.

4) Durch frühe Aufteilung eines Uretersprosses entsteht ein gespaltener Ureter (Ureter fissus).

Wählen Sie bitte die zutreffende Aussagenkombination.

A. Nur 4 ist richtig

B. Nur 1 und 2 sind richtig

C. Nur 1 und 3 sind richtig

D. Nur 1, 3 und 4 sind richtig

E. Alle Aussagen sind richtig

11.118   17.4   Fragentyp D

Welche Aussagen treffen zu? Die Parenchymzellen des in der folgenden Abbildung 20 mit 1 bezeichneten Organteils

1) entstehen aus Coelomepithel

2) können färberisch mit Chromsalzen dargestellt werden

3) werden direkt durch die Adenohypophyse gesteuert

4) werden vom 1. efferenten Sympathicusneuron innerviert

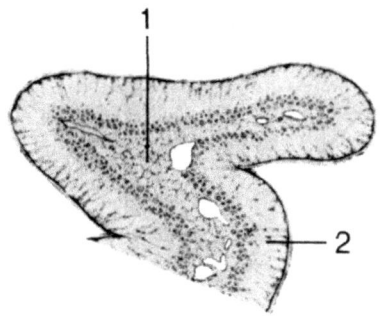

Abb. 20

Wählen Sie bitte die zutreffende Aussagenkombination.

A. Nur 3 ist richtig

B. Nur 1 und 2 sind richtig

C. Nur 2 und 3 sind richtig

D. Nur 2 und 4 sind richtig

E. Alle Aussagen sind richtig

11.119   17.4   Fragentyp D

Welche Aussagen treffen zu? Die Parenchymzellen des in der Abbildung 20 mit 2 bezeichneten Organteils

1) entstehen aus der Neuralleiste

2) bilden u.a. Geschlechtshormone

3) werden direkt durch die Adenohypophyse gesteuert

4) können färberisch mit Chromsalzen dargestellt werden.

Wählen Sie bitte die zutreffende Aussagenkombination.

A. Nur 3 ist richtig

B. Nur 1 und 2 sind richtig

C. Nur 2 und 3 sind richtig

D. Nur 2, 3 und 4 sind richtig

E. Alle Aussagen sind richtig

e) Leitungsbahnen im Retroperitonealraum

11.120   17.5   Fragentyp A 3

Welche Aussage trifft nicht zu?

A. V.lienalis und V.mesenterica superior vereinigen sich hinter dem Pankreas zur V.portae.

B. Die Aa.sigmoideae verlaufen intraperitoneal.

C. Der Stamm der V.mesenterica superior liegt links neben der A.mesenterica superior.

D. Venen und Arterien des Dünndarms bilden Arkaden.

E. Das Versorgungsgebiet der A.colica sinistra reicht von der Flexura coli sinistra bis zum Rectum.

11.121	17.5	Fragentyp A 3

Welche Aussage trifft nicht zu? Die linke V.renalis erhält Zuflüsse aus

A. der V.suprarenalis inferior

B. den Vv.interlobares renis

C. der V.testicularis sinistra

D. der V.mesenterica inferior

E. der V.ovarica sinistra

11.122 11.123	17.5	Fragentyp B

Ordnen Sie bitte den in Liste 1 genannten Arterien die Gefäßstämme (Liste 2) zu, aus denen sie unmittelbar entspringen.

Liste 1	Liste 2
11.122 A. ovarica	A. A. mesenterica inferior
11.123 A. rectalis superior	B. A. iliaca interna
	C. A. pudenda interna
	D. A. iliaca externa
	E. Aorta abdominalis

11.124 11.125	17.5	Fragentyp B

Ordnen Sie bitte den in Liste 1 aufgeführten Gefäßen die Bindegewebsstrukturen (Liste 2) zu, in denen das jeweilige Gefäß verläuft.

Liste 1	Liste 2
11.124 A. gastroepiploica sinistra	A. Ligamentum gastrophrenicum
11.125 V. mesenterica inferior	B. Ligamentum hepatoduodenale
	C. Ligamentum gastrolienale
	D. Plica duodenalis superior
	E. Ligamentum phrenicocolicum

11.126
11.127   17.5   Fragentyp B

Ordnen Sie bitte den in Liste 1 genannten Arterien die
Gefäßstämme (Liste 2) zu, aus denen sie in der Regel
unmittelbar entspringen.

	Liste 1		Liste 2
11.126	A. colica dextra	A.	A.mesenterica inferior
		B.	A.mesenterica superior
11.127	A. rectalis inferior	C.	A.pudenda interna
		D.	A.renalis
		E.	A.iliaca interna

11.128
11.129   17.5   Fragentyp B

Ordnen Sie bitte den in Liste 1 genannten Arterien die
Gefäßstämme (Liste 2) zu, aus denen sie in der Regel
unmittelbar entspringen.

	Liste 1		Liste 2
11.128	A.suprarenalis media	A.	Aorta abdominalis
		B.	A.hepatica communis
11.129	A.gastrica dextra	C.	A.hepatica propria
		D.	A.renalis
		E.	A.lienalis

11.130   17.5   Fragentyp C

Die A. rectalis superior darf unterhalb des Abgangs der
"A.sigmoidea ima" nicht unterbunden werden,

weil

die A. rectalis superior unterhalb des Abgangs der "A.
sigmoidea ima" funktionell eine Endarterie ist.

11.131   17.5   Fragentyp D

Welche Aussagen treffen zu?

1) Die A.uterina zweigt sich oberhalb des Beckenbodens auf.

2) Die A.pudenda interna zweigt sich unterhalb des Beckenbodens auf.

3) Die A.obturatoria zweigt sich außerhalb des Beckens auf.

4) Die A.pudenda externa entspringt außerhalb des Beckens.

Wählen Sie bitte die zutreffende Aussagenkombination.

A. Nur 1 ist richtig

B. Nur 1 und 2 sind richtig

C. Nur 1, 2 und 3 sind richtig

D. Nur 1, 3 und 4 sind richtig

E. Alle Aussagen sind richtig

11.132   17.5   Fragentyp D

Welche Aussagen treffen zu? In das Ganglion coeliacum treten Fasern aus

1) dem N.glossopharyngeus

2) dem N.vagus

3) den Nn.splanchnici major et minor

4) den Nn.splanchnici pelvini

Wählen Sie bitte die zutreffende Aussagenkombination.

A. Nur 2 ist richtig

B. Nur 2 und 3 sind richtig

C. Nur 1, 2 und 3 sind richtig

D. Nur 1, 2 und 4 sind richtig

E. Alle Aussagen sind richtig

11.133   17.5   Fragentyp D

Welche Aussagen treffen zu?

1) Der N.subcostalis verläuft dorsal im Nierenlager.

2) Der N.iliohypogastricus hat topographische Beziehungen zum Nierenlager.

3) Der N.genitofemoralis kreuzt den unteren Pol der Niere.

4) Der N.obturatorius zieht über die Linea terminalis in das kleine Becken.

Wählen Sie bitte die zutreffende Aussagenkombination.

A. Nur 1 ist richtig

B. Nur 1 und 2 sind richtig

C. Nur 1, 2 und 3 sind richtig

D. Nur 1, 2 und 4 sind richtig

E. Alle Aussagen sind richtig

11.134   17.5   Fragentyp D

Welche Aussagen treffen zu?

1) Die parasympathischen Fasern zu Colon descendens und Colon sigmoideum stammen aus den Nn. sacrales II.-IV.

2) Die parasympathischen Fasern zum Colon transversum kommen aus der Medulla oblongata.

3) Der Plexus mesenterius superior enthält Sympathicusfasern aus den Ganglia coeliacum und mesentericum superius für Dünndarm und Dickdarm bis zur linken Colonflexur.

4) Die Sympathicusfasern für die Beckeneingeweide stammen von den Nn.splanchnicus major und splanchnicus minor beiderseits.

Wählen Sie bitte die zutreffende Aussagenkombination.

A. Nur 1 ist richtig

B. Nur 1 und 3 sind richtig

C. Nur 1, 2 und 3 sind richtig

D. Nur 1, 3 und 4 sind richtig

E. Alle Aussagen sind richtig

f) Beckenorgane

Welche Aussage trifft zu? Aus der Harnblasenanlage geht
hervor

A. das Ligamentum umbilicale mediale

B. das Ligamentum umbilicale medianum

C. das Ligamentum umbilicale laterale

D. das Ligamentum interfoveolare

E. das Ligamentum pubovesicale

Welche Aussage trifft zu? Als "unteres Uterinsegment"
bezeichnet der Gynäkologe

A. die Portio vaginalis

B. die Portio supravaginalis

C. den Isthmus uteri

D. den Canalis cervicis uteri

E. das Ostium uteri

11.137   17.6   Fragentyp A 1

Welche Aussage trifft zu? Der in Abbildung 21 wiederge-
gebene Schnitt durch die Uterusschleimhaut zeigt

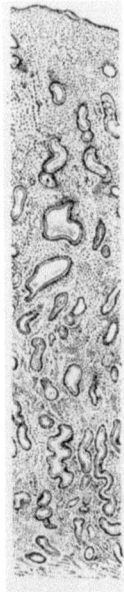

A. die Desquamationsphase

B. die Regenerationsphase

C. die späte Proliferationsphase

D. die frühe Sekretionsphase

E. keine der genannten Cycluspha-
   sen

Abb. 21

11.138   17.6   Fragentyp A 1

Welche Aussage trifft zu? Als Zona compacta der Uterusschleimhaut bezeichnet man

A. die oberflächliche Schleimhautschicht in der Sekretionsphase

B. die an das Myometrium grenzende, bei der Menstruation
   erhalten bleibende Schleimhautschicht in der Regenerationsphase

C. die zellreiche Uterusschleimhaut in der Proliferationsphase

D. die zur Placenta materna umgebildete Schleimhautschicht
   in der 2. Hälfte der Gravidität

E. die nach der Geburt im Uterus verbleibende basale
   Schleimhautschicht

11.139   17.6   Fragentyp A 1

Welche Aussage trifft zu? Deciduazellähnliche Stromazel-
len treten in der Corpusschleimhaut des Uterus auf in der

A. Proliferationsphase

B. Sekretionsphase

C. Ischämiephase

D. Regenerationsphase

E. Desquamationsphase

11.140   17.6   Fragentyp A 1

Welche Aussage trifft zu? Das Corpus luteum entsteht aus
Zellen

A. des Stroma ovarii

B. der Tunica externa der Theca folliculi

C. der Corona radiata

D. des Stratum granulosum ovarii

E. des Cumulus oophorus

11.141   17.6   Fragentyp A 1

Welche Aussage trifft zu? Bei Rückbildung eines Corpus
luteum entsteht ein

A. Corpus albicans

B. Corpus rubrum

C. Corpus adiposum

D. Corpus atreticum

E. Corpus vitreum

11.142   17.6   Fragentyp A 1

Welche Aussage trifft zu? Ein sprungreifer Follikel hat
einen Durchmesser von etwa

A. 0.1 mm

B. 0.25 mm

C. 1 mm

D. 4 mm

E. 20 mm

11.143   17.6   Fragentyp A 1

Welche Aussage trifft zu? Die Wand der Vagina besitzt gewöhnlich

A. Schleimdrüsen

B. seröse Drüsen

C. gemischte Drüsen

D. keine Drüsen

E. zahlreiche Becher-Zellen

11.144   17.6   Fragentyp A 1

Welche Aussage trifft zu? Den größten Zellkern während der Spermatogenese besitzt

A. die Spermatogonie

B. die Spermatocyte I

C. die Spermatocyte II

D. die Spermatide

E. das Spermium

11.145   17.6   Fragentyp A 1

Welche Aussage trifft zu? Die Anzahl der normalerweise in 1 ml Ejaculat enthaltenen Spermien beträgt etwa

A. 10 000

B. 100 000

C. 1 Million

D. 10 Millionen

E. 100 Millionen

11.146   17.6   Fragentyp A 1

Welche Aussage trifft zu? Die Leydigschen Zellen des Hodens werden zur Hormonproduktion angeregt durch

A. LH/ICSH (Interstitialzellstimulierendes Hormon)

B. ACTH (Adrenocorticotropes Hormon)

C. FSH (Follikelstimulierendes Hormon)

D. TSH (Thyroideastimulierendes Hormon)

E. STH (Somatotropes Hormon)

11.147   17.6   Fragentyp A 3

Welche Aussage trifft nicht zu? Der Douglassche Raum (Excavatio rectouterina)

A. liegt zwischen Uterus und oberstem Abschnitt der Vagina einerseits und dem caudalen Teilstück des Rectum andererseits

B. reicht bei der erwachsenen Frau dorsal von der Hinterwand der Vagina bis zum Beckenboden

C. wird lateral von den Plicae rectouterinae begrenzt

D. wird von parietalem Peritoneum ausgekleidet

E. kann bei Retroversio und Retroflexio uteri den Uteruskörper aufnehmen

11.148   17.6   Fragentyp A 3

Welche Aussage trifft nicht zu?

A. Das Ostium uteri steht bei der adulten Frau gewöhnlich in Höhe der Verbindungslinie beider Sitzbeinstacheln.

B. Bei der nicht-graviden Frau liegt der Fundus uteri normalerweise etwas unterhalb der Beckeneingangsebene.

C. Die Abknickung des Corpus gegen die Cervix uteri nach hinten ist physiologisch.

D. Der Descensus des Ovars hat beim neugeborenen Mädchen die Beckeneingangsebene erreicht.

E. Bei der Nullipara liegt das Ovar in der Fossa ovarica, zwischen A. iliaca interna und A. iliaca externa.

11.149   17.6   Fragentyp A 3

Welche Aussage trifft <u>nicht</u> zu? Bei der Einstellung des
Uterus in physiologischer Lage wirken (in unterschiedlichem Maße) mit

A. das "Ligamentum cardinale"

B. die Mm.rectouterini und die Ligamenta pubovesicalia

C. das Ligamentum suspensorium ovarii

D. die Beckenbodenmuskulatur

E. das Ligamentum teres uteri

11.150   17.6   Fragentyp A 3

Welche Aussage trifft <u>nicht</u> zu? Zum Halteapparat des
Uterus gehören

A. das Perimetrium

B. das Ligamentum teres uteri

C. das "Ligamentum cardinale"

D. der M.rectouterinus

E. das Ligamentum latum

11.151   17.6   Fragentyp A 3

Welche Aussage trifft <u>nicht</u> zu? Das Ligamentum ovarii
proprium

A. entsteht fetal aus dem unteren Keimdrüsenband

B. entspringt vom unteren Pol des Ovars

C. führt dem Ovar die A. ovarica zu

D. befestigt das Ovar im Uterus-Tuben-Winkel

E. wird (in entwicklungsgeschichtlicher Sicht) vom Ligamentum teres uteri fortgesetzt

---

11.152   17.6   Fragentyp A 3

Welche Aussage trifft <u>nicht</u> zu? Im Ligamentum latum liegen in der Reihenfolge von cranial nach caudal

A. die Tuba uterina

B. ein Ast der A. ovarica

C. das Ligamentum ovarii proprium

D. der Ureter

E. die A. uterina

11.153   17.6   Fragentyp A 3

Welche Aussage trifft <u>nicht</u> zu? Die Nodi lymphatici inguinales superficiales sind regionäre Lymphknoten für

A. den unteren Vaginalbereich

B. den Anus

C. den Penis

D. die Hoden

E. den Fundus uteri

11.154   17.6   Fragentyp A 3

Welche Aussage trifft <u>nicht</u> zu?

A. Die Flexura perinealis des Rectum wird aus einem Ast der A. pudenda interna versorgt.

B. Die mittlere Plica transversalis recti (Kohlrausch) liegt etwa 8 cm vom Anus entfernt an der rechten Seite der Darmwand.

C. Die Columnae anales enthalten arterielle Gefäßknäuel.

D. Der M. sphincter ani internus ist Bestandteil der Ringmuskulatur der Darmwand.

E. Der M. sphincter ani externus ist Bestandteil des M. levator ani.

11.155   17.6   Fragentyp A 3

Welche Aussage trifft <u>nicht</u> zu? Die Leydigschen Zwischen-
zellen des Hodens

A. liegen außerhalb der Hodenkanälchen

B. werden häufig in der Umgebung von Blutgefäßen gefunden

C. sind nicht die einzigen Produzenten männlicher Geschlechtshormone

D. besitzen ein stark basophiles Cytoplasma

E. enthalten Mitochondrien vom Tubulustyp

11.156   17.6   Fragentyp A 3

Welche Aussage trifft <u>nicht</u> zu? Der Funiculus spermati-
cus enthält

A. einen direkten Ast der Aorta

B. ein Derivat des Wolffschen Ganges

C. einen Abkömmling der Fascia transversalis

D. eine Abspaltung des M. transversus abdominis externus

E. einen Ausläufer des Plexus aorticus abdominalis

11.157   17.6   Fragentyp A 3

Welche Aussage trifft <u>nicht</u> zu? In die männliche Urethra
münden unmittelbar die

A. Prostata

B. Glandulae bulbourethrales

C. Glandulae urethrales

D. Vesiculae seminales (Glandulae vesiculosae)

E. Lacunae urethrales

11.158   17.6   Fragentyp A 3

Welche Aussage trifft nicht zu?

A. Ovotestis nennt man Keimdrüsen, die sowohl Eierstock-
   als auch Hodengewebe enthalten.

B. Ein Ovotestis kann fertile weibliche und männliche
   Keimzellen hervorbringen.

C. Bei der überwiegenden Anzahl echter Hermaphroditen
   kann man Sex-Chromatin in den Zellkernen nachweisen.

D. Der unvollständige Descensus der Hoden wird als
   Kryptorchismus bezeichnet.

E. Ein nicht-descendierter Hoden kann keine fertilen
   Spermien bilden.

11.159   17.6   Fragentyp A 3

Welche Aussage trifft nicht zu?

A. Die Harnblase entwickelt sich größtenteils aus dem
   ventrocranialen Abschnitt der Kloake.

B. Die Harnblase besitzt in der Fetalzeit einen Ausgang
   in den Nabelstrang.

C. Beim Neugeborenen überragt die Harnblase stets den
   Oberrand der Symphyse.

D. Die Urethra entsteht aus dem Sinus urogenitalis.

E. Die primäre Einmündung des Urnierengangs (Wolffschen
   Ganges) in die Kloake wird zum Ostium ureteris.

11.160   17.6   Fragentyp A 3

Welche Aussage trifft nicht zu? Aus den Müllerschen
Gängen gehen hervor

A. der Uterus

B. die Ampulla tubae

C. der Isthmus tubae

D. das Epoophoron

E. ein Teil der Vagina

11.161
11.162   17.6   Fragentyp B

Ordnen Sie bitte den in Liste 1 aufgeführten histologischen Kennzeichen der Uterusschleimhaut die Cyclusphase
(Liste 2) zu, die durch das Kennzeichen charakterisiert
wird.

Liste 1   Liste 2

11.161 beginnende Spiral-   A. Desquamation-Regenera-
       arterienbildung   tionsphase

11.162 Zona spongiosa der   B. frühe Proliferationsphase
       Schleimhaut
                                 C. späte Proliferationsphase

                                 D. frühe Sekretionsphase

                                 E. späte Sekretionsphase

11.163
11.164   17.6   Fragentyp B

Ordnen Sie bitte den in Liste 1 aufgeführten histologischen Kennzeichen der Uterusschleimhaut die Cyclusphase
(Liste 2) zu, die durch das Kennzeichen charakterisiert
wird.

Liste 1   Liste 2

11.163 gestreckte Drüsen   A. Desquamation-Regenera-
                                    tionsphase
11.164 glykogenreiche
       Epithelzellen   B. frühe Prophase

                                 C. späte Prophase

                                 D. frühe Sekretionsphase

                                 E. späte Sekretionsphase

11.165		
11.166	17.6	Fragentyp B

Ordnen Sie bitte den in Liste 1 genannten Stadien des ovariellen Cyclus den für diese Phase charakteristischen histologischen Schnitt der Uterusschleimhaut aus der Abbildung 22 zu (A-E).

Liste 1

11.165 sprungreifer Grafscher Follikel

11.166 Gelbkörper in Involution

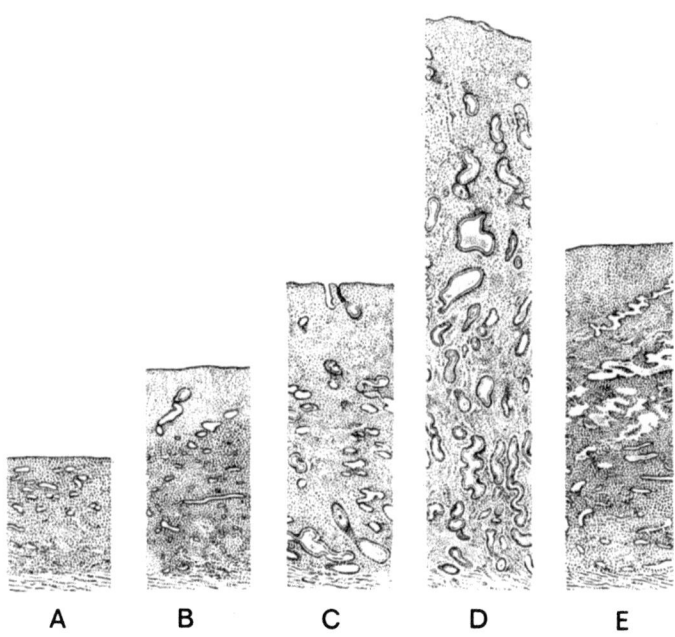

A   B   C   D   E

Abb. 22

11.167
11.168   17.6   Fragentyp B

Ordnen Sie bitte den in Liste 1 aufgeführten Strukturen
das jeweils charakteristische Epithel (Liste 2) zu.

Liste 1   Liste 2

11.167 Ductuli efferentes   A. unverhorntes mehrschich-
                                 tiges Plattenepithel
11.168 Ductus epididymidis
                              B. mehrschichtiges kubisches
                                 Plattenepithel

                              C. zweireihiges hochprisma-
                                 tisches Epithel mit Ste-
                                 reocilien

                              D. einschichtiges hochpris-
                                 matisches Epithel mit Ki-
                                 nocilien

                              E. z.T. einschichtiges kubi-
                                 sches Epithel, z.T. mehr-
                                 reihiges hochprismatisches
                                 Epithel mit Kinocilien

11.169   17.6   Fragentyp C

Die gefüllte Harnblase kann dicht oberhalb der Symphyse
ohne Verletzung des Peritoneum punktiert werden,

weil

die gefüllte Harnblase das prävesicale Bindegewebe ent-
faltet und das Peritoneum (in der Regel) von der Bauchwand abdrängt.

11.170   17.6   Fragentyp C

Bei Anwendung von Ovulationshemmern ("Pille") bildet das
Ovar keine Oestrogene,

weil

durch Ovulationshemmer die Ausbildung eines Corpus luteum verhindert wird.

11.171	17.6	Fragentyp C

Die Eizelle wird beim Follikelsprung aus der Zona pellucida freigesetzt,

weil

die Eizelle beim Follikelsprung den Follikel verläßt und die Zona pellucida eine Bildung des Follikelepithels ist.

11.172	17.6	Fragentyp C

In der zweiten Schwangerschaftshälfte kann das Ovar ohne Gefahr für den Fortbestand der Schwangerschaft entfernt werden,

weil

in der zweiten Schwangerschaftshälfte die Hormone des Gelbkörpers von der Placenta gebildet werden.

11.173	17.6	Fragentyp C

Ovar und Tube werden aus zwei arteriellen Quellen versorgt,

weil

Ovar und Tube Zweige sowohl aus einem Ast der Aorta als auch aus einem Ast der A. iliaca interna erhalten.

11.174	17.6	Fragentyp C

Der Ureter ist bei einer Unterbindung der A. uterina gefährdet,

weil

der Ureter die A. uterina in geringer Entfernung unterkreuzt und deshalb mit dieser unterbunden werden kann.

11.175   17.6   Fragentyp C

Durch die Tuba uterina kann die Flüssigkeit aus der Peritonealhöhle in den Uterus befördert werden,

weil

die Tube am abdominalen Ende frei in die Bauchhöhle mündet.

11.176   17.6   Fragentyp C

Die Befruchtung findet gewöhnlich in der Ampulla tubae
uterinae statt,

weil

für die Befruchtung in der Ampulla tubae uterinae genü-
gend Platz zur Verfügung steht.

11.177   17.6   Fragentyp C

Die Sekretionsphase des Endometrium setzt im Anschluß
an den Follikelsprung ein,

weil

die Sekretionsphase durch das Follikelhormon ausgelöst
wird.

11.178   17.6   Fragentyp C

An der Portio vaginalis uteri ist die hintere Mutter-
mundslippe länger als die vordere,

weil

die Portio vaginalis uteri hinten von einem tieferen
Scheidengewölbe umgeben wird als vorne.

11.179   17.6   Fragentyp C

Die Zelldesquamation des Vaginalepithels ist in der Sekretionsphase am stärksten,

weil

die Zelldesquamation hauptsächlich durch Somatotropin-
einfluß bewirkt wird.

11.180   17.6   Fragentyp C

Der Glycogenreichtum der Vaginalepithelzellen ist eine
Voraussetzung für das physiologische Scheidenmilieu,

weil

der Glykogenreichtum bei der Desquamation der Epithelzellen die bakterielle Milchsäurebildung ermöglicht.

11.181   17.6   Fragentyp C

Bei Kryptorchismus (mangelhafter Descensus testis) kann
ein Pseudohermaphroditismus masculinus externus entstehen,

weil

bei Kryptorchismus die Produktion männlicher Geschlechtshormone im Hoden unterbleibt.

11.182   17.6   Fragentyp C

Der Zellkern der Keimzellen wird bei der Differenzierung
zum Spermium verdichtet,

weil

im Zellkern des Spermium DNS-Reduplikation stattfindet.

11.183   17.6   Fragentyp C

Die Spermien können sich im Ductus epididymidis nicht
selbständig bewegen,

weil

die Spermien zur Beweglichkeit ein dem Scheidenmilieu
vergleichbares Milieu benötigen.

11.184   17.6   Fragentyp C

Die Spermien wandern auf Grund ihrer Eigenbeweglichkeit
durch den Ductus deferens,

weil

den Spermien im Ductus deferens kein durch Kinocilien
erzeugter Flüssigkeitsstrom zum Transport zur Verfügung
steht.

11.185   17.6   Fragentyp C

Für die Befruchtung ist die Höhe der Spermienzahl im
Ejaculat belanglos,

weil

an der Befruchtung einer Eizelle gewöhnlich nur ein Spermium beteiligt ist.

11.186   17.6   Fragentyp C

Bei Hämorrhoidalbluten fließt in der Regel arterielles
Blut,

weil

bei Hämorrhoidalbluten die Gefäßknäuel in den Columnae
anales bluten.

11.187   17.6   Fragentyp C

Der Gartnersche Gang ist ein Homologon des Ductus deferens,

weil

der Gartnersche Gang ein Rest des Müllerschen Gangs ist.

11.188   17.6   Fragentyp C

Welche Aussagen treffen zu?

1) Beim Mann ziehen die Ureteren im subperitonealen Bindegewebe unter den Samenleitern hinweg zum Blasenfundus.
2) Bei der Frau werden die Aa. uterinae von den Uretern
unterkreuzt.
3) Das Trigonum vesicae markiert beim Mann die Ausdehnung der Verwachsung zwischen Harnblase und Prostata.
4) Bei der Frau ist im Bereich des Trigonum vesicae die
Harnblase mit der Portio supravaginalis des Uterus-
halses verwachsen.

Wählen Sie bitte die zutreffende Aussagenkombination.

A. Nur 1 ist richtig
B. Nur 1 und 2 sind richtig
C. Nur 1, 3 und 4 sind richtig
D. Nur 2, 3 und 4 sind richtig
E. Alle Aussagen sind richtig

11.189   17.6   Fragentyp D

Welche Aussagen treffen zu?

1) Der M. sphincter urethrae wird von der glatten Muskulatur am Blasenhals gebildet.
2) Die Ureteren durchsetzen die Blasenwand in schräger
Richtung von oben lateral nach unten medial.
3) Die Ureterostien bilden die dorsalen Eckpunkte des
Trigonum vesicae.
4) Der Blasenhals bildet den vorderen (unteren) Eckpunkt
des Blasendreiecks.

Wählen Sie bitte die zutreffende Aussagenkombination.

A. Nur 2 ist richtig

B. Nur 1 und 2 sind richtig

C. Nur 1, 3 und 4 sind richtig

D. Nur 2, 3 und 4 sind richtig

E. Alle Aussagen sind richtig

11.190	17.6	Fragentyp D

Welche Aussagen treffen zu?

1) Die A.vesicalis superior entspringt aus der A.epigastrica inferior.

2) Die A.vesicalis inferior ist ein Ast der A.iliaca interna.

3) Wie alle Beckenorgane wird auch der Blasenfundus von einem venösen Plexus umgeben.

4) Die Lymphe aus der Harnblase fließt zu den Nodi lymphatici inguinales superficiales.

Wählen Sie bitte die zutreffende Aussagenkombination.

A. Nur 2 ist richtig

B. Nur 1 und 2 sind richtig

C. Nur 2 und 3 sind richtig

D. Nur 2, 3 und 4 sind richtig

E. Alle Aussagen sind richtig

11.191   17.6   Fragentyp D

Welche Aussagen treffen zu? In den Plexus hypogastrici verlaufen

1) Schmerzfasern aus den Beckenorganen zum Truncus sympathicus

2) Sympathicusfasern, deren 1. Neuron im thoracolumbalen Bereich des Rückenmarks liegt, zu den Beckenorganen

3) Parasympathicusfasern zu den Beckenorganen aus dem sacralen Bereich des Rückenmarks

4) sensible Fasern aus dem äußeren Genitale zum Truncus sympathicus

Wählen Sie bitte die zutreffende Aussagenkombination.

A. Nur 2 ist richtig

B. Nur 2 und 3 sind richtig

C. Nur 1, 2 und 3 sind richtig

D. Nur 2, 3 und 4 sind richtig

E. Alle Aussagen sind richtig

11.192   17.6   Fragentyp D

Welche Aussagen treffen zu? Das Ovar

1) wird am oberen Pol durch ein Band mit dem Uterus verbunden

2) geht am hinteren Rand in das Mesovar über

3) liegt über und vor der Tube

4) zeigt im Peritonealüberzug eine scharfe Grenze zum Peritoneum des Mesovar

Wählen Sie bitte die zutreffende Aussagenkombination.

A. Nur 4 ist richtig

B. Nur 3 und 4 sind richtig

C. Nur 1, 2 und 3 sind richtig

D. Nur 2, 3 und 4 sind richtig

E. Alle Aussagen sind richtig

11.193　　　　　　　　17.6　　　　　　　　Fragentyp D

Welche Aussagen treffen zu?

1) Durch Hypothalamushormone wird die Oestrogenbildung
stimuliert.
2) Durch die Ausbildung atretischer Follikel wird die
Oestrogenbildung aufrecht erhalten.
3) Durch Ovulation wird die Progesteronbildung in Gang
gesetzt.
4) Durch eine Befruchtung wird die Progesteronbildung
aufrecht erhalten.

Wählen Sie bitte die zutreffende Aussagenkombination.

A. Nur 1 ist richtig
B. Nur 1 und 3 sind richtig
C. Nur 1, 2 und 4 sind richtig
D. Nur 2, 3 und 4 sind richtig
E. Alle Aussagen sind richtig

11.194　　　　　　　　17.6　　　　　　　　Fragentyp D

Welche Aussagen treffen zu?

1) Als Parametrium bezeichnet man das den Uterus seitlich begrenzende subperitoneale Bindegewebe.
2) Der Sekretionsphase des Uterus entspricht im Ovarium
die Follikelwachstums-Phase.
3) Unter Deciduazellen versteht man die Epithelzellen
der Schleimhaut des graviden Uterus.
4) Perimetrium nennt man das den Uterus umgebende Peritoneum.

Wählen Sie bitte die zutreffende Aussagenkombination.

A. Nur 1 ist richtig
B. Nur 1 und 2 sind richtig
C. Nur 2 und 3 sind richtig
D. Nur 1 und 4 sind richtig
E. Alle Aussagen sind richtig

11.195   17.6   Fragentyp D

Welche Aussagen treffen zu?

1) Das hintere Scheidengewölbe grenzt an die Excavatio rectouterina.
2) Die Vagina tritt zwischen den Schenkeln des M. levator ani hindurch.
3) Die hintere Vaginalwand ist durch das Septum rectovaginale verschieblich mit dem Rectum verbunden.
4) Als Carina urethralis hebt sich an der vorderen Vaginalwand die fest mit dieser verbundenen Urethra ab.

Wählen Sie bitte die zutreffende Aussagenkombination.

A. Nur 2 ist richtig
B. Nur 2 und 3 sind richtig
C. Nur 1, 2 und 3 sind richtig
D. Nur 2, 3 und 4 sind richtig
E. Alle Aussagen sind richtig

11.196   17.6   Fragentyp D

Welche Aussagen treffen zu?

1) Die A.uterina gelangt im subperitonealen Bindegewebsraum zur Cervix uteri.
2) Anteversio uteri nennt man die Neigung des Uterus nach vorne, Anteflexio die Abwinkelung zwischen Corpus und Cervix uteri nach vorne.
3) Als Positio wird die Lage des Uterus zur Medianebene bezeichnet.
4) Die Lage des Uterus hängt ab vom Füllungszustand der Harnblase und des Rectum.

Wählen Sie bitte die zutreffende Aussagenkombination.

A. Nur 1 ist richtig
B. Nur 2 und 3 sind richtig
C. Nur 1, 3 und 4 sind richtig
D. Nur 2, 3 und 4 sind richtig
E. Alle Aussagen sind richtig

11.197   17.6   Fragentyp D

Welche Aussagen treffen zu?

1) Das Cavum uteri der erwachsenen, nicht-graviden Frau
   hat eine Länge von 6 - 7 cm.

2) In der Gravidität wächst der Uterus auf etwa das
   10fach seines ursprünglichen Gewichts, auf ca. 1000 g,
   heran.

3) Die Rückbildung des Uterus nach der Geburt auf die ur-
   sprüngliche Größe benötigt 6-8 Wochen.

4) Die hintere Vaginalwand ist bei der geschlechtsreifen
   Frau etwa 15 cm lang.

Wählen Sie bitte die zutreffende Aussagenkombination.

A. Nur 1 ist richtig

B. Nur 1 und 2 sind richtig

C. Nur 2 und 3 sind richtig

D. Nur 1, 2 und 4 sind richtig

E. Alle Aussagen sind richtig

11.198   17.6   Fragentyp D

Welche Aussagen treffen zu? Aus Beobachtungen unter na-
türlichen Verhältnissen weiß man, daß

1) Spermien ohne Kopf beweglich sein können

2) Spermien ohne Kopf Energie produzieren können

3) Spermien ohne Schwanzfaden befruchtungsfähig sein
   können

4) Spermien mit kurzem Schwanzfaden die Spermiohistoge-
   nese im Ejaculat noch beenden können

Wählen Sie bitte die zutreffende Aussagenkombination.

A. Nur 1 ist richtig

B. Nur 1 und 2 sind richtig

C. Nur 1, 2 und 3 sind richtig

D. Nur 2, 3 und 4 sind richtig

E. Alle Aussagen sind richtig

11.199   17.6   Fragentyp D

Welche Aussagen treffen zu?

1) Der Ductus deferens verläuft nach dem Eintritt ins
   kleine Becken nahe dem Peritoneum und überkreuzt die
   Vasa obturatoria und den N. obturatorius.

2) Der Ductus deferens überkreuzt in seinem Verlauf zur
   Prostata den Ureter.

3) Der Endabschnitt des Ductus deferens ist in das Bindegewebe des Septum rectovesicale eingelagert.

4) Die Excavatio rectovesicalis dringt zwischen dem Sa-
   menbläschen einerseits und der Harnblase und der Prostata andererseits gegen den Beckenboden vor.

Wählen Sie bitte die zutreffende Aussagenkombination.

A. Nur 1 ist richtig

B. Nur 2 und 3 sind richtig

C. Nur 1, 2 und 3 sind richtig

D. Nur 2, 3 und 4 sind richtig

E. Alle Aussagen sind richtig

11.200   17.6   Fragentyp D

Welche Aussagen treffen zu?

1) Die A. pudenda interna versorgt den Hoden.

2) Das Scrotum wird zum Teil aus Ästen des Plexus sacralis innerviert.

3) An der Innervation der Scrotalhaut hat der Plexus
   lumbalis Anteil.

4) Die Arterien des Corpus cavernosum penis sind Zweige
   der A. pudenda externa.

Wählen Sie bitte die zutreffende Aussagenkombination.

A. Nur 1 ist richtig

B. Nur 1 und 4 sind richtig

C. Nur 2 und 3 sind richtig

D. Nur 2, 3 und 4 sind richtig

E. Alle Aussagen sind richtig

11.201   17.6   Fragentyp D

Welche Aussagen treffen zu?

1) Eine Urachusfistel ist ein persistierender Ductus
   omphaloentericus.
2) Eine Hufeisenniere entsteht, wenn die beiden Nierenanlagen zusammenwachsen.
3) Eine congenitale Cystenniere kann durch mangelhafte
   Vereinigung der Aufzweigungen der Ureterknospe mit
   den Nephronen entstehen.
4) Durch mangelhafte Verschmelzung der Urethralfalten
   entwickelt sich eine Hypospadie.

Wählen Sie bitte die zutreffende Aussagenkombination.

A. Nur 3 ist richtig

B. Nur 2 und 3 sind richtig

C. Nur 1, 2 und 3 sind richtig

D. Nur 2, 3 und 4 sind richtig

E. Alle Aussagen sind richtig

11.202   17.6   Fragentyp D

Welche Aussagen treffen zu?

1) Der Ductus epididymidis entwickelt sich aus dem
   Wolffschen Gang.
2) Aus den Urnierenkanälchen werden Ductuli efferentes.
3) Die Vesicula seminalis (Glandula vesiculosa) geht aus
   dem Wolffschen Gang hervor.
4) Die Appendix testis ist ein Rudiment des Müllerschen
   Gangs.

Wählen Sie bitte die zutreffende Aussagenkombination.

A. Nur 1 ist richtig

B. Nur 2 und 3 sind richtig

C. Nur 1, 2 und 3 sind richtig

D. Nur 2, 3 und 4 sind richtig

E. Alle Aussagen sind richtig

Welche Aussagen treffen zu?

1) Ein echter Hermaphrodit besitzt gleichzeitig Hoden- und Ovaranteile.

2) Beim Pseudohermaphroditismus masculinus externus sind Hoden ausgebildet, die äußeren Geschlechtsorgane ähneln aber den äußeren weiblichen Geschlechtsteilen.

3) Wird beim Pseudohermaphroditismus masculinus ein Uterus ausgebildet, so kann es darin zur Gravidität kommen.

4) Beim Pseudohermaphroditismus femininus ist kein Sex-Chromatin nachweisbar.

Wählen Sie bitte die zutreffende Aussagenkombination.

A. Nur 1 und 2 sind richtig

B. Nur 3 und 4 sind richtig

C. Nur 1, 2 und 3 sind richtig

D. Nur 2, 3 und 4 sind richtig

E. Alle Aussagen sind richtig

12. Beckenboden und äußere Geschlechtsorgane

a) Beckenboden

12.001   18.1   Fragentyp A 1

Welche Aussage trifft zu? Die Vasa pudenda interna und der N.pudendus verlaufen im Alcockschen Kanal (Canalis pudendalis) unter der Fascie des

A. M.levator ani

B. M.transversus perinei profundus

C. M.glutaeus maximus

D. M.obturatorius externus

E. M.obturatorius internus

12.002   18.1   Fragentyp A 3

Welche Aussage trifft nicht zu? Das Diaphragma urogenitale der Frau wird durchbohrt von

A. der V.dorsalis clitoridis

B. der Urethra

C. dem Analkanal

D. der Vagina

E. der A. bulbi vestibuli

12.003   18.1   Fragentyp A 3

Welche Aussage trifft <u>nicht</u> zu? Im Centrum tendineum
perinei sind folgende Muskeln verankert

A. M.levator ani

B. M.sphincter ani externus

C. M.transversus perinei profundus

D. M.ischiocavernosus

E. M.bulbospongiosus

12.004
12.005   18.1   Fragentyp B

Ordnen Sie bitte den in Liste 1 genannten Räumen jeweils
einen dort gelegenen Muskel (Liste 2) zu.

        Liste 1   Liste 2

12.004 Subperitonealer   A. Mm. gemelli
       Beckenraum
                            B. M. bulbospongiosus
12.005 Spatium perinei
       superficiale   C. M. sphincter ani externus

                            D. M. rectovesicalis

                            E. M. obturatorius externus

12.006   18.1   Fragentyp C

Die Levatorschenkel sind Teil des Diaphragma urogenitale,

<u>weil</u>

die Levatorschenkel die Urogenitalwege umgreifen.

12.007   18.1   Fragentyp C

Die Insuffizienz der Levatorschenkel führt zur Insuffizienz des Darmverschlusses,

<u>weil</u>

bei Insuffizienz der Levatorschenkel der M. levator ani
das Rectum nicht mehr effektiv nach vorne oben ziehen
und dabei das Darmlumen komprimieren kann.

12.008	18.1	Fragentyp C

Der Beckenboden hält normalerweise den Belastungen der
Geburt stand,

weil

die Beckenbodenmuskeln im Centrum tendineum reversibel
auseinanderweichen können.

12.009	18.1	Fragentyp D

Welche Aussagen treffen zu?

1) Durch den dorsalen Abschnitt des Levatorspalts zieht
das Rectum.

2) Der M. levator ani ist ein starker Schließmuskel des
Anus.

3) Die Prostata liegt unmittelbar dem Diaphragma urogenitale auf.

4) Der Muskel des Diaphragma urogenitale ist der M. levator ani.

Wählen Sie bitte die zutreffende Aussagenkombination.

A. Nur 1 ist richtig

B. Nur 2 und 3 sind richtig

C. Nur 1, 2 und 3 sind richtig

D. Nur 2, 3 und 4 sind richtig

E. Alle Aussagen sind richtig

12.010   18.1   Fragentyp D

Welche Aussagen treffen zu? Die Fossa ischiorectalis wird
begrenzt vom

1) M. levator ani

2) M. bulbospongiosus

3) M. transversus perinei profundus

4) M. obturatorius internus

Wählen Sie bitte die zutreffende Aussagenkombination.

A. Nur 1 ist richtig

B. Nur 1 und 2 sind richtig

C. Nur 1, 2 und 3 sind richtig

D. Nur 1, 3 und 4 sind richtig

E. Alle Aussagen sind richtig

b) Äußere Geschlechtsorgane

12.011   18.2   Fragentyp A 1

Welche Aussage trifft zu? Als Bulbus vestibuli bezeichnet man

A. einen Schwellkörper in der Wand des Introitus vaginae

B. den vom M. bulbospongiosus hervorgerufenen oberflächlichen Wulst

C. das Corpus cavernosum der Clitoris

D. den unpaaren Schwellkörper der Glans clitoridis

E. die papillenartige Vorwölbung des Ostium urethrae ex-
ternum in das Vestibulum vaginae.

12.012   18.2   Fragentyp A 3

Welche Aussage trifft <u>nicht</u> zu? Die Glandulae vestibulares majores (Bartholinischen Drüsen)

A. sind Talgdrüsen

B. liegen im Diaphragma urogenitale

C. entsprechen den Glandulae bulbourethrales des Mannes

D. münden in das Vestibulum vaginae

E. befeuchten mit ihrem Sekret die Schleimhaut des Schei-
denvorhofs

12.013   18.2   Fragentyp A 3

Welche Aussage trifft <u>nicht</u> zu? Die A. pudenda interna

A. verläßt den subperitonealen Bindegewebsraum durch die
infrapiriforme Abteilung des Foramen ischiadicum majus

B. zieht dorsal über das Ligamentum sacrotuberale hinweg

C. tritt durch das Foramen ischiadicum minus in den Canalis pudendalis

D. durchbohrt mit Ästen das Diaphragma pelvis

E. versorgt die Genitoanalregion

12.014
12.015   18.2   Fragentyp B

Ordnen Sie bitte jeder der in Liste 1 genannten Strukturen einen der Organteile (Liste 2) zu.

          Liste 1   Liste 2

12.014 engste Stelle der   A. Uvula vesicae
       Urethra
                               B. Ostium urethrae inter-
12.015 Mündung der Glandulae   num
       bulbourethrales
       (Cowperschen Drüsen)   C. Pars prostatica ure-
                                  thrae

                               D. Pars membranacea ure-
                                  thrae

                               E. Pars spongiosa ure-
                                  thrae

12.016 12.017	18.2	Fragentyp B

Ordnen Sie bitte den in Liste 1 genannten Schichten der vorderen Rumpfwand die Hodenhüllen (Liste 2) zu, die beim Descensus testis in das Scrotum verlagert werden.

Liste 1

12.016 Fascia transversalis

12.017 Peritoneum

Liste 2

A. Fascia spermatica interna

B. Tunica vaginalis testis

C. Tunica dartos

D. Fascia cremasterica

E. Fascia spermatica externa

12.018 12.019	18.2	Fragentyp B

Ordnen Sie bitte den in Liste 1 aufgeführten Teilen der männlichen Geschlechtsorgane das entwicklungsgeschichtliche weibliche Homologon (Liste 2) zu.

Liste 1

12.018 Corpus spongiosum penis

12.019 Scrotum

Liste 2

A. Uterus

B. Labia majora

C. Tuba uterina

D. Crus clitoridis

E. Bulbus vestibuli

12.020	18.2	Fragentyp C

Der venöse Abfluß aus dem Corpus cavernosum penis ist bei der Erektion gedrosselt,

weil

der venöse Abfluß über Venen erfolgt, die die bei der Erektion angespannte Tunica albuginea durchqueren.

12.021   18.2   Fragentyp C

Bei der Erektion ist der arterielle Zufluß zum Corpus cavernosum penis vermehrt,

weil

bei der Erektion ein Endast der A. pudenda interna geöffnet ist.

12.022   18.2   Fragentyp C

Die Pars spongiosa der männlichen Harnröhre ist im Zustand der Erektion nicht durchgängig,

weil

die Pars spongiosa von einem bei der Erektion erweiterten Schwellkörper umgeben ist.

12.023   18.2   Fragentyp D

Welche Aussagen treffen zu? Die äußeren weiblichen Geschlechtsorgane

1) geben venöses Blut zur V. iliaca interna

2) erhalten sensible Äste aus dem Plexus lumbalis

3) erhalten sensible Äste aus dem Plexus sacralis

4) erhalten sensible Äste aus dem Plexus coccygeus

Wählen Sie bitte die zutreffende Aussagenkombination.

A. Nur 1 ist richtig

B. Nur 2 und 3 sind richtig

C. Nur 1, 2 und 3 sind richtig

D. Nur 1, 3 und 4 sind richtig

E. Alle Aussagen sind richtig

12.024   18.2   Fragentyp D

Welche Aussagen treffen zu? Die äußeren weiblichen Geschlechtsorgane

1) und der Anus haben gemeinsame regionäre Lymphknoten
2) erhalten Blut aus Ästen der A. femoralis
3) erhalten Blut aus Ästen der A. iliaca interna
4) geben venöses Blut zur V. femoralis

Wählen Sie bitte die zutreffende Aussagenkombination.

A. Nur 2 ist richtig
B. Nur 2 und 3 sind richtig
C. Nur 1, 3 und 4 sind richtig
D. Nur 2, 3 und 4 sind richtig
E. Alle Aussagen sind richtig

12.025   18.2   Fragentyp D

Welche Aussagen treffen zu?

1) Die Lymphe aus der Glans penis fließt zu den Nodi
   lymphatici inguinales superficiales.
2) Die das venöse Blut aus Glans und Corpus spongiosum
   penis abführenden Venen werden bei der Erektion nicht
   gedrosselt.
3) Der Penis erhält Blut aus Zweigen der A. iliaca externa.
4) Der Penis erhält Blut aus Zweigen der A. iliaca interna.

Wählen Sie bitte die zutreffende Aussagenkombination.

A. Nur 1 ist richtig
B. Nur 2 und 3 sind richtig
C. Nur 1, 2 und 3 sind richtig
D. Nur 2, 3 und 4 sind richtig
E. Alle Aussagen sind richtig

Welche Aussagen treffen zu?

1) Das Corpus spongiosum penis ist am Diaphragma urogenitale angeheftet.

2) Das Corpus cavernosum penis ist mit zwei Crura an den
   Schambeinen befestigt.

3) Die Glans penis ist eine Bildung des Corpus cavernosum penis.

4) Das Corpus spongiosum penis enthält die Harnröhre.

Wählen Sie bitte die zutreffende Aussagenkombination.

A. Nur 4 ist richtig

B. Nur 2 und 3 sind richtig

C. Nur 1, 2 und 4 sind richtig

D. Nur 2, 3 und 4 sind richtig

E. Alle Aussagen sind richtig

13. Zentralnervensystem

a) Entwicklung und Gliederung des Zentralnervensystems

13.001   19.1   Fragentyp A 3

Welche Aussage trifft nicht zu? Aus der Rautenhirnanlage gehen hervor

A. die Medulla oblongata

B. der Pons

C. das Cerebellum

D. das Mesencephalon

E. der Thalamus

13.002   19.1   Fragentyp C

Das Rückenmark macht während der Entwicklung einen scheinbaren Ascensus durch,

weil

das Rückenmark mit anderer Geschwindigkeit wächst als die Wirbelsäule.

13.003   19.1   Fragentyp C

Die Lamina epithelialis des Seitenventrikels und des III. Ventrikels gehen am Foramen interventriculare ineinander über,

weil

die Lamina epithelialis des Seitenventrikels und des III. Ventrikels aus derselben Anlage stammen.

13.004	19.1	Fragentyp C

Die Zahl der Nervenzellen nimmt nach der Geburt nicht
mehr (nennenswert) zu,

weil

ausdifferenzierte Nervenzellen nicht mehr teilungsfähig
sind.

13.005	19.1	Fragentyp C

Bei Neugeborenen sind die Pyramidenbahnen noch markscheidenfrei,

weil

beim Neugeborenen die Markscheidenbildung noch nicht begonnen hat.

13.006	19.1	Fragentyp D

Welche Aussagen treffen zu?

1) Bei der Abfaltung des Neuralrohrs sondern sich im
   Grenzgebiet zur Epidermis die Zellen der Neuralleiste
   ab.
2) Aus dem Material der Neuralleiste entstehen u.a. die
   Spinalganglienzellen, die Sympathicogonien sowie
   Schwannsche Zellen und Melanoblasten.
3) Ausgewanderte Neuralleistenzellen bilden die nervösen
   Anteile der Hautsinnesorgane.
4) Aus Neuralleistenmaterial entstehen auch Bindegewebs-
   elemente, z.B. Leptomeninx und Kopfmesenchym.

Wählen Sie bitte die zutreffende Aussagenkombination.

A. Nur 1 ist richtig

B. Nur 2 und 3 sind richtig

C. Nur 2 und 4 sind richtig

D. Nur 1, 2 und 4 sind richtig

E. Alle Aussagen sind richtig

13.007   19.1   Fragentyp D

Welche Aussagen treffen zu?

1) Die Wandverdickung des Neuralrohrs ist besonders stark in den Seitenplatten (Flügelplatte und Grundplatte), während Deckplatte und Bodenplatte dünn bleiben.

2) Die Deckplatte wird stellenweise zu einem einschichtigen Epithel reduziert.

3) In der Grundplatte entstehen Motoneurone.

4) Um Flügel- und Grundplatte bilden die Fasern eine zarte Randzone als Anlage der weißen Substanz.

Wählen Sie bitte die zutreffende Aussagenkombination.

A. Nur 1 ist richtig

B. Nur 2 und 3 sind richtig

C. Nur 2 und 4 sind richtig

D. Nur 1, 3 und 4 sind richtig

E. Alle Aussagen sind richtig

13.008   19.1   Fragentyp D

Welche Aussagen treffen zu?

1) Das Lumen des Neuralrohrs wird im Bereich der Anlage des Rückenmarks zum Zentralkanal, im Bereich der Hirnanlage zu den Ventrikeln.

2) Die Wand der Hirnanlage wird im Bereich der Plexus choroidei als Lamina epithelialis vom angrenzenden Bindegewebe vorgewölbt.

3) Während der Morphogenese des Zentralnervensystems werden Prosencephalon, Mesencephalon, Rhombencephalon und Rückenmark unterscheidbar.

4) Die Großhirnhemisphären entstehen als paarige Ausstülpungen des Prosencephalon.

Wählen Sie bitte die zutreffende Aussagenkombination.

A. Nur 1 ist richtig

B. Nur 2 und 3 sind richtig

C. Nur 2 und 4 sind richtig

D. Nur 1, 2 und 4 sind richtig

E. Alle Aussagen sind richtig

13.009   19.1   Fragentyp D

Welche Aussagen treffen zu?

1) Scheitel- und Nackenbeuge liegen im Bereich des Rhombencephalon.
2) Im 2. und 3. Embryonalmonat beginnt das Endhirn das Zwischen- und Mittelhirn zu überdecken.
3) Die Neurohypophyse entsteht am Boden der Rautengrube.
4) Das Cerebellum entsteht als übergeordnetes Zentrum im Dach des Rhombencephalon.

Wählen Sie bitte die zutreffende Aussagenkombination.

A. Nur 1 ist richtig
B. Nur 2 und 3 sind richtig
C. Nur 2 und 4 sind richtig
D. Nur 1, 2 und 4 sind richtig
E. Alle Aussagen sind richtig

13.010   19.1   Fragentyp D

Welche Aussagen treffen zu?

1) Die Commissurenplatte stellt eine Verdickung in der Vorderwand des III. Ventrikels oberhalb der Lamina terminalis dar.
2) Der Balken entsteht durch Ausdehnung der Commissurenplatte in rückwärtiger Richtung.
3) Die Furchen der Hirnrinde entstehen nach der Geburt.
4) Während der Evolution entwickeln sich als Zeichen der Neencephalisation neue Hirnzentren zwischen alten.

Wählen Sie bitte die zutreffende Aussagenkombination.

A. Nur 1 ist richtig
B. Nur 2 und 3 sind richtig
C. Nur 2 und 4 sind richtig
D. Nur 1, 2 und 4 sind richtig
E. Alle Aussagen sind richtig

b) Gefäßversorgung des Zentralnervensystems

13.011   19.2   Fragentyp A 3

Welche Aussage trifft nicht zu? Die A. carotis interna

A. zieht durch den Canalis caroticus

B. tritt durch den Sinus cavernosus

C. gibt die A. cerebri anterior ab

D. gibt die A. meningea media ab

E. steht durch die A. communicans posterior mit der A. cerebri posterior in Verbindung

---

13.012   19.2   Fragentyp A 3

Welche Aussage trifft nicht zu? Die Sinus durae matris

A. sind starrwandige, nicht-komprimierbare, in das Gewebe der Pachymeninx eingebaute Kanäle

B. sind mit Endothel ausgekleidet und verlaufen in Dura-duplikaturen

C. sammeln das Blut aus Gehirn, Orbita und innerem Ohr

D. stehen untereinander durch die Zisternen in Verbindung

E. besitzen keine Klappen und keine Media-Muskulatur

13.013   19.2   Fragentyp A 3

Welche Aussage trifft nicht zu? Der Sinus cavernosus

A. nimmt die V. ophthalmica superior auf und erhält über diese auch Blut aus den Gesichtsvenen

B. ist von bindegewebigen Bälkchen unvollständig cavernös unterkammert

C. hat Abflußwege über den Plexus venosus caroticus internus

D. wird vom N.maxillaris durchzogen

E. wird mit dem der anderen Seite durch die Sinus inter-cavernosi verbunden

13.014   19.2   Fragentyp D

Welche Aussagen treffen zu?

A. Die A. ophthalmica, ein Ast der A. carotis interna,
   tritt durch den Canalis opticus in die Orbita ein.

2) Die mediale Hemisphärenfläche wird mit Ausnahme von
   Cuneus und Praecuneus durch Äste der A. cerebri anterior versorgt.

3) Die Sehrinde (Area striata) wird von Zweigen der Aa.
   cerebri media und cerebelli superior versorgt.

4) Die Rr. striati der A. cerebri media treten durch die
   Substantia perforata anterior ins Gehirn ein und versorgen die Stammganglien und die innere Kapsel.

Wählen Sie bitte die zutreffende Aussagenkombination.

A. Nur 1 ist richtig

B. Nur 2 und 3 sind richtig

C. Nur 2 und 4 sind richtig

D. Nur 1, 2 und 4 sind richtig

E. Alle Aussagen sind richtig

13.015   19.2   Fragentyp D

Welche Aussagen treffen zu?

1) Der Circulus arteriosus cerebri erhält Blut über die
   Aa. carotides internae und Aa. vertebrales.

2) Die Aa. communicantes posteriores verbinden die Strom-
   gebiete der Aa. vertebrales und der Aa. carotides internae miteinander.

3) Die A. basilaris gibt Äste zu Kleinhirn, Rautenhirn,
   Labyrinthorgan und Occipitalhirn ab.

4) Die A. communicans anterior verbindet die beiden Aa.
   cerebri anteriores.

Wählen Sie bitte die zutreffende Aussagenkombination.

A. Nur 1 ist richtig

B. Nur 2 und 3 sind richtig

C. Nur 2 und 4 sind richtig

D. Nur 1, 2 und 4 sind richtig

E. Alle Aussagen sind richtig

13.016   19.2   Fragentyp D

Welche Aussagen treffen zu?

1) Der Wirbelkanal wird von extradural gelegenen, klappenlosen, venösen Plexus vertebrales ausgekleidet.

2) Venen aus dem Rückenmark vereinigen sich zu den Vv. spinales.

3) Die Arterien des Rückenmarks (Rr. spinales) treten mit Ausnahme der Aa. spinales durch Foramina intervertebralia in den Wirbelkanal ein.

4) Die A. spinalis anterior verläuft abwärts in der Fissura mediana anterior.

Wählen Sie bitte die zutreffende Aussagenkombination.

A. Nur 1 ist richtig

B. Nur 2 und 3 sind richtig

C. Nur 2 und 4 sind richtig

D. Nur 1, 2 und 4 sind richtig

E. Alle Aussagen sind richtig

13.017   19.2   Fragentyp D

Welche Aussagen treffen zu?

1) Infektionen der Kopfschwarte können über Vv. emissariae und Vv. diploicae ins Schädelinnere fortgeleitet werden.

2) Die Venen des Gehirns sind klappenlos, dünnwandig und münden in die Sinus durae matris.

3) Das Blut aus dem Infundibulum gelangt über die Vv. cerebri mediae direkt in den Sinus transversus.

4) Die inneren Venen des Gehirns verlaufen auf dem Dach des III. Ventrikels zur V. cerebri magna, die in den Sinus rectus mündet.

Wählen Sie bitte die zutreffende Aussagenkombination.

A. Nur 1 ist richtig

B. Nur 2 und 3 sind richtig

C. Nur 2 und 4 sind richtig

D. Nur 1, 2 und 4 sind richtig

E. Alle Aussagen sind richtig

c) Rückenmark

13.018   19.3   Fragentyp A 1

Welche Aussage trifft zu? Die Cauda equina

A. ist ein Durafaden am Ende des Rückenmarks
B. wird von den Fasern der vorderen und hinteren Wurzel der caudalen Spinalnerven gebildet.
C. verbindet als frontal gestellte Bindegewebsplatte weiche und harte Hirnhaut
D. liegt extradural
E. besteht aus den Rr. ventrales und dorsales der caudalen Spinalnerven

13.019   19.3   Fragentyp A 1

Welche Aussage trifft zu? Die Rückenmarkssegmente

A. sind durch Bindegewebe voneinander abgesetzt
B. werden nach dem jeweils benachbarten Wirbel benannt
C. weisen in der Peripherie distinkte Innervationsgebiete auf
D. fehlen im Sacralmark
E. haben jeweils eine eigene Gefäßversorgung

13.020 19.3 Fragentyp A 1

Welche Aussage trifft zu? Welches der in Abbildung 23
bezeichneten Felder entspricht dem Tractus vestibulo-
spinalis?

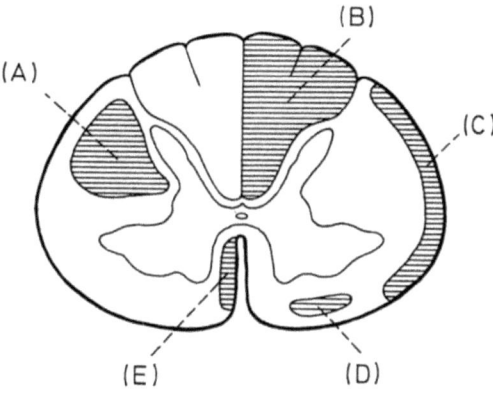

Abb. 23

13.021 19.3 Fragentyp A 1

Welche Aussage trifft zu? Bei halbseitiger Querdurch-
trennung des Rückenmarks kommt es auf der geschädigten
Seite zu einer Minderung der Oberflächensensibilität infolge Schädigung des

A. Funiculus posterior

B. Tractus spinocerebellaris anterior

C. Tractus spinocerebellaris posterior

D. Tractus tectospinalis

E. Tractus reticulospinalis

13.022 19.3 Fragentyp A 1

Welche Aussage trifft zu? Eine einseitige Zerstörung der
Hinterstrangbahnen führt auf der geschädigten Seite u.a.
zu

A. einer motorischen Lähmung

B. einem Verlust der Schmerzempfindung

C. einer Gleichgewichtsstörung

D. einem Verlust der Tiefensensibilität

E. einem Verlust des Temperatursinns

13.023   19.3   Fragentyp A 1

Welche Aussage trifft zu? Eine Durchtrennung des rechten
Tractus spinothalamicus lateralis in Halsmarkhöhe führt
zu

A. einer Lähmung im rechten Bein

B. einer Lähmung im linken Bein

C. einer deutlich herabgesetzten Schmerzempfindung im
   linken Bein

D. einer deutlich herabgesetzten Schmerzempfindung im
   rechten Bein

E. einer Störung der Tiefensensibilität in beiden Beinen

10.024   19.3   Fragentyp A 3

Welche Aussage trifft nicht zu? Interneurone des Rückenmarks

A. haben überwiegend hemmende Funktionen

B. verbinden die Zellen des Vorderhorns über Rr. communicantes mit vegetativen Ganglien

C. können ihre Neuriten als Commissurfasern auf die Gegenseite senden

D. regeln als Renshaw-Zellen die Aktivität der α-Moto-
   neurone

E. sind in der Regel kleine Nervenzellen

13.025   19.3   Fragentyp A 3

Welche Aussage trifft nicht zu? Strangzellen

A. liegen im Grenzstrang

B. bilden mit ihren Neuriten in der weißen Substanz
Leitungsbahnen

C. sind an der Bildung des Eigenapparats des Rückenmarks
beteiligt

D. der Brustsegmente bilden die Stilling-Clarksche Säule

E. können über die Commissura alba die Gegenseite erreichen

13.026   19.3   Fragentyp A 3

Welche Aussage trifft nicht zu? Jeder Spinalnerv teilt
sich auf in einen Ramus

A. ventralis

B. dorsalis

C. spinalis

D. communicans

E. meningeus

13.027   19.3   Fragentyp A 3

Welche Aussage trifft nicht zu? Vordere Äste von Rückenmarksnerven sind beteiligt an der Bildung des

A. Plexus cervicalis

B. Plexus brachialis

C. Plexus oesophageus

D. Plexus lumbalis

E. Plexus sacralis

Welche Aussage trifft <u>nicht</u> zu? Eine rechtsseitige Halb-
seitendurchtrennung des Rückenmarks in Höhe von Th III

A. führt zu einer stark herabgesetzten Schmerzempfindung
   im linken Bein

B. führt zu einer Abschwächung der Temperaturempfindung
   im linken Bein

C. läßt die Schmerzempfindung im rechten Bein weitgehend
   unbeeinflußt

D. läßt die Tastempfindung im linken Bein größtenteils
   unbeeinflußt

E. lähmt die Motorik des linken Beins vollständig

13.029
13.030
13.031
13.032   19.3   Fragentyp B

Ordnen Sie bitte den in Abbildung 24 unter 13.029,
13.030. 13.031 und 13.032 bezeichneten Strukturen des
Rückenmarks eine der unter A-E genannten Bezeichnungen
zu.

A. Tractus rubrospinalis

B. Fasciculus gracilis

C. Tractus corticospinalis lateralis

D. Fasciculi proprii

E. Tractus spinocerebellaris anterior

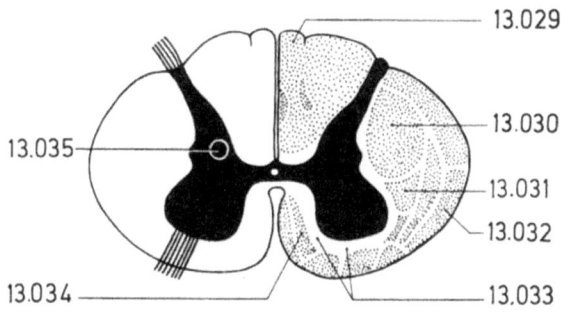

Abb. 24

13.033
13.034
13.035   19.3   Fragentyp B

Ordnen Sie bitte den in Abbildung 24 unter 13.033,
13.034 und 13.035 bezeichneten Strukturen des Rückenmarks
eine der unter A-E genannten Bezeichnungen zu.

A. Tractus tectospinalis

B. Nucleus dorsalis

C. Tractus spinothalamicus lateralis

D. Tractus corticospinalis anterior

E. Fasciculi proprii

13.036　　　　　　　　19.3　　　　　　　　Fragentyp C

Das Rückenmark ist im Bereich der cervicalen und lumbalen Segmente zu Intumescentien verdickt,

weil

das Rückenmark aus diesen Segmenten Spinalnerven zu den oberen bzw. unteren Extremitäten entsendet.

13.037　　　　　　　　19.3　　　　　　　　Fragentyp C

Die Spinalnervenwurzeln der caudalen Rückenmarkssegmente bilden die Cauda equina,

weil

die Spinalnervenwurzeln infolge des scheinbaren Ascensus des Rückenmarks eine lange Strecke im Wirbelkanal absteigen.

13.038　　　　　　　　19.3　　　　　　　　Fragentyp D

Welche Aussagen treffen zu? Das Rückenmark

1) hat die Form eines gleichmäßig dicken Rohrs
2) ist caudal zum Conus medullaris zugespitzt
3) weist dorsal die tiefe, längsverlaufende Fissura mediana auf
4) zeigt einen Sulcus intermedius posterior nur im Hals- und Brustmark

Wählen Sie bitte die zutreffende Aussagenkombination.

A. Nur 1 ist richtig
B. Nur 2 und 3 sind richtig
C. Nur 2 und 4 sind richtig
D. Nur 1, 2 und 4 sind richtig
E. Alle Aussagen sind richtig

13.039   19.3   Fragentyp D

Welche Aussagen treffen zu?

1) Die graue Substanz des Rückenmarks wird mantelartig
von der Masse der markhaltigen, in Glia und Gefäßnetze
eingebetteten Nervenfasern umgeben.

2) Die weiße Substanz des Rückenmarks besteht hauptsächlich aus markhaltigen Neuriten.

3) Der Zentralkanal des Rückenmarks wird von weißer Substanz umgeben.

4) Synapsen liegen im Rückenmark hauptsächlich in der
grauen Substanz.

Wählen Sie bitte die zutreffende Aussagenkombination.

A. Nur 1 ist richtig

B. Nur 2 und 3 sind richtig

C. Nur 2 und 4 sind richtig

D. Nur 1, 2 und 4 sind richtig

E. Alle Aussagen sind richtig

13.040   19.3   Fragentyp D

Welche Aussagen treffen zu?

1) Die graue Substanz des Rückenmarks hat auf Querschnitten Schmetterlingsform.

2) Die Nervenzellen der grauen Substanz des Rückenmarks
sind als Zellsäulen angeordnet, die in Querschnitten
als Zellgruppen erscheinen.

3) Die Zellsäulen des Rückenmarks bilden Funktionssy-
steme, die von ventral nach dorsal in der Reihenfolge:
somatomotorisch, visceromotorisch, viscerosensibel,
somatosensibel angeordnet sind.

4) Die Substantia gelatinosa kommt im gesamten Rückenmark vor und ist am deutlichsten im Lumbalmark zu
erkennen.

Wählen Sie bitte die zutreffende Aussagenkombination.

A. Nur 1 ist richtig

B. Nur 2 und 3 sind richtig

C. Nur 2 und 4 sind richtig

D. Nur 1, 2 und 4 sind richtig

E. Alle Aussagen sind richtig

13.041	19.3	Fragentyp D

Welche Aussagen treffen zu?

1) Im Spinalganglion werden die afferenten Fasern vom 1. auf das 2. Neuron umgeschaltet.

2) Die Fasern der hinteren Wurzel treten im Sulcus lateralis posterior ins Rückenmark ein.

3) Die Perikaryen der motorischen Nervenfasern der vorderen Wurzel befinden sich vor allem im Vorderhorn des Rückenmarks.

4) Die Fasern der vorderen und der hinteren Wurzel vereinigen sich proximal vom Spinalganglion zum Spinalnerven.

Wählen Sie bitte die zutreffende Aussagenkombination.

A. Nur 1 ist richtig

B. Nur 2 und 3 sind richtig

C. Nur 2 und 4 sind richtig

D. Nur 1, 2 und 4 sind richtig

E. Alle Aussagen sind richtig

13.042   19.3   Fragentyp D

Welche Aussagen treffen zu? Nervenfasern, die durch die
hintere Wurzel ins Rückenmark eintreten, können

1) ohne Umschaltung die Hinterstränge bilden
2) Synapsen mit efferenten Neuronen herstellen
3) Synapsen mit Binnenzellen bilden
4) an Strangzellen enden, deren Neuriten Bahnen im Vorderseitenstrang bilden

Wählen Sie bitte die zutreffende Aussagenkombination.

A. Nur 1 ist richtig
B. Nur 2 und 3 sind richtig
C. Nur 2 und 4 sind richtig
D. Nur 1, 2 und 4 sind richtig
E. Alle Aussagen sind richtig

13.043   19.3   Fragentyp D

Welche Aussagen treffen zu?

1) Im Vorderseitenstrang des Rückenmarks verlaufen sowohl aufsteigende als auch absteigende Bahnen.
2) Die Fasern der Tractus spinothalamici entspringen aus
   Zellen der Hintersäule und kreuzen größtenteils im
   Ursprungsniveau durch die Commissura alba zum Vorderseitenstrang der Gegenseite.
3) Der Tractus spinocerebellaris anterior kreuzt im Rautenhirn vollständig zur Gegenseite.
4) Die Fibrae corticospinales kreuzen überwiegend in der
   Decussatio pyramidum zur Gegenseite.

Wählen Sie bitte die zutreffende Aussagenkombination.

A. Nur 1 ist richtig
B. Nur 2 und 3 sind richtig
C. Nur 2 und 4 sind richtig
D. Nur 1, 2 und 4 sind richtig
E. Alle Aussagen sind richtig

13.044 19.3 Fragentyp D

Welche Aussagen treffen zu?

1) Der Fasciculus cuneatus (Burdachscher Strang) fehlt im Lumbalmark.

2) Erregungen der Oberflächen- und Tiefensensibilität aus der unteren Extremität werden im medialen Abschnitt der Hinterstrangbahn (Gollscher Strang) zum Nucleus gracilis geleitet.

3) Die Fasern des Fasciculus gracilis steigen ungekreuzt im Hinterstrang auf und geben Kollateralen an motorische Vorderhornzellen ab.

4) Der Hinterstrang enthält zahlreiche Fasern extrapyramidaler Bahnen.

Wählen Sie bitte die zutreffende Aussagenkombination.

A. Nur 1 ist richtig

B. Nur 2 und 3 sind richtig

C. Nur 2 und 4 sind richtig

D. Nur 1, 2 und 3 sind richtig

E. Alle Aussagen sind richtig

d) Rhombencephalon (ohne Cerebellum)

13.045* 19.4 Fragentyp A 1

Welche Aussage trifft zu? Im Kern des Tractus solitarius der Medulla oblongata beginnt das 2. Neuron der

A. Hörbahn

B. Erregungsleitung für die Schleimhautsensibilität des Pharynx

C. Vestibularisleitung

D. Riechbahn

E. Sehbahn

13.046   19.4   Fragentyp A 1

Welche Aussage trifft zu? Fasern des Lemniscus lateralis
entspringen

A. in der Formatio reticularis
B. im Nucleus olivaris (inferior)
C. im spinalen Trigeminuskern
D. in den Cochleariskernen
E. in den Nuclei gracilis und cuneatus

13.047   19.4   Fragentyp A 1

Welche Aussage trifft zu? Der Lemniscus medialis führt
Neuriten der Nervenzellen

A. der Formatio reticularis zum Kleinhirn
B. der Hinterstrangkerne zum Thalamus
C. des Corpus geniculatum mediale zur Hörrinde
D. der Vestibulariskerne zu den Augenmuskelkernen
E. der Cochleariskerne zum Corpus geniculatum laterale

13.048   19.4   Fragentyp A 1

Welche Aussage trifft zu? Das Zusammenspiel des Vesti-
bularisapparates mit den Neuronen der Augenmuskelkerne
wird vermittelt durch den

A. Lemniscus medialis
B. Tractus tegmentalis centralis
C. Fasciculus longitudinalis medialis
D. Fasciculus longitudinalis dorsalis
E. Lemniscus lateralis

13.049   19.4   Fragentyp A 3

Welche Aussage trifft nicht zu? Im Rautenhirn sind lokalisiert

A. die Nuclei vestibulares und cochleares als Kerngebiete des Gleichgewichts- und Hörsinnes

B. die Nuclei sensorius principalis n. trigemini und tractus spinalis n. trigemini als Kerngebiete des Systems der allgemeinen Hautsensibilität

C. der Nucleus tractus solitarius als Kerngebiet der Schleimhautsensibilität

D. die Nuclei dorsales n. glossopharyngei et n. vagi als Kerngebiete visceroefferenter Systeme

E. der Nucleus n. trochlearis als Kerngebiet zur Innervation von äußeren Augenmuskeln

---

13.050   19.4   Fragentyp A 3

Welche Aussage trifft nicht zu? Der Nucleus olivaris (inferior)

A. kann als "Endkern" der zentralen Haubenbahn angesehen werden

B. ist ein Schalt- und Koordinationszentrum für Myostatik und Myodynamik

C. steht durch den im Pedunculus cerebellaris inferior verlaufenden Tractus olivocerebellaris mit dem Neukleinhirn in Verbindung

D. ist in die Hörbahn eingeschaltet

E. entsendet efferente Impulse über reticulo-reticuläre Neurone und den Tractus olivospinalis zum Rückenmark

---

13.051   19.4   Fragentyp A 3

Welche Aussage trifft nicht zu? Fasern des mesencephalen oder rhombencephalen Parasympathicus führen der

A. N. oculomotorius für die Mm. ciliaris und sphincter pupillae

B. N. abducens für die Tränendrüse

C. N. vagus für den Verdauungstrakt

D. N. facialis für die Glandula submandibularis und die Glandula sublingualis

E. N. glossopharyngeus für die Glandula parotis

13.052   19.4   Fragentyp A 3

Welche Aussage trifft <u>nicht</u> zu?

A. Der N. hypoglossus tritt, wie die ventrale Wurzel
   der Spinalnerven, im Sulcus lateralis anterior aus.

B. Die Branchialnerven treten lateral am Hirnstamm
   aus.

C. Im Kleinhirnbrückenwinkel treten der VII. und VIII.
   Hirnnerv aus dem Gehirn aus bzw. in dieses ein.

D. Der N. abducens entspringt am Unterrand der Brücke
   nahe der Medianebene.

E. Der N. trigeminus entspringt als einziger Hirnnerv
   auf der dorsalen Seite des Gehirns.

13.053   19.4   Fragentyp A 3

Welche Aussage trifft <u>nicht</u> zu? Am Boden der Rautengrube lassen sich unterscheiden

A. der Colliculus facialis

B. das Trigonum n. hypoglossi

C. das Trigonum n. vagi

D. das Tuber cinereum

E. die Eminentia medialis

13.054   19.4   Fragentyp A 3

Welche Aussage trifft <u>nicht</u> zu? Eine Durchtrennung der
linken Hirnstammhälfte am Unterrand der Brücke führt zu

A. einer motorischen Lähmung der rechten Kaumuskulatur

B. einer motorischen Lähmung des rechten Arms

C. einer motorischen Lähmung des rechten Beins

D. einem Verlust der Schmerzempfindung auf der rechten
   Körperhälfte unterhalb der Verletzung

E. einer Minderung des Schmerzempfindens in der linken
   Gesichtshälfte

13.055
13.056
13.057
13.058   19.4   Fragentyp B

Ordnen Sie bitte den in Abbildung 25 unter 13.055,
13.056, 13.057 und 13.058 bezeichneten Strukturen der
Medulla oblongata eine der unter A-E genannten Bezeichnungen zu.

A. Decussatio lemniscorum

B. Tractus olivocerebellaris

C. Fasciculus longitudinalis medialis

D. Nucleus n. XII

E. Tractus corticospinalis

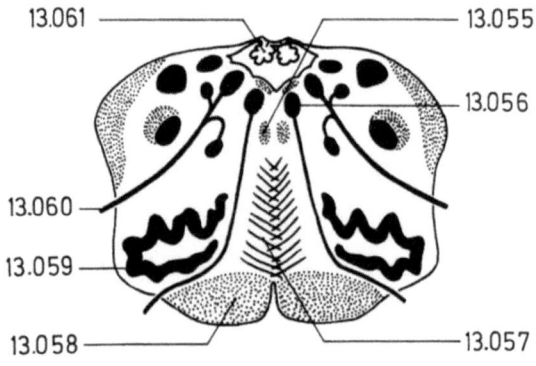

Abb. 25

13.059
13.060
13.061   19.4   Fragentyp B

Ordnen Sie bitte den in Abbildung 25 unter 13.059,
13.060 und 13.061 bezeichneten Strukturen der Medulla
oblongata eine der unter A-E genannten Bezeichnungen zu.

A. Unterer Kleinhirnstiel

B. N. vagus

C. Tractus spinalis n. V

D. Nucleus olivaris (inferior)

E. Plexus choroideus ventriculi quarti

13.062
13.063
13.064   19.4   Fragentyp B

Ordnen Sie bitte den in Abbildung 26 unter 13.062,
13.063 und 13.064 bezeichneten Strukturen des Rautenhirns
eine der unter A-E genannten Bezeichnungen zu.

A. Nucleus vestibularis lateralis

B. Nuclei pontis

C. Tractus cerebellorubralis

D. Fasciculus longitudinalis medialis

E. Hörbahn (Lemniscus lateralis)

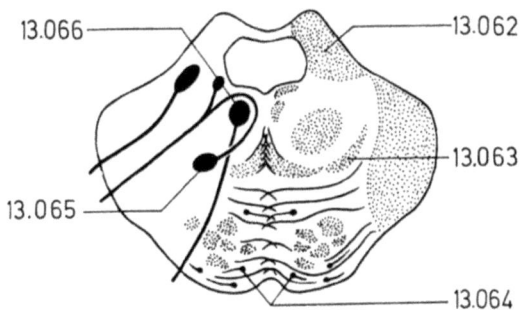

Abb. 26

13.065
13.066   19.4   Fragentyp B

Ordnen Sie bitte den in Abbildung 26 unter 13.065 und
13.066 bezeichneten Strukturen des Rautenhirns eine der
unter A-E genannten Bezeichnungen zu.

A. Fasciculus longitudinalis medialis

B. Zentrale Haubenbahn

C. Kerngebiet des N. VI

D. Nucleus n. facialis

E. Nucleus ambiguus

13.067		
13.068	19.4	Fragentyp B

Ordnen Sie bitte den in Abbildung 27 unter 13.067 und
13.068 bezeichneten Strukturen des Rautenhirns eine der
unter A-E genannten Bezeichnungen ·zu.

A. Fasciculus longitudinalis dorsalis

B. Hörbahn

C. Colliculus inferior

D. Lemniscus medialis

E. Fasciculus longitudinalis medialis

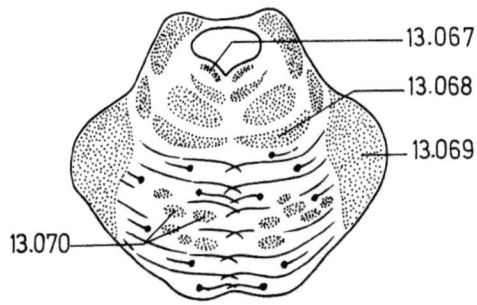

Abb. 27

13.069		
13.070	19.4	Fragentyp B

Ordnen Sie bitte den in Abbildung 27 unter 13.069 und
13.070 bezeichneten Strukturen des Rautenhirn eine der
unter A-E genannten Bezeichnungen zu.

A. Anschnitt des Pedunculus cerebellaris medius

B. Tractus cerebellorubralis

C. Tractus cortiocospinalis

D. Fibrae arcuatae pontis

E. Tractus tegmentalis centralis

13.071		
13.072	19.4	Fragentyp B

Ordnen Sie bitte den in Liste 1 genannten Projektionsbahnen das jeweilige Kerngebiet (Liste 2) zu.

Liste 1	Liste 2
13.071 Hinterstrang- Schleifenbahn	A. Nucleus olivaris (inferior)
	B. Nuclei pontis
13.072 Hörbahn	C. Nuclei cochleares
	D. Nuclei gracilis et cu- neatus
	E. Nucleus tractus solita- rii

13.073	19.4	Fragentyp D

Welche Aussagen treffen zu?

1) Am Rautenhirnquerschnitt wölben sich ventral die
   Pyramiden, ventrolateral die Oliven und dorsolateral
   die Pedunculi cerebellares inferiores vor.

2) Die Brücke liegt auf der dorsalen Seite des Rhombencephalon.

3) Zwischen Rhombencephalon und Kleinhirn bestehen keine Verbindungen.

4) Das Velum medullare superius ist eine horizontal gestellte Faserplatte zwischen Rhombencephalon und Mesencephalon.

Wählen Sie bitte die zutreffende Aussagenkombination.

A. Nur 1 ist richtig

B. Nur 2 und 3 sind richtig

C. Nur 2 und 4 sind richtig

D. Nur 1, 2 und 4 sind richtig

E. Alle Aussagen sind richtig

Welche Aussagen treffen zu?

1) Die Formatio reticularis ist ein netzartiger Verband
   stark verzweigter Nervenzellen, der einerseits bis
   ins Halsmark, andererseits bis ins Mittelhirn und Zwischenhirn reicht.

2) Im caudalen Gebiet des Rautenhirns liegen in der Formatio reticularis Atmungs- und Kreislaufzentren.

3) Die Neurone der Formatio reticularis sind teils cho-
   linerg, teils aminerg.

4) Die Formatio reticularis ist durch den Tractus reticulospinalis direkt mit γ-Motoneuronen des Rückenmarks verbunden.

Wählen Sie bitte die zutreffende Aussagenkombination.

A. Nur 1 ist richtig

B. Nur 2 und 3 sind richtig

C. Nur 2 und 4 sind richtig

D. Nur 1, 2 und 4 sind richtig

E. Alle Aussagen sind richtig

13.075   19.4   Fragentyp D

Welche Aussagen treffen zu?

1) In beiden Anteilen des N. vestibulocochlearis ist
   ein aus bipolaren Ganglienzellen aufgebautes Ganglion
   eingelagert.

2) Das erste Neuron der Cochlearisbahn endet an den Nuclei cochlearis dorsalis und cochlearis ventralis.

3) Neuriten des Nucleus cochlearis dorsalis kreuzen oberflächlich am Boden der Rautengrube.

4) Über Reflexverbindungen des Cochlearissystems, die
   zum Teil über den Fasciculus longitudinalis medialis
   verlaufen, können Lausch- und Schreckbewegungen ausgelöst werden.

Wählen Sie bitte die zutreffende Aussagenkombination.

A. Nur 1 ist richtig

B. Nur 2 und 3 sind richtig

C. Nur 2 und 4 sind richtig

D. Nur 1, 2 und 4 sind richtig

E. Alle Aussagen sind richtig

e) Mesencephalon

13.076   19.5   Fragentyp A 1

Welche Aussage trifft zu? Eine Unterbrechung des linken
Crus cerebri führt zu

A. einem Verlust der Oberflächensensibilität auf der
   linken Körperseite

B. einem Verlust der Oberflächensensibilität auf der
   rechten Körperseite

C. einer unvollständigen motorischen Lähmung im rechten
   Bein

D. einer Einschränkung der Tiefensensibilität auf der
   linken Körperseite

E. einer Einschränkung der Tiefensensibilität auf der
   rechten Körperseite

13.077 13.078	19.5	Fragentyp B

Ordnen Sie bitte den in Liste 1 aufgeführten Schädigungen die jeweils zutreffende Störung (Liste 2) zu.

Liste 1

13.077 Schädigung der Substantia nigra

13.078 Schädigung des Colliculus superior

Liste 2

A. extrapyramidal-motorische Störung ("Schüttellähmung")

B. Intentionstremor

C. Taubheit

D. Ausfall der Pupillenreaktion

E. spastische Lähmung der Gegenseite

13.079 13.080 13.081	19.5	Fragentyp B

Ordnen Sie bitte den in Abbildung 28 unter 13.079, 13.080 und 13.081 bezeichneten Strukturen des Mittelhirns eine der unter A-E genannten Bezeichnungen zu.

A. Pyramidenbahn

B. Lemniscus medialis

C. Pedunculus cerebellaris superior

D. Nucleus ruber

E. Kerngebiet des N. abducens

Abb. 28

13.082
13.083   19.5   Fragentyp B

Ordnen Sie bitte den in Abbildung 28 unter 13.082 und
13.083 bezeichneten Strukturen des Mittelhirns eine der
unter A-E genannten Bezeichnungen zu.

A. Nucleus tractus mesencephalici n. trigemini

B. Nuclei n. oculomotorii

C. Tractus frontopontius

D. Fasciculus longitudinalis medialis

E. Tractus rubroolivaris

13.084   19.5   Fragentyp C

Bei einem Einschnitt in die seitliche Oberfläche der
Haube (Tegmentum) kann die Sensibilität der Gegenseite
ausgeschaltet werden,

weil

beim Einschnitt in die Haube der oberflächlich gelegene
Lemniscus lateralis durchtrennt wird.

13.085   19.5   Fragentyp D

Welche Aussagen treffen zu?

1) Das Mittelhirn wird basal von den Hirnschenkeln gebildet.

2) Im Mittelhirn liegt dorsal die Vierhügelplatte.

3) In der Fossa interpeduncularis tritt der N. trigeminus aus.

4) Der N. trochlearis verläßt caudal von den beiden unteren Hügeln als einziger Hirnnerv den Hirnstamm dorsal.

Wählen Sie bitte die zutreffende Aussagenkombination.

A. Nur 1 ist richtig

B. Nur 2 und 3 sind richtig

C. Nur 2 und 4 sind richtig

D. Nur 1, 2 und 4 sind richtig

E. Alle Aussagen sind richtig

13.086   19.5   Fragentyp D

Welche Aussagen treffen zu?

1) Die Pedunculi cerebri bestehen aus Tegmentum und Crura cerebri.

2) Das Tegmentum enthält motorische Kerngebiete.

3) Das Tectum mesencephali bildet den Plexus choroideus des Aquaeductus cerebri.

4) Die Crura cerebri sind die neencephalen Anteile des Mesencephalon.

Wählen Sie bitte die zutreffende Aussagenkombination.

A. Nur 1 ist richtig

B. Nur 2 und 3 sind richtig

C. Nur 2 und 4 sind richtig

D. Nur 1, 2 und 4 sind richtig

E. Alle Aussagen sind richtig

13.087   19.5   Fragentyp D

Welche Aussagen treffen zu? Der Nucleus n. oculomotorii

1) liegt ventral des Aquaeductus cerebri

2) innerviert alle äußeren Augenmuskeln mit Ausnahme des M. rectus lateralis und des M. obliquus superior

3) hat präganglionäre parasympathische Anteile zur Innervation der Mm. sphincter pupillae und ciliaris

4) ist über den Fasciculus longitudinalis medialis mit dem Nucleus n. trochlearis verbunden

Wählen Sie bitte die zutreffende Aussagenkombination.

A. Nur 1 ist richtig

B. Nur 2 und 3 sind richtig

C. Nur 2 und 4 sind richtig

D. Nur 1, 3 und 4 sind richtig

E. Alle Aussagen sind richtig

13.088   19.5   Fragentyp D

Welche Aussagen treffen zu?

1) Der Nucleus ruber ist eine Sammelstelle für Erregunge
   im System der Formatio reticularis.

2) Der Nucleus ruber erhält über den Pedunculus cerebell
   ris superior unmittelbar Afferenzen aus den Kleinhirn
   kernen.

3) Die Substantia nigra erhält keine direkten Afferenzen
   aus den Kleinhirnkernen.

4) Der Nucleus ruber verarbeitet u.a. auch Zuflüsse aus
   der Großhirnrinde und dem Thalamus.

Wählen Sie bitte die zutreffende Aussagenkombination.

A. Nur 1 ist richtig

B. Nur 2 und 3 sind richtig

C. Nur 2 und 4 sind richtig

D. Nur 1, 2 und 4 sind richtig

E. Alle Aussagen sind richtig

13.089   19.5   Fragentyp D

Welche Aussagen treffen zu?

1) Die Substantia nigra liegt am basalen Teil des Tegmentum des Mittelhirns.

2) Die Substantia nigra steht - als wichtiger Teil des
   extrapyramidal-motorischen Systems - mit dem Corpus
   striatum in Verbindung.

3) Bei Schädigung der Substantia nigra entsteht ein Intentionstremor.

4) Die Substantia nigra ist durch den Melaningehalt eines Teils ihrer Nervenzellen dunkel gefärbt.

Wählen Sie bitte die zutreffende Aussagenkombination.

A. Nur 1 ist richtig

B. Nur 2 und 3 sind richtig

C. Nur 2 und 4 sind richtig

D. Nur 1, 2 und 4 sind richtig

E. Alle Aussagen sind richtig

13.090   19.5   Fragentyp D

Welche Aussagen treffen zu?

1) Die Colliculi inferiores vermitteln optische Reflexe.

2) Im Tegmentum kreuzen Fasern, die Einflüsse des Kleinhirns über den Nucleus ruber in die Extrapyramidalmo-
   torik leiten (Decussationes tegmenti).

3) Alle Bahnen, die man im Mittelhirn antrifft, haben in
   diesem Hirnabschnitt entweder ihren Ursprung (Efferenzen des Mittelhirns) oder ihr Ende (Afferenzen des
   Mittelhirns).

4) Efferenzen aus den übergeordneten vegetativen Kernen
   des Hypothalamus gelangen über den Fasciculus longitudinalis dorsalis (Schützsches Bündel) in caudale
   Gebiete des Hirnstamms.

Wählen Sie bitte die zutreffende Aussagenkombination.

A. Nur 1 ist richtig

B. Nur 2 und 3 sind richtig

C. Nur 2 und 4 sind richtig

D. Nur 1, 2 und 4 sind richtig

E. Alle Aussagen sind richtig

13.091   19.5   Fragentyp D

Welche Aussagen treffen zu?

1) Durch die Crura cerebri zieht der Tractus corticopon-
   tinus.

2) Der Fasciculus longitudinalis dorsalis verbindet die
   Augenmuskelkerne untereinander und mit dem Vestibula-
   riskern beider Seiten.

3) Die zentrale Haubenbahn verläuft im Mittelhirn durch
   die Substantia grisea centralis.

4) Der Tractus mesencephalicus n. trigemini liegt seitlich vom Aquaeductus cerebri.

Wählen Sie bitte die zutreffende Aussagenkombination.

A. Nur 1 ist richtig

B. Nur 1 und 4 sind richtig

C. Nur 2 und 3 sind richtig

D. Nur 1, 2 und 4 sind richtig

E. Alle Aussagen sind richtig

f) Cerebellum

13.092　　　　　19.6　　　　　Fragentyp A 3

Welche Aussage trifft nicht zu? Die Purkinje-Zellen

A. bilden mit ihren Perikaryen das "Stratum gangliosum" des Kleinhirns

B. haben Dendriten, die sich senkrecht zum Verlauf der Kleinhirnwindungen aufzweigen

C. bilden mit ihren Neuriten das einzige efferente Fasersystem der Kleinhirnrinde

D. treten mit ihren Neuriten in die Formatio reticularis ein.

E. erhalten excitatorische Erregungen durch Kletterfasern

13.093　　　　　19.6　　　　　Fragentyp A 3

Welche Aussage trifft nicht zu? Afferenzen erreichen das Kleinhirn über

A. die Großhirn-Brücken-Kleinhirnbahn

B. Fasern des Tractus mamillo-tegmentalis

C. den Tractus olivocerebellaris

D. Die Tractus spinocerebellares

E. Fasern von Receptoren der Gleichgewichtsorgane

13.094　　　　　19.6　　　　　Fragentyp C

Das Kleinhirn erhält keine direkten Afferenzen aus Seh- und Riechorgan,

weil

das Kleinhirn keine Verbindungen mit prosencephalen Strukturen besitzt.

13.095   19.6   Fragentyp C

Das Kleinhirn enthält keine direkten Afferenzen aus Seh-
und Hörorgan,

weil

das Kleinhirn keine Verbindungen mit prosencephalen Strukturen besitzt.

13.096   19.6   Fragentyp C

Das Kleinhirn ist durch Drucksteigerung im Cavum cranii
gefährdet,

weil

das Kleinhirn in das Foramen (occipitale) magnum hinein-
gepreßt werden kann.

13.097   19.6   Fragentyp D

Welche Aussagen treffen zu?

1) Das Kleinhirn erhält Afferenzen aus dem Rückenmark
   über den oberen und den unteren Kleinhirnstiel.

2) Die Efferenzen des Kleinhirns ziehen größtenteils
   durch den oberen Kleinhirnstiel.

3) Der mittlere Kleinhirnstiel führt u.a. Afferenzen
   aus den Kernen der Augenmuskelnerven zum Kleinhirn.

4) Über den unteren Kleinhirnstiel verlaufen vor allem
   Fasern zum Neocerebellum.

Wählen Sie bitte die zutreffende Aussagenkombination.

A. Nur 1 ist richtig

B. Nur 1 und 2 sind richtig

C. Nur 2 und 4 sind richtig

D. Nur 1, 2 und 4 sind richtig

E. Alle Aussagen sind richtig

13.098   19.6   Fragentyp D

Welche Aussagen treffen zu?

1) Mark und Rinde des Kleinhirnwurms sind so angeordnet, daß auf Sagittalschnitten das Bild eines "Arbor vitae" entsteht.

2) In der Kleinhirnrinde folgen von außen nach innen das Stratum moleculare, das Stratum gangliosum und das Stratum granulosum.

3) Die Körnerschicht hat ihren Namen von der Vielzahl der Gliazellkerne.

4) In der Molekularschicht bilden Korbzellen und Sternzellen mit Dendriten der Purkinje-Zellen inhibitorische Synapsen.

Wählen Sie bitte die zutreffende Aussagenkombination.

A. Nur 1 ist richtig

B. Nur 2 und 3 sind richtig

C. Nur 2 und 4 sind richtig

D. Nur 1, 2 und 4 sind richtig

E. Alle Aussagen sind richtig

13.099   19.6   Fragentyp D

Welche Aussagen treffen zu? Efferente Fasern der Kleinhirnkerne

1) sind die Neuriten der Purkinje-Zellen

2) verlaufen im Tractus cerebellorubralis

3) verlaufen im Tractus cerebellothalamicus

4) ziehen als extrapyramidal motorische Fasern zu den motorischen Vorderhornzellen

Wählen Sie bitte die zutreffende Aussagenkombination.

A. Nur 1 ist richtig

B. Nur 1 und 3 sind richtig

C. Nur 2 und 3 sind richtig

D. Nur 1, 2 und 4 sind richtig

E. Alle Aussagen sind richtig

g) Diencephalon

| 13.100 | 19.7 | Fragentyp A 1 |

Welche Aussage trifft zu? An der Hirnbasis sieht man vom Diencephalon

A. das Tuber cinereum

B. die Adhaesio interthalamica

C. den Sulcus hypothalamicus

D. den Thalamus

E. die Epiphyse

| 13.101 | 19.7 | Fragentyp A 1 |

Welche Aussage trifft zu? Das Tuber cinereum liegt

A. an der Vorderwand des 3. Ventrikels

B. über den Nuclei paraventriculares

C. über dem Chiasma opticum

D. zwischen Infundibulum und Corpus mamillare

E. an der Vorderwand des Infundibulum

| 13.102 | 19.7 | Fragentyp A 1 |

Welche Aussage trifft zu? Die Habenulae sind Faserbündel

A. der Striae medullares thalami

B. der Sehbahn zu den Colliculi superiores

C. zwischen Thalamus und Claustrum

D. zwischen Corpus mamillare und Thalamus

E. zwischen Nuclei habenulae und Nucleus interpeduncularis

13.103   19.7   Fragentyp A 1

Welche Aussage trifft zu? Die Radiatio optica verbindet

A. das Corpus geniculàtum laterale mit der Rinde im Bereich des Sulcus calcarinus
B. das Corpus geniculatum mediale mit der Sehrinde
C. die Netzhaut mit dem Chiasma opticum
D. die Netzhaut mit dem Corpus geniculatum laterale
E. die Netzhaut mit dem Colliculus superior

13.104   19.7   Fragentyp A 3

Welche Aussage trifft nicht zu? Zum Epithalamus gehören

A. die Habenulae
B. die Commissura habenularum
C. das Corpus pineale
D. der Recessus pinealis
E. das Septum pellucidum

13.105   19.7   Fragentyp A 3

Welche Aussage trifft nicht zu? Zum Thalamencephalon gehören

A. Pulvinar
B. Corpus mamillare
C. Corpus geniculatum laterale
D. Corpus geniculatum mediale
E. Stria medullaris thalami

13.106   19.7   Fragentyp A 3

Welche Aussage trifft nicht zu? Zum Hypothalamus gehören

A. Nucleus supraopticus
B. Nucleus paraventricularis
C. Nuclei tuberales
D. Corpus amygdaloideum
E. Corpus mamillare

13.107   19.7   Fragentyp A 3

Welche Aussage trifft nicht zu? Der Hypothalamus hat Faserverbindungen

A. zum Thalamus
B. zur Formatio reticularis des Mesencephalon
C. zur Sehrinde
D. zum Hippocampus
E. zum Palaeocortex

13.108   19.7   Fragentyp A 3

Welche Aussage trifft nicht zu?

A. Die Hypophyse hat enge Nachbarschaftsbeziehungen zum Sinus cavernosus.
B. Das Chiasma opticum liegt hinter dem Hypophysenstiel.
C. Die Hormonbildung im Hypophysenvorderlappen wird humoral gesteuert.
D. Färberisch-lichtmikroskopisch können verschiedene Zelltypen des Hypophysenvorderlappens unterschieden werden.
E. Die Zellen des Hypophysenvorderlappens stammen aus dem Ektoderm.

13.109
13.110   19.7   Fragentyp B

Ordnen Sie bitte den in Liste 1 aufgeführten Zelltypen
der Adenohypophyse das jeweils zutreffende Hormon (Liste 2) zu.

Liste 1   Liste 2

13.109 adicophile Zelle   A. Calcitonin

13.110 basophile Zelle   B. Somatotropin

                                 C. Melatonin

                                 D. Progesteron

                                 E. Thyrotropin

13.111   19.7   Fragentyp C

Der Thalamus ist das größte zentrale sensible Kerngebiet,

weil

zum Thalamus die meisten corticopetalen Fasersysteme ziehen.

13.112   19.7   Fragentyp C

Die Adenohypophyse wird zu den Derivaten des Schlunddarms gerechnet,

weil

die Adenohypophyse aus dem Dach der primären Mundhöhle
hervorgeht.

13.113   19.7   Fragentyp D

Welche Aussagen treffen zu?

1) Die Adhaesio interthalamica enthält wichtige Commissurfasern zwischen rechter und linker Hippocampusformation.

2) Der Thalamus grenzt an die innere Kapsel.

3) Lateral ist der Thalamus sekundär mit dem Globus pallidus streifenförmig verwachsen und wird deshalb gemeinsam mit diesem Corpus striatum genannt.

4) Der hintere Teil des Thalamus liegt als Pulvinar thalami über dem Corpus geniculatum laterale.

Wählen Sie bitte die zutreffende Aussagenkombination.

A. Nur 1 ist richtig

B. Nur 2 und 3 sind richtig

C. Nur 2 und 4 sind richtig

D. Nur 1, 2 und 4 sind richtig

E. Alle Aussagen sind richtig

13.114   19.7   Fragentyp D

Welche Aussagen treffen zu?

1) Vom Thalamus ziehen als letztes Neuron der Tastbahn
   Fasciculi thalamocorticales zur Hirnrinde.

2) Der Thalamus schickt Efferenzen zu Corpus striatum
   und Globus pallidus.

3) Die Verletzung des Thalamus macht Willkürmotorik unmöglich.

4) Die Fasciculi corticothalamici üben hemmende Wir-
   kungen auf Thalamuskerne aus.

Wählen Sie bitte die zutreffende Aussagenkombination.

A. Nur 1 ist richtig

B. Nur 2 und 3 sind richtig

C. Nur 2 und 4 sind richtig

D. Nur 1, 2 und 4 sind richtig

E. Alle Aussagen sind richtig

13.115   19.7   Fragentyp D

Welche Aussagen treffen zu?

1) Die Hörleitung wird im Corpus geniculatum mediale bzw. im Colliculus inferior umgeschaltet.

2) Aus den Ganglienzellen des Corpus geniculatum mediale entspringen Neuriten der Radiatio acustica, die in der Heschlschen Querwindung enden.

3) Vom Corpus geniculatum mediale gehen Reflexfasern zur Gleichgewichtsregulation aus.

4) Ein Teil der Fasern der Hörbahn kreuzt in der Commissura fornicis und erreicht so die contralaterale Hörrinde.

Wählen Sie bitte die zutreffende Aussagenkombination.

A. Nur 1 ist richtig

B. Nur 1 und 2 sind richtig

C. Nur 2 und 3 sind richtig

D. Nur 2, 3 und 4 sind richtig

E. Alle Aussagen sind richtig

13.116   19.7   Fragentyp D

Welche Aussagen treffen zu?

1) Der Sulcus hypothalamicus markiert an der Wand des III. Ventrikels die Grenze zwischen Thalamus und Hypothalamus.

2) Im Hypothalamus liegen übergeordnete vegetative Zentren, deren Efferenzen z. T. zu Kerngebieten im Hirnstamm ziehen.

3) Die Neurone der Nuclei supraopticus und paraventricularis enden im Hypophysenhinterlappen.

4) Neurohormone des Hypothalamus zur Regulation des Hypophysenvorderlappens werden in Blutgefäße der Wand des Infundibulum abgegeben.

Wählen Sie bitte die zutreffende Aussagenkombination.

A. Nur 1 ist richtig

B. Nur 2 und 3 sind richtig

C. Nur 2 und 4 sind richtig

D. Nur 1, 2 und 3 sind richtig

E. Alle Aussagen sind richtig

13.117   19.7   Fragentyp D

Welche Aussagen treffen zu?

1) Neurohormone des Hypothalamus können als Effektorhormone direkt in der Peripherie zur Wirkung kommen.

2) Oxytocin und Vasopressin werden im Nucleus supraopticus und Nucleus paraventricularis gebildet.

3) Steuerhormone (releasing factors) des Hypothalamus werden über das hypophysäre Pfortadersystem zum Hypophysenvorderlappen transportiert.

4) Neurosekrete sind mucoide Substanzen, die subependymal gelegene Nervenzellen in den Liquor cerebrospinalis des 3. Ventrikels abgeben.

Wählen Sie bitte die zutreffende Aussagenkombination.

A. Nur 1 ist richtig

B. Nur 2 und 3 sind richtig

C. Nur 2 und 4 sind richtig

D. Nur 1, 2 und 3 sind richtig

E. Alle Aussagen sind richtig

13.118   19.7   Fragentyp D

Welche Aussagen treffen zu?

1) Der Fornix verläuft bogenförmig zwischen Hippocampus und Corpus mamillare.

2) Das Corpus fornicis liegt unter dem Dach des III. Ventrikels.

3) Im Fornix verläuft der Tractus mamillo-thalamicus.

4) Hinter der Columna fornicis verbindet das Foramen interventriculare den III. Ventrikel mit dem Seitenventrikel.

Wählen Sie bitte die zutreffende Aussagenkombination.

A. Nur 1 ist richtig

B. Nur 2 und 3 sind richtig

C. Nur 2 und 4 sind richtig

D. Nur 1, 2 und 4 sind richtig

E. Alle Aussagen sind richtig

13.119   19.7   Fragentyp D

Welche Aussagen treffen zu?

1) Die Hypophyse liegt in der Sella turcica des Keil-
beins.

2) Der Hypophysenstiel durchbohrt das Diaphragma sellae.

3) Der suprasellär gelegene Teil der Hypophyse gehört ausschließlich der Neurohypophyse an.

4) Die arterielle Gefäßversorgung der Hypophyse erfolgt
durch Äste der A. basilaris.

Wählen Sie bitte die zutreffende Aussagenkombination.

A. Nur 1 ist richtig

B. Nur 1 und 2 sind richtig

C. Nur 2 und 4 sind richtig

D. Nur 1, 2 und 4 sind richtig

E. Alle Aussagen sind richtig

13.120   19.7   Fragentyp D

Welche Aussagen treffen zu?

1) Die Epiphyse liegt oberhalb der Vierhügelplatte.

2) Das Parenchym der Epiphyse besteht aus Pinealzellen,
die in ein dichtes Netz aus Nerven- und Gliafasern
eingelagert sind.

3) In der Epiphyse kommt Melatonin vor.

4) Der Hirnsand der Epiphyse kann, wenn er in größeren
Mengen vorkommt, röntgenologisch nachgewiesen werden.

Wählen Sie bitte die zutreffende Aussagenkombination.

A. Nur 1 ist richtig

B. Nur 2 und 3 sind richtig

C. Nur 2 und 4 sind richtig

D. Nur 1, 2 und 4 sind richtig

E. Alle Aussagen sind richtig

h) Telencephalon

13.121   19.8   Fragentyp A 1

Welche Aussage trifft zu? Von den Basalganglien ist diencephaler Herkunft

A. der Nucleus caudatus

B. das Putamen

C. der Globus pallidus

D. das Claustrum

E. das Corpus amygdaloideum

13.122   19.8   Fragentyp A 1

Welche Aussage trifft zu? Das "Striatum" besteht aus

A. Putamen und Claustrum

B. Nucleus caudatus und Putamen

C. Nucleus caudatus und Corpus amygdaloideum

D. Thalamus und Globus pallidus

E. Fornix und Hippocampus

13.123   19.8   Fragentyp A 1

Welche Aussage trifft zu? Das Corpus callosum

A. gliedert sich in Kniehöcker und Verbindungsstück

B. setzt sich über das Splenium in die Lamina terminalis fort

C. wird durch das Septum pellucidum am Gyrus cinguli befestigt

D. enthält im Balkenknie Fasern, die den Forceps minor bilden

E. legt sich im Unterhorn des Seitenventrikels dem Hippocampus auf

13.124   19.8   Fragentyp A 1

Welche Aussage trifft zu? Eine Durchtrennung des Chiasma opticum in sagittaler Richtung und eine vollständige Unterbrechung des linken N. opticus führt zu

A. einem Ausfall beider temporaler Retinahälften

B. einer vollständigen Degeneration des rechten Tractus opticus

C. einem Ausfall beider temporaler Gesichtsfelder allein

D. einem Ausfall beider temporaler Gesichtsfelder sowie des nasalen Gesichtsfelds des linken Auges

E. einem Ausfall beider temporaler Gesichtsfelder sowie des nasalen Gesichtsfelds des rechten Auges

13.125   19.8   Fragentyp A 1

Welche Aussage trifft zu? Der Tractus opticus endet

A. in der Sehrinde

B. im Corpus geniculatum mediale

C. im Corpus geniculatum laterale

D. im Colliculus inferior

E. im Chiasma opticum

13.126   19.8   Fragentyp A 1

Welche Aussage trifft zu? Das primäre corticale Sehzentrum liegt

A. in der Tiefe der Inselrinde

B. im Gyrus postcentralis

C. im Gyrus praecentralis

D. an der medialen Seite des Occipitallappens

E. im Gyrus angularis

13.127 19.8 Fragentyp A 3

Welche Aussage trifft nicht zu? Zum limbischen System gehören

A. Hippocampusformation

B. Gyrus cinguli

C. Claustrum

D. Corpus amygdaloideum

E. Gyrus parahippocampalis

13.128 19.8 Fragentyp A 3

Welche Aussage trifft nicht zu? Das Corpus geniculatum laterale

A. gehört zur Sehbahn

B. ist der Beginn der Radiatio optica

C. sendet Fasern zu den Colliculi superiores

D. liegt im Zwischenhirn

E. führt bei Zerstörung zur optischen Agnosie (Seelen-blindheit)

13.129 19.8 Fragentyp A 3

Welche Aussage trifft nicht zu? Der Gyrus praecentralis

A. ist ein motorisches Rindenfeld

B. weist eine somatotopische Gliederung auf

C. hat in Schicht IV Riesenzellen, deren Neuriten myo-neurale Synapsen bilden

D. ist der Ursprung einer wichtigen Gruppe von Fasern der Pyramidenbahn

E. ist der Ursprung von Fasern, die in ihrem Verlauf alle zur Gegenseite kreuzen

13.13O
13.131
13.132   19.8   Fragentyp B

Ordnen Sie bitte den in der Abbildung 29 mit 13.13O,
13.131 und 13.132 bezeichneten Strukturen des End- und
Zwischenhirns eine der unter A-E genannten Bezeichnungen
zu.

A. Balken

B. Globus pallidus

C. Thalamus

D. Seitenventrikel

E. Putamen

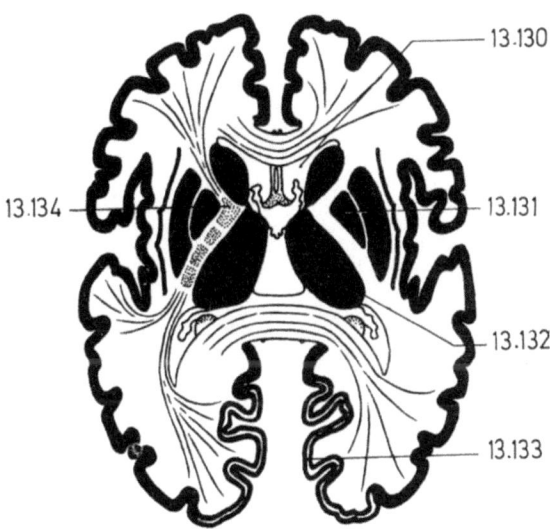

Abb. 29

13.133
13.134   19.8   Fragentyp B

Ordnen Sie bitte den in der Abbildung 29 mit 13.133 und
13.134 bezeichneten Strukturen des End- und Zwischenhirns eine der unter A-E genannten Bezeichnungen zu.

A. Fibrae corticonucleares

B. Kerngebiet des limbischen Systems

C. Rinde im Bereich der Area calcarina

D. Radiatio optica

E. Claustrum

13.135
13.136
13.137   19.8   Fragentyp B

Ordnen Sie bitte den in der Abbildung 30 mit 13.135,
13.136 und 13.137 bezeichneten Strukturen des End- und
Zwischenhirns eine der unter A-E genannten Bezeichnungen
zu.

A. Claustrum

B. Corpus callosum

C. Corpus striatum

D. Fibrae arcuatae cerebri

E. Vegetative Kerngebiete des Hypothalamus

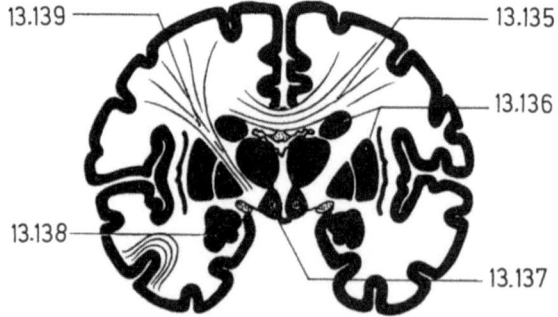

Abb. 30

13.138
13.139   19.8   Fragentyp B

Ordnen Sie bitte den in der Abbildung 30 mit 13.138 und
13.139 bezeichneten Strukturen des End- und Zwischenhirns
eine der unter A-E genannten Bezeichnungen zu.

A. Substantia nigra

B. Corpus amygdaloideum

C. Capsula extrema

D. Globus pallidus

E. Projektionsbahnen

13.140
13.141
13.142   19.8   Fragentyp B

Ordnen Sie bitte den in Liste 1 genannten Hirnlappen eine
der in Liste 2 unter A-E genannten Bezeichnungen zu.

         Liste 1   Liste 2

13.140 Lobus frontalis   A. Gyrus parahippocampalis

13.141 Lobus parietalis   B. Sulcus calcarinus

13.142 Lobus occipitalis   C. Gyri orbitales

                              D. Gyrus dentatus

                              E. Gyrus postcentralis

13.143
13.144
13.145   19.8   Fragentyp B

Ordnen Sie bitte den in Liste 1 aufgeführten Grenzen den
zutreffenden Sulcus (Liste 2) zu.

         Liste 1   Liste 2

13.143 Grenze zwischen Lobus   A. Sulcus centralis
       frontalis und Lobus
       parietalis   B. Sulcus lateralis

                              C. Sulcus parietooccipi-
13.144 Grenze zwischen Lobus   talis
       parietalis und Lobus
       temporalis   D. Sulcus cinguli

13.145 Grenze zwischen Cu-   E. Sulcus temporalis
       neus und Praecuneus

13.146		
13.147		
13.148	19.8	Fragentyp B

Ordnen Sie bitte den in Liste 1 aufgeführten Rindenfeldern das zutreffende Gebiet der Großhirnrinde (Liste 2) zu.

Liste 1   Liste 2

13.146 Hörrinde   A. Gyrus postcentralis und an-
                                grenzende Bezirke des Pa-
13.147 Körperfühlsphäre   rietallappens

13.148 Sehrinde   B. Gyrus praecentralis

                             C. Gyrus temporalis inferior

                             D. Rinde im Gebiet des Sulcus
                                calcarinus

                             E. Gyri temporales transversi

| 13.149 | 19.8 | Fragentyp C |

Der größte Teil der Endhirnrinde wird als Isocortex bezeichnet,

weil

der größte Teil der Endhirnrinde im Prinzip gleich gebaut ist.

13.150   19.8   Fragentyp C

Bei Ausfall des Brocaschen Sprachzentrums ist der Patient fast stumm,

<u>weil</u>

bei Ausfall des Brocaschen Sprachzentrums die Sprechwerkzeuge nicht mehr richtig innerviert werden.

13.151   19.8   Fragentyp C

Die Sehrinde ist ein Projektionszentrum,

<u>weil</u>

in der Sehrinde der Tractus opticus endet.

13.152   19.8   Fragentyp D

Welche Aussagen treffen zu?

1) Die Sinneszellen des Riechorgans sind sekundäre Sinneszellen.

2) Die marklosen Nn. olfactorii treten durch die Lamina cribrosa des Siebbeins in das Schädelinnere.

3) In den Glomerula olfactoria beginnt das 3. Neuron der Riechbahn.

4) Bulbus olfactorius, Tractus olfactorius, Trigonum olfactorium, Striae olfactoriae und Substantia perforata anterior gehören zum Riechhirn.

Wählen Sie bitte die zutreffende Aussagenkombination.

A. Nur 1 ist richtig

B. Nur 1, 2 und 3 sind richtig

C. Nur 2 und 4 sind richtig

D. Nur 3 und 4 sind richtig

E. Alle Aussagen sind richtig

13.153   19.8   Fragentyp D

Welche Aussagen treffen zu?

1) Nucleus caudatus und Putamen werden durch Projektions-
   fasern voneinander getrennt. .

2) Der Nucleus caudatus ist hauptsächlich in seinem vorderen Anteil mit dem Putamen durch Streifen grauer
   Substanz verbunden.

3) Nucleus caudatus und Claustrum schließen sich zum Nucleus lentiformis zusammen.

4) Die Insula wird von den Opercula des Stirn-, Scheitel-
   und Schläfenlappens überlagert.

Wählen Sie bitte die zutreffende Aussagenkombination.

A. Nur 1 ist richtig

B. Nur 2 und 3 sind richtig

C. Nur 2 und 4 sind richtig

D. Nur 1, 2 und 4 sind richtig

E. Alle Aussagen sind richtig

13.154   19.8   Fragentyp D

Welche Aussagen treffen zu?

1) Das Corpus striatum reguliert als extrapyramidal-mo-
   torisches Zentrum die Myodynamik.

2) Bei Ausfall des Corpus striatum können Hyperkinesen
   auftreten.

3) Das Corpus striatum erhält Afferenzen von Thalamus,
   Substantia nigra und Pallidum.

4) Der Globus pallidus stammt aus dem Zwischenhirn und
   wird durch die Capsula interna lateral gegen das Putamen gedrängt.

Wählen Sie bitte die zutreffende Aussagenkombination.

A. Nur 1 ist richtig

B. Nur 2 und 3 sind richtig

C. Nur 2 und 4 sind richtig

D. Nur 1, 2 und 4 sind richtig

E. Alle Aussagen sind richtig

13.155   19.8   Fragentyp D

Welche Aussagen treffen zu?

1) Der Isocortex des Menschen besteht aus 4 Schichten.

2) Den Zellsäulen der Großhirnrinde sind definierte
   Gruppen von Sinneszellen zugeordnet.

3) Die Körnerzellen der Großhirnrinde sind Schaltneurone
   mit erregender oder hemmender Funktion.

4) Die Betzschen Riesenpyramidenzellen sind typisch für
   die Area postcentralis.

Wählen Sie bitte die zutreffende Aussagenkombination.

A. Nur 1 ist richtig

B. Nur 2 und 3 sind richtig

C. Nur 2 und 4 sind richtig

D. Nur 1, 2 und 4 sind richtig

E. Alle Aussagen sind richtig

13.156   19.8   Fragentyp D

Welche Aussagen treffen zu?

1) Das motorische (Brocasche) Sprachzentrum ist im Gyrus
   frontalis inferior lokalisiert.

2) Das motorische Sprachzentrum liegt häufig auch bei
   Linkshändern in der linken Hemisphäre.

3) Das Wernickesche oder sensorische Sprachzentrum befindet sich, auf eine Hemisphäre beschränkt, im Gyrus
   temporalis superior.

4) Um Gelesenes sprechen zu können, müssen Sehmuster im
   Gyrus angularis aktiviert werden.

Wählen Sie bitte die zutreffende Aussagenkombination.

A. Nur 1 ist richtig

B. Nur 1 und 4 sind richtig

C. Nur 2 und 3 sind richtig

D. Nur 1, 2 und 4 sind richtig

E. Alle Aussagen sind richtig

13.157   19.8   Fragentyp D

Welche Aussagen treffen zu?

1) Das primäre akustische Projektionsfeld befindet sich
   in den Gyri temporales transversi (Heschlsche Quer-
   windungen).

2) Der Lemniscus lateralis führt sowohl contra- als auch
   ipsilaterale Fasern der Hörbahn.

3) Der Colliculus inferior ist ein Schaltzentrum zur Verknüpfung der Hörbahn mit anderen Systemen des Gehirns.

4) Die Perikarya des letzten Neuron der Hörbahn liegen
   im Corpus geniculatum mediale.

Wählen Sie bitte die zutreffende Aussagenkombination.

A. Nur 1 ist richtig

B. Nur 2 und 3 sind richtig

C. Nur 2 und 4 sind richtig

D. Nur 1, 2 und 4 sind richtig

E. Alle Aussagen sind richtig

13.158   19.8   Fragentyp D

Welche Aussagen treffen zu?

1) Die innere Kapsel wird in einen vorderen und einen hinteren Schenkel und den verbindenden Knieteil gegliedert.

2) Die Fasern des Tractus corticospinalis verlaufen im
   vorderen Schenkel der inneren Kapsel.

3) Durch das Knie der inneren Kapsel verläuft die Sehbahn.

4) Der hintere Schenkel der inneren Kapsel enthält die
   Fasciculi corticonucleares.

Wählen Sie bitte die zutreffende Aussagenkombination.

A. Nur 1 ist richtig

B. Nur 1 und 4 sind richtig

C. Nur 2 und 3 sind richtig

D. Nur 1, 2 und 4 sind richtig

E. Alle Aussagen sind richtig

13.159 19.8 Fragentyp D

Welche Aussagen treffen zu?

1) Die Corona radiata wird von Projektionsbahnen der Großhirnrinde gebildet.

2) Die größte Commissur des Endhirns ist die Commissura anterior.

3) Der Fasciculus uncinatus verbindet als Assoziationsbahn auf kurzem Weg die Rinde des Frontallappens mit der des Temporallappens.

4) Fibrae arcuatae cerebri verbinden bogenförmig die Hirnrinde benachbarter Gyri quer zur Furche.

Wählen Sie bitte die zutreffende Aussagenkombination.

A. Nur 1 ist richtig

B. Nur 2 und 3 sind richtig

C. Nur 3 und 4 sind richtig

D. Nur 1, 3 und 4 sind richtig

E. Alle Aussagen sind richtig

i) Innere Liquorräume

13.160 19.9 Fragentyp A 3

Welche Aussage trifft nicht zu? An der Wandbildung des III. Ventrikels sind beteiligt

A. Thalamus

B. Hypothalamus

C. Lamina terminalis

D. Tuber cinereum

E. Nucleus caudatus

13.161   19.9   Fragentyp D

Welche Aussagen treffen zu?

1) Jede Großhirnhemisphäre enthält als C-förmig gekrümmten Hohlraum einen Seitenventrikel.

2) Jeder Seitenventrikel hat ein plexusfreies Cornu anterius und Cornu posterius.

3) Im Dach des Unterhorns liegt der Hippocampus.

4) Die laterale Wand des Vorderhorns wird vom Caput nuclei caudati gebildet.

Wählen Sie bitte die zutreffende Aussagenkombination.

A. Nur 1 und 2 sind richtig

B. Nur 1, 2 und 3 sind richtig

C. Nur 1, 2 und 4 sind richtig

D. Nur 1, 3 und 4 sind richtig

E. Alle Aussagen sind richtig

13.162   19.9   Fragentyp D

Welche Aussagen treffen zu?

1) Der III. Ventrikel ist mit den beiden Seitenventrikeln
durch je ein Foramen interventriculare verbunden.

2) Der III. Ventrikel hat oberhalb des Corpus pineale
einen Recessus.

3) III. und IV. Ventrikel kommunizieren im Mittelhirn-
bereich durch den Aquaeductus cerebri.

4) Die Abrißstellen von Plexus choroidei werden Taenien
genannt.

Wählen Sie bitte die zutreffende Aussagenkombination.

A. Nur 1 ist richtig

B. Nur 1 und 4 sind richtig

C. Nur 2 und 3 sind richtig

D. Nur 1, 2 und 4 sind richtig

E. Alle Aussagen sind richtig

13.163   19.9   Fragentyp D

Welche Aussagen treffen zu?

1) Velum medullare superius und Velum medullare inferius
   sind in das Dach des IV. Ventrikels eingebaut.

2) Die Tela choroidea ventriculi quarti bildet gemeinsam
   mit der Lamina epithelialis den Plexus choroideus des
   IV. Ventrikels.

3) Der IV. Ventrikel steht durch die Aperturae laterales
   und die Apertura mediana mit dem Subarachnoidalraum
   in Verbindung.

4) Der Recessus lateralis ventriculi quarti reicht als
   seitliche Aussackung des IV. Ventrikels über den unteren Kleinhirnstiel hinweg bis zur basalen Fläche des
   Rautenhirns.

Wählen Sie bitte die zutreffende Aussagenkombination.

A. Nur 1 ist richtig

B. Nur 1 und 4 sind richtig

C. Nur 2 und 3 sind richtig

D. Nur 1, 2 und 4 sind richtig

E. Alle Aussagen sind richtig

13.164   19.9   Fragentyp D

Welche Aussagen treffen zu?

1) Der Liquor cerebrospinalis wird großenteils von den
   Plexus choroidei gebildet.

2) Ein Plexus choroideus besteht aus Pia mater und Lamina epithelialis.

3) Das Plexusepithel ist Bestandteil der Hirnwand.

4) Die Lumbalpunktion zur Liquorentnahme wird in der Regel zwischen 4. und 5. Lendenwirbel durchgeführt.

Wählen Sie bitte die zutreffende Aussagenkombination.

A. Nur 1 ist richtig

B. Nur 1 und 3 sind richtig

C. Nur 2 und 3 sind richtig

D. Nur 1, 3 und 4 sind richtig

E. Alle Aussagen sind richtig

14. Sehorgan

a) Augapfel und äußere Augenmuskeln

Welche Aussage trifft zu? Die Ora serrata

A. markiert den Rand des embryonalen Augenbechers (Übergang des inneren Blattes in das äußere Blatt)

B. ist der Übergang der vielschichten Pars optica retinae in das zweischichtige Retinaepithel des Ciliarkörpers ("pars caeca retinae")

C. liegt hinter dem Äquator des Augapfels

D. dient der Befestigung der Zonulafasern

E. markiert den äußeren Rand (Margo ciliaris) der Iris

Welche Aussage trifft zu? Der M. obliquus (oculi) superior

A. hebt den Blick medialwärts

B. senkt den Blick medialwärts

C. senkt den Blick lateralwärts

D. hebt den Blick lateralwärts

E. führt den Blick medialwärts

14.003   20.1   Fragentyp A 1

Welche Aussage trifft zu? Die Vagina bulbi (Tenonsche
Kapsel)

A. ist am Limbus corneae mit dem Augapfel verbunden

B. kleidet als Periost die Orbita aus

C. besteht im wesentlichen aus elastischem Gewebe

D. führt das Auge bei nachlassender Kontraktion der äußeren Augenmuskeln wieder in die Ruhelage zurück

E. setzt sich als Vagina n. optici auf den Sehnerven
fort

14.004   20.1   Fragentyp A 3

Welche Aussage trifft nicht zu? Die mittlere Augenhaut

A. ist reich an pigmentierten Bindegewebszellen

B. enthält in der Lamina suprachoroidea Gefäßstämme

C. hat in der Lamina vasculosa zahlreiche große Gefäß-
zweige

D. enthält in der Lamina choroidocapillaris das Capillarbett der A. centralis retinae

E. grenzt mit der Bruchschen Membran (Lamina basalis) an
das Stratum pigmenti retinae

14.005   20.1   Fragentyp A 3

Welche Aussage trifft nicht zu?

A. Die Anlage des Auges wird zuerst als Sulcus opticus
des Prosencephalon sichtbar.

B. Das äußere Blatt des Augenbechers liefert das Pigment-
epithel der Retina, des Corpus ciliare und der Iris.

C. Von der inneren Schicht des Augenbechers werden die
hinteren vier Fünftel zur Pars optica retinae, das
vordere Fünftel zur "Pars caeca retinae".

D. Der Augenbecherspalt kommt durch "Invagination" des
Augenbläschens zustande und setzt sich auch auf den
Augenbecherstiel fort.

E. Die Linse ist ein Abkömmling der äußeren Augenhaut
(Sklera).

14.006   20.1   Fragentyp A 3
_____

Welche Aussage trifft nicht zu?

A. Choroidea, Sklera und Cornea sind Differenzierungs-
   produkte des Mesenchyms der Augenblasenumgebung.

B. Der Ciliarmuskel ist eine Bildung der mittleren Augenhaut (Choroidea).

C. Das vordere Linsenepithel wandert vom freien Rand des
   embryonalen Augenbechers auf das Irisstroma.

D. Das Lumen des Linsenbläschens wird durch die faser-
   artig auswachsenden Zellen der Hinterwand des Linsenbläschens verschlossen.

E. Die vordere Augenkammer entsteht als Spaltbildung im
   Mesenchym zwischen Cornea und Linsenkapsel.

14.007   20.1   Fragentyp A 3
_____

Welche Aussage trifft nicht zu? Der M. obliquus superior

A. entspringt am Anulus tendineus communis

B. überquert in seinem Verlauf den M. rectus superior

C. ändert seine Verlaufsrichtung im Bereich der Trochlea

D. setzt am hinteren lateralen Quadranten des Bulbus an

E. wirkt gemeinsam mit dem M. obliquus inferior abduzie-
   rend auf den Bulbus.

14.008
14.009
14.010   20.1   Fragentyp B

Ordnen Sie bitte den in Abbildung 31 mit 14.008,
14.009 und 14.010 bezeichneten Strukturen des Bulbus
oculi die jeweils zutreffende unter A-E genannte Bezeichnung zu.

A. Cornea

B. Corpus ciliare

C. Iris

D. Choroidea

E. Sklera

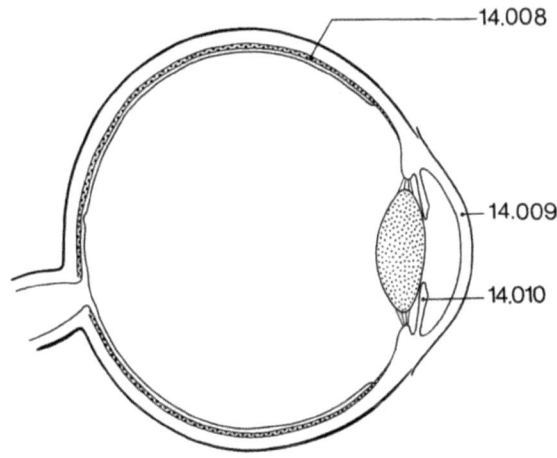

Abb. 31

14.011
14.012
14.013   20.1   Fragentyp B

Ordnen Sie bitte den in der Abbildung 32 mit 14.011,
14.012 und 14.013 bezeichneten Strukturen der vorderen
Bulbushälfte die jeweils zutreffende unter A-E genannte Bezeichnung zu.

A. Glaskörper

B. M. sphincter pupillae

C. hintere Augenkammer

D. Ora serrata

E. Linsenfasern

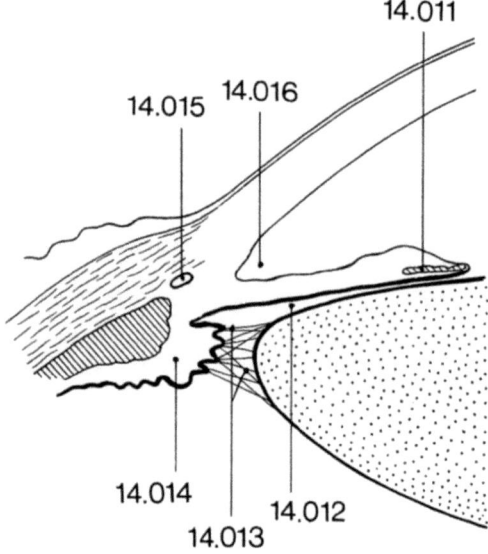

Abb. 32

14.014
14.015
14.016   20.1   Fragentyp B

Ordnen Sie bitte den in der Abbildung 32 mit 14.014,
14.015 und 14.016 bezeichneten Strukturen der vorderen
Bulbushälfte die jeweils zutreffende unter A-E genannte
Bezeichnung zu.

A. Corpus ciliare

B. Schlemmscher Kanal

C. Circulus arteriosus iridis major

D. M. dilatator pupillae

E. Angulus iridocornealis

14.017
14.018   20.1   Fragentyp B

Ordnen Sie bitte den in Liste 1 aufgeführten Strukturen
die jeweils zutreffende Schicht der Retina (Abb. 33) zu.

Liste 1

14.017 Stratum ganglionare
       retinae

14.018 Perikarya des 3. Neuron
       der Sehbahn

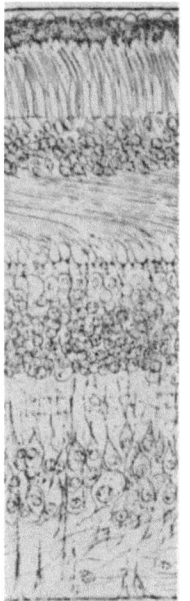

Abb. 33

```
14.019
14.020
14.021              20.1                    Fragentyp B
```

Ordnen Sie bitte den in Liste 1 aufgeführten Augenmuskeln
den jeweils zutreffenden Nerven (Liste 2) zu.

Liste 1	Liste 2
14.019 M. rectus (bulbi) lateralis	A. N. oculomotorius
	B. N. ophthalmicus
14.020 M. rectus (bulbi) medialis	C. N. nasociliaris
14.021 M. obliquus (bulbi) superior	D. N. trochlearis
	E. N. abducens

```
14.022              20.1                    Fragentyp C
```

Bei der Akkomodation nähert sich die Linse der Kugelform,

weil

bei der Akkomodation sich die zuvor gekrümmten elastischen Linsenfasern strecken und damit den sagittalen
Durchmesser der Linse vergrößern.

```
14.023              20.1                    Fragentyp C
```

Die Fovea centralis ist die Stelle des "schärfsten Se-
hens",

weil

in der Fovea centralis das Stratum neuroepitheliale aus
Stäbchen besteht.

```
14.024              20.1                    Fragentyp C
```

Der Verschluß eines Astes der A. centralis retinae führt
in dem betroffenen Gebiet zur Erblindung,

weil

die A. centralis retinae die gesamte Retina ernährt.

14.025   20.1   Fragentyp C

Das Kolobom liegt als Spaltbildung im unteren nasalen Quadranten der Iris,

<u>weil</u>

dem Kolobom als Ursache ein mangelhafter Verschluß des unteren nasalen embryonalen Augenbecherspaltes zugrunde-liegt.

14.026   20.1   Fragentyp C

Bei Lähmung des N. oculomotorius blickt das Auge nach außen unten,

<u>weil</u>

bei Lähmung des N. oculomotorius der Tonus des M. rectus lateralis und des M. obliquus superior überwiegen.

14.027   20.1   Fragentyp D

Welche Aussagen treffen zu?

1) Die Cornea wird vorn von einem verhornten Plattenepi-thel überkleidet.

2) Das hintere, einschichtige Cornealepithel wirkt dem Einstrom von Kammerwasser und damit der Verquellung der Cornea entgegen.

3) Die Cornea gehört zu den bradytrophen (gefäßlosen) Ge-weben und eignet sich deshalb gut zur Transplantation.

4) Die Durchsichtigkeit der Cornea geht auf das elasti-sche Material der Descemetschen Membran zurück.

Wählen Sie bitte die zutreffende Aussagenkombination.

A. Nur 1 ist richtig

B. Nur 1 und 4 sind richtig

C. Nur 2 und 3 sind richtig

D. Nur 1, 2 und 4 sind richtig

E. Alle Aussagen sind richtig

14.028   20.1   Fragentyp D

Welche Aussagen treffen zu?

1) Die vordere Augenkammer liegt zwischen hinterer Horn-
   hautfläche und "Iris-Linsen-Diaphragma".

2) Das Kammerwasser wird vom Ciliarkörper in die hintere
   Augenkammer abgegeben.

3) Bei einer Kontraktion des M. ciliaris wird die Linse
   abgeflacht.

4) Die Linse wird an ihrer gesamten Oberfläche von Epithel bedeckt.

Wählen Sie bitte die zutreffende Aussagenkombination.

A. Nur 1 ist richtig

B. Nur 1 und 2 sind richtig

C. Nur 2 und 3 sind richtig

D. Nur 1, 2 und 3 sind richtig

E. Alle Aussagen sind richtig

14.029   20.1   Fragentyp D

Welche Aussagen treffen zu?

1) Die inneren Augenmuskeln werden nur vom vegetativen
   Nervensystem innerviert.

2) Bei Zerstörung des Ganglion ciliare steht die Iris unter verstärktem Parasympathicus-Tonus (enge Pupille).

3) Bei Schädigung im oberen Brustmark ("Centrum iridospi-
   nale") wird die Pupille erweitert.

4) Der M. sphincter pupillae wird überwiegend parasympa-
   thisch (aus dem N. oculomotorius) innerviert.

Wählen Sie bitte die zutreffende Aussagenkombination.

A. Nur 1 ist richtig

B. Nur 1 und 4 sind richtig

C. Nur 2 und 3 sind richtig

D. Nur 1, 2 und 4 sind richtig

E. Alle Aussagen sind richtig

14.030   20.1   Fragentyp D

Welche Aussagen treffen zu?

1) Im Bereich der Macula lutea enthält das Stratum ce-
   rebrale der Retina nur Zapfen.

2) In der Fovea centralis sind die inneren Retinaschich-
   ten zur Seite gedrängt.

3) Der "blinde Fleck" wird im Laufe des Lebens infolge
   fortschreitender Rückbildungserscheinungen der Stäbchen und Zapfen größer.

4) Im Discus nervi optici konvergieren die Opticusnerven-
   fasern.

Wählen Sie bitte die zutreffende Aussagenkombination.

A. Nur 1 ist richtig

B. Nur 1 und 4 sind richtig

C. Nur 2 und 3 sind richtig

D. Nur 1, 2 und 4 sind richtig

E. Alle Aussagen sind richtig

14.031   20.1   Fragentyp D

Welche Aussagen treffen zu?

1) Die Pigmentzellen der Retina geben bei Lichteinfall
   zum Schutz für Stäbchen und Zapfen Melaningranula ab.

2) Der neuritische Fortsatz der Sinneszellen der Retina
   endet mit einer kolbenförmigen präsynaptischen Struktur.

3) Das 2. Neuron der Retina besteht aus bipolaren Ganglienzellen.

4) Die Zahl der Nervenzellen in den einzelnen Schichten
   der Retina nimmt vom 1. zum 3. Neuron zu.

Wählen Sie bitte die zutreffende Aussagenkombination.

A. Nur 1 ist richtig

B. Nur 1 und 4 sind richtig

C. Nur 2 und 3 sind richtig

D. Nur 1, 2 und 4 sind richtig

E. Alle Aussagen sind richtig

14.032   20.1   Fragentyp D
_____

Welche Aussagen treffen zu?

1) A. und V. centralis retinae treten in den N. opticus
   ein.

2) Die Sinneszellen der Retina werden von Ästen der A.
   centralis retinae und von Gefäßen der Choroidea versorgt.

3) Der Circulus arteriosus iridis major wird von der A.
   centralis retinae gespeist.

4) Der bei Netzhautablösung entstehende Spalt zwischen
   Sinnesepithel- und Pigmentepithelschicht entspricht
   hinsichtlich seiner Lage dem Hohlraum des Augenbläschens.

Wählen Sie bitte die zutreffende Aussagenkombination.

A. Nur 1 ist richtig

B. Nur 1 und 4 sind richtig

C. Nur 2 und 3 sind richtig

D. Nur 1, 2 und 4 sind richtig

E. Alle Aussagen sind richtig

14.033   20.1   Fragentyp D
_____

Welche Aussagen treffen zu?

1) Der N. opticus verläuft innerhalb der Orbita leicht
   geschlängelt.

2) Die Hüllen des N. opticus sind Ausläufer der Hirnhäute.

3) Zwischen den markhaltigen Nervenfasern des N. opticus
   liegen Gliazellen.

4) Der N. opticus wird beim Eintritt in die Orbita vom
   Anulus tendineus umgeben, der den Mm. recti bulbi zum
   Ursprung dient.

Wählen Sie bitte die zutreffende Aussagenkombination.

A. Nur 1 ist richtig

B. Nur 1 und 4 sind richtig

C. Nur 2 und 3 sind richtig

D. Nur 1, 2 und 4 sind richtig

E. Alle Aussagen sind richtig

b) Orbita

14.034 20.2 Fragentyp A 1

Welche Aussage trifft zu?

A. Über dem M. levator palpebrae verläuft der Ramus superior n. oculomotorii.

B. Unter dem M. levator palpebrae verläuft der N. frontalis.

C. Über den N. ophthalmicus hinweg zieht der N. abducens nach lateral.

D. Das Ganglion ciliare liegt lateral am N. opticus.

E. Der N. trochlearis tritt medial vom N. opticus in die Orbita ein.

14.035 20.2 Fragentyp A 3

Welche Aussage trifft nicht zu? Am Aufbau der Orbita ist beteiligt das

A. Os frontale

B. Os zygomaticum

C. Os nasale

D. Os palatinum

E. Os sphenoidale

14.036 20.2 Fragentyp A 3

Welche Aussage trifft nicht zu? Mit der Orbita steht in offener Verbindung

A. der Canalis opticus

B. die Fissura orbitalis superior

C. das Foramen zygomaticoorbitale

D. das Foramen rotundum

E. das Foramen ethmoidale anterius

14.037   20.2   Fragentyp A 3

Welche Aussage trifft nicht zu? Die A. ophthalmica

A. verläßt die mittlere Schädelgrube durch die Fissura orbitalis superior

B. zieht durch den Anulus tendineus communis

C. verläuft mit dem M. obliquus superior nach vorne

D. gibt als Ast die A. centralis retinae ab, die von unten in den Sehnerv eintritt

E. gibt die A. ethmoidalis anterior ab

c) Schutzeinrichtungen des Auges

14.038   20.3   Fragentyp C

Durch Berühren der Cornea kann ein Lidreflex ausgelöst werden,

weil

die Cornea in ihrem vorderen Epithel zahlreiche sensible Nervenendigungen besitzt, die den Anfang des afferenten Schenkels des Lidreflexes bilden.

14.039   20.3   Fragentyp D

Welche Aussagen treffen zu?

1) Im Augenlid liegen große Talgdrüsen (Meibomsche Drüsen), die mit ihrem Sekret den Tränenweg abdichten
   helfen.

2) Vorderfläche des Augapfels und Hinterfläche der Augenlider werden von der Conjunctiva bekleidet.

3) Der zur Versteifung des Augenlids beitragende Tarsus
   ist ein elastischer Knorpel.

4) In den Tarsus strahlt der quergestreifte M. levator
   palpebrae superioris ein.

Wählen Sie bitte die zutreffende Aussagenkombination.

A. Nur 1 ist richtig

B. Nur 1 und 4 sind richtig

C. Nur 2 und 3 sind richtig

D. Nur 1, 2 und 4 sind richtig

E. Alle Aussagen sind richtig

14.040   20.3   Fragentyp D

Welche Aussagen treffen zu?

1) Die Glandula lacrimalis liegt über dem lateralen Augenwinkel in der Fossa glandulae lacrimalis des
   Stirnbeins.

2) Die Tränendrüse wird vom N. glossopharyngeus para-
   sympathisch innerviert.

3) Die Tränenflüssigkeit gelangt durch den Lidschlag in
   den im medialen Lidwinkel gelegenen Lacus lacrimalis.

4) Die Tränenflüssigkeit wird in den mittleren Nasen-
   gang abgeleitet.

Wählen Sie bitte die zutreffende Aussagenkombination.

A. Nur 1 ist richtig

B. Nur 1 und 3 sind richtig

C. Nur 2 und 4 sind richtig

D. Nur 1, 3 und 4 sind richtig

E. Alle Aussagen sind richtig

15. Hör- und Gleichgewichtsorgan

a) Äußeres Ohr

15.001   21.1   Fragentyp A 3

Welche Aussage trifft nicht zu?

A. Die Haut der Ohrmuschel ist straff mit dem unterlagernden elastischen Knorpel verbunden.

B. Der Meatus acusticus externus cartilagineus wird von der Fortsetzung der äußeren Haut ausgekleidet, die zahlreiche apokrine Knäueldrüsen enthält und mit dem Perichondrium unverschieblich verbunden ist.

C. Der knöcherne Teil des äußeren Gehörgangs wird von Periost ausgekleidet.

D. Die engste Stelle des Gehörgangs liegt im inneren Drittel, kurz hinter dem Beginn des knöchernen Meatus acusticus externus.

E. Der nach unten offene, stumpfe Winkel, den knorpeliger und knöcherner Teil des äußeren Gehörgangs bilden, wird nahezu völlig ausgeglichen, wenn man die Ohrmuschel nach hinten oben zieht.

15.002   21.1   Fragentyp A 3

Welche Aussage trifft nicht zu? Es werden innerviert

A. die Vorderfläche der Ohrmuschel vom N. auriculotemporalis (aus N. V_3)

B. die Hinterfläche der Ohrmuschel vom N. auricularis magnus aus dem Plexus cervicalis

C. die Tiefe der Concha auriculae und die hintere und untere Wand des Gehörgangs vom R. auricularis n. vagi

D. die vordere und obere Wand des Gehörgangs und die Außenfläche des Trommelfells vom N. auriculotemporalis

E. die Innenfläche des Trommelfells von der Chorda tympani

Welche Aussagen treffen zu?

1) Das Trommelfell steht beim Erwachsenen schräg, so daß
   seine matt glänzende, perlgraue Außenfläche nach vorn
   und unten blickt.

2) Bei dem trichterförmig gestalteten Trommelfell wird
   die Trichterspitze, Umbo membranae tympani, durch das
   Manubrium mallei gegen den äußeren Gehörgang vorgewölbt.

3) Der oberhalb der Prominentia mallearis gelegene Pars
   flaccida des Trommelfells fehlt die derbfaserige Lamina propria zwischen Stratum cutaneum und Stratum
   mucosum.

4) Eine Paracentese (Durchstechen des Trommelfells, z.B.
   bei Mittelohrvereiterung) muß im unteren vorderen Quadranten des Trommelfells erfolgen, um eine Verletzung
   der Gehörknöchelchen und der Chorda tympani zu vermeiden.

Wählen Sie bitte die zutreffende Aussagenkombination.

A. Nur 1 ist richtig

B. Nur 1 und 4 sind richtig

C. Nur 2 und 3 sind richtig

D. Nur 1, 3 und 4 sind richtig

E. Alle Aussagen sind richtig

b) Mittelohr

Welche Aussage trifft nicht zu?

A. Die Tuba auditiva verbindet das Cavum tympani mit der
   Pars nasalis des Pharynx und ermöglicht einen Luft-
   druckausgleich im Mittelohr.

B. Die Ohrtrompete verläuft von der oberen seitlichen
   Rachenwand leicht ansteigend schräg nach lateral hinten und bildet mit der Medianebene einen Winkel von
   etwa 45°.

C. Die engste Stelle, Isthmus tubae, liegt am Ende der
   knöchernen Tube.

D. Der im Querschnitt hakenförmige Tubenknorpel wird
   durch eine bindegewebige Membran zu einem Rohr er-
   gänzt, dessen spaltförmiges Lumen eine kurze Strecke
   geschlossen ist.

E. Beim Schluckakt kontrahiert sich der M. levator veli
   palatini und verschließt das Lumen der Tube.

15.005	21.2	Fragentyp A 3

Welche Aussage trifft nicht zu?

A. Das Hammer-Amboßgelenk und das Amboß-Steigbügelgelenk
   sind meist Synchondrosen, die lediglich eine begrenzte Federung erlauben.

B. Die Kette der Gehörknöchelchen wirkt als Winkelhebel,
   der die Trommelfellschwingungen auf die Labyrinthflüs-
   sigkeit überträgt.

C. Der M. tensor tympani inseriert am Manubrium mallei
   und zieht bei Kontraktion den Hammergriff nach innen.

D. Der Stapes ist mittels des Ligamentum anulare in die
   Fenestra vestibuli eingelassen.

E. Bei einer Schädigung des N. mandibularis wird der M.
   stapedius gelähmt.

15.006	21.2	Fragentyp A 3

Welche Aussage trifft nicht zu? Von den Wänden der Paukenhöhle

A. ist der Paries mastoideus dem Warzenfortsatz zuge-
   kehrt

B. grenzt der Paries tegmentalis an den Boden der hinteren Schädelgrube

C. bildet der Paries labyrinthicus die mediale Wand

D. liegt der Paries jugularis über der Fossa jugularis

E. bildet der Paries caroticus gemeinsam mit der Tuben-
   mündung die vordere Begrenzung der Paukenhöhle.

15.007   21.2   Fragentyp D

Welche Aussagen treffen zu?

1) Als Tegmen tympani wölbt sich das Dach der Paukenhöhle an der inneren Schädelbasis vor.

2) Die basale Schneckenwindung ruft an der medialen Wand der Paukenhöhle eine breite Vorwölbung, das Promontorium, hervor.

3) Die Fenestra vestibuli wird von der Membrana tympani secundaria verschlossen.

4) Die Fenestra cochleae grenzt das Mittelohr gegen den perilymphatischen Raum des Innenohrs ab.

Wählen Sie bitte die zutreffende Aussagenkombination.

A. Nur 1 ist richtig

B. Nur 1 und 4 sind richtig

C. Nur 2 und 3 sind richtig

D. Nur 1, 2 und 4 sind richtig

E. Alle Aussagen sind richtig

15.008   21.2   Fragentyp D

Welche Aussagen treffen zu?

1) Die Schleimhaut der Paukenhöhle wird von Ästen des Plexus tympanicus innerviert.

2) Die parasympathischen Fasern des Plexus tympanicus verlassen als N. petrosus minor die Paukenhöhle.

3) Die Chorda tympani zieht - zwischen Hammergriff und langem Fortsatz des Amboß - in einer Schleimhautfalte durch das Cavum tympani.

4) Die knöcherne Wand des Facialiskanals ist oberhalb des ovalen Fensters dünn, oft lückenhaft, so daß der N. facialis gelegentlich nur durch Schleimhaut von der Paukenhöhle getrennt ist.

Wählen Sie bitte die zutreffende Aussagenkombination.

A. Nur 1 ist richtig

B. Nur 1 und 4 sind richtig

C. Nur 2 und 3 sind richtig

D. Nur 1, 2 und 4 sind richtig

E. Alle Aussagen sind richtig

c) Innenohr

15.009   21.3   Fragentyp A 1

Welche Aussage trifft zu? Das Cortische Organ

A. liegt im Sacculus

B. besitzt sekundäre Sinneszellen

C. liegt auf der Membrana tectoria

D. enthält im inneren und äußeren Tunnel Endolymphe

E. hat einen Stützapparat aus Kollagenfasern

15.010   21.3   Fragentyp A 3

Welche Aussage trifft nicht zu? Der Meatus acusticus internus

A. öffnet sich an der hinteren Felsenbeinwand

B. enthält das Ganglion vestibulare

C. hat im Bereich seines Fundus die Öffnung zum Canalis facialis

D. hat in der Area vestibularis superior Durchtrittsstellen für den N. utriculoampullaris

E. kommuniziert durch den Aquaeductus cochleae mit dem Ductus cochlearis

---

15.011   21.3   Fragentyp A 3

Welche Aussage trifft nicht zu? Der Ductus cochlearis

A. enthält Endolymphe

B. wird durch die Membrana vestibularis von der Scala vestibuli abgegrenzt

C. wird durch die Lamina spiralis ossea und die Lamina basilaris von der Scala tympani getrennt

D. enthält in der lateralen Wand (Paries externus) die Stria vascularis, der die Bildung der Endolymphe zugeschrieben wird

E. grenzt am Caecum vestibulare unmittelbar an die Steigbügelfußplatte

15.012
15.013
15.014   21.3   Fragentyp B

Ordnen Sie bitte den in der Abbildung 34 mit 15.012,
15.013 und 15.014 bezeichneten Strukturen die jeweils
zutreffende unter A-E genannte Bezeichnung zu.

A. Cortisches Organ

B. Limbus laminae spiralis osseae

C. Stria vascularis

D. Ligamentum spirale

E. Scala tympani

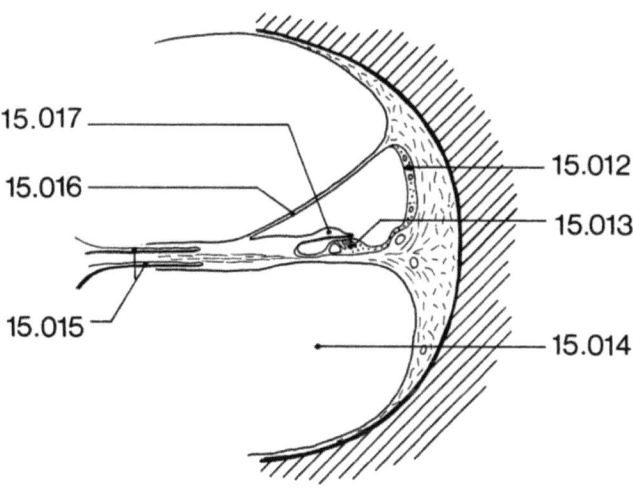

Abb. 34

15.015		
15.016		
15.017	21.3	Fragentyp B

Ordnen Sie bitte den in der Abbildung 34 mit 15.015, 15.016 und 15.017 bezeichneten Strukturen die jeweils zutreffende unter A-E genannte Bezeichnung zu.

A. Lamina spiralis ossea

B. Membrana tectoria

C. Sulcus spiralis internus

D. Ductus cochlearis

E. Membrana vestibularis

15.018	21.3	Fragentyp C

Aus der Ohrplakode geht die Paukenhöhle hervor,

<u>weil</u>

die Ohrplakode - als Ohrbläschen in die Tiefe versenkt - den Mittelohrraum umschließt.

15.019   21.3   Fragentyp D

Welche Aussagen treffen zu?

1) Die Wand des knöchernen Labyrinths ist dichter und härter als der übrige Knochen des Felsenbeins.

2) Der Spaltraum zwischen knöchernem und häutigem Labyrinth der Bogengänge wird von flüssigkeitsreichem perilymphatischem Gewebe, zwischen knöcherner und häutiger Schnecke von Perilymphe ausgefüllt.

3) Der Ductus endolymphaticus zieht als Abflußweg der Endolymphe vom Crus commune der Bogengänge zum Sinus petrosus superior.

4) Sacculus und Utriculus liegen im Vestibulum.

Wählen Sie bitte die zutreffende Aussagenkombination.

A. Nur 1 ist richtig

B. Nur 1 und 4 sind richtig

C. Nur 2 und 3 sind richtig

D. Nur 1, 2 und 4 sind richtig

E. Alle Aussagen sind richtig

15.020   21.3   Fragentyp D

Welche Aussagen treffen zu?

1) Die drei Bogengänge stehen zueinander im rechten Winkel, sind aber gegen die Mediansagittalebene und eine Transversalebene (Ohr-Augenebene) um etwa 45° gedreht.

2) Die Bogengänge liegen im Felsenbein vorn und medial, die Cochlea ist hinten und lateral angeordnet.

3) Die Ebene der Macula utriculi entspricht etwa der lateralen Bogengangsebene, die Ebene der Macula sacculie stimmt annähernd mit der Ebene des vorderen Bogengangs überein.

4) Im Utriculus, kurz hinter der Einmündung der Bogengänge, befindet sich die Crista ampullaris.

Wählen Sie bitte die zutreffende Aussagenkombination.

A. Nur 1 ist richtig

B. Nur 1 und 4 sind richtig

C. Nur 1 und 3 sind richtig

D. Nur 1, 2 und 3 sind richtig

E. Alle Aussagen sind richtig

15.O21   21.3   Fragentyp D

Welche Aussagen treffen zu?

1) Macula sacculi und Macula utriculi sowie Crista ampullaris haben sekundäre Sinneszellen.

2) Bei Drehbewegungen des Kopfes werden die Sinneshaare
   der Sinneszellen der Cristae ampullares durch den
   Lymphstrom abgelenkt.

3) Die Statolithenmembranen von Utriculus und Sacculus
   haben dasselbe spezifische Gewicht wie die Endolymphe.

4) Die Sinneshaare der Sinneszellen des Gleichgewichts-
   organs bestehen jeweils aus einer Kinocilie und
   zahlreichen Stereocilien.

Wählen Sie bitte die zutreffende Aussagenkombination.

A. Nur 1 ist richtig

B. Nur 1 und 4 sind richtig

C. Nur 2 und 3 sind richtig

D. Nur 1, 2 und 4 sind richtig

E. Alle Aussagen sind richtig

15.022   21.3   Fragentyp D

Welche Aussagen treffen zu?

1) Die Erregungen der Haarzellen des Cortischen Organs
   werden von den Dendriten bipolarer Ganglienzellen auf-
   genommen, deren Perikarya das Ganglion spirale cochleae im Modiolus bilden.

2) Die Sinneszellen (Haarzellen) des Cortischen Organs
   sitzen speziellen Stützzellen auf und sind in einer
   inneren Reihe und 3-5 äußeren Reihen angeordnet.

3) In der Pars cochlearis des N. VIII ziehen auch efferente Fasern zu Sinneszellen.

4) Die zentralen Fortsätze der Zellen des Ganglion spirale cochleae schließen sich als Pars cochlearis mit
   der Pars vestibularis zum N. vestibulocochlearis zusammen.

Wählen Sie bitte die zutreffende Aussagenkombination.

A. Nur 1 ist richtig

B. Nur 1 und 4 sind richtig

C. Nur 2 und 3 sind richtig

D. Nur 1, 2 und 4 sind richtig

E. Alle Aussagen sind richtig

15.023   21.3   Fragentyp D

Welche Aussagen treffen zu?

1) Das häutige Labyrinthorgan geht aus dem Material der
   Ohrplakode hervor.

2) Die Ohrplakode senkt sich als Ohrgrube ein und schnürt
   sich als Ohrbläschen von der Epidermis ab (etwa 30
   Somiten-Stadium, Ende des 1. Monats).

3) Cavum tympani und Tuba auditiva gehen aus der 2.
   Schlundtasche hervor.

4) Die Gehörknöchelchen sind Abkömmlinge des 3. Kiemen-
   bogenknorpels.

Wählen Sie bitte die zutreffende Aussagenkombination.

A. Nur 1 ist richtig

B. Nur 1 und 2 sind richtig

C. Nur 1 und 3 sind richtig

D. Nur 3 und 4 sind richtig

E. Alle Aussagen sind richtig

15.024	21.3	Fragentyp D

Welche Aussagen treffen zu?

1) Scala tympani und Scala vestibuli kommunizieren an der Schneckenspitze.

2) Vom Limbus laminae spiralis osseae entspringt als cuticulare Bildung die Membrana tectoria, die über dem Cortischen Organ liegt.

3) Die Schallwellen nehmen in den Perilymphräumen folgenden Weg: Fenestra cochleae, Scala tympani, Heliotrema, Scala vestibuli, Fenestra vestibuli.

4) Die Fasern der Basilarmembran haben verschiedene Längen. Die längsten Fasern finden sich an der Schneckenspitze.

Wählen Sie bitte die zutreffende Aussagenkombination.

A. Nur 1 ist richtig

B. Nur 1 und 4 sind richtig

C. Nur 2 und 3 sind richtig

D. Nur 1, 2 und 4 sind richtig

E. Alle Aussagen sind richtig

Antwortenschlüssel

I. Allgemeiner Teil

1. Cytologie

1.001	D	1.018	E	1.035	D
1.002	B	1.019	E	1.036	E
1.003	B	1.020	A	1.037	B
1.004	B	1.021	D	1.038	A
1.005	D	1.022	D	1.039	C
1.006	A	1.023	D	1.040	A
1.007	C	1.024	C	1.041	A
1.008	E	1.025	E	1.042	E
1.009	A	1.026	B	1.043	C
1.010	B	1.027	E	1.044	E
1.011	C	1.028	A	1.045	A
1.012	B	1.029	A	1.046	C
1.013	A	1.030	E	1.047	A
1.014	E	1.031	C	1.048	A
1.015	B	1.032	E	1.049	C
1.016	B	1.033	B	1.050	B
1.017	C	1.034	A	1.051	D
				1.052	B

2. Histologie

a) Gewebe

2.001	A	2.006	B	2.011	C
2.002	E	2.007	C	2.012	A
2.003	D	2.008	A	2.013	B
2.004	A	2.009	C	2.014	E
2.005	A	2.010	E	2.015	E

b) Epithelgewebe

2.016	B	2.023	D	2.030	D
2.017	C	2.024	E	2.031	D
2.018	B	2.025	B	2.032	A
2.019	A	2.026	D	2.033	C
2.020	B	2.027	A	2.034	A
2.021	D	2.028	E	2.035	D
2.022	D	2.029	C	2.036	E

c) Bindegewebe

2.037 B	2.048 D	2.059 C
2.038 B	2.049 C	2.060 B
2.039 C	2.050 A	2.061 E
2.040 B	2.051 D	2.062 E
2.041 B	2.052 A	2.063 A
2.042 A	2.053 C	2.064 C
2.043 A	2.054 A	2.065 D
2.044 E	2.055 C	2.066 B
2.045 E	2.056 C	2.067 C
2.046 B	2.057 A	2.068 E
2.047 D	2.058 D	2.069 E

d) Knorpelgewebe

2.070 E	2.072 B	2.074 B
2.071 B	2.073 B	2.075 E
		2.076 C

e) Knochengewebe

2.077 A	2.080 D	2.084 D
2.078 B	2.081 C	2.085 E
2.079 A	2.082 B	2.086 E
	2.083 C	2.087 D

f) Muskelgewebe

2.088 C	2.094 B	2.101 E
2.089 A	2.095 C	2.102 B
2.090 E	2.096 E	2.103 D
2.091 D	2.097 A	2.104 E
2.092 A	2.098 B	2.105 D
2.093 C	2.099 C	2.106 A
	2.100 A	2.107 E

g) Nervengewebe

2.108 A	2.117 C	2.127 D
2.109 B	2.118 A	2.128 C
2.110 C	2.119 D	2.129 D
2.111 D	2.120 D	2.130 B
2.112 B	2.121 B	2.131 D
2.113 E	2.122 A	2.132 D
2.114 B	2.123 B	2.133 A
2.115 E	2.124 A	2.134 E
2.116 B	2.125 D	2.135 D
	2.126 A	2.136 E

h) Histologische und histochemische Technik

2.137	C	2.141	B	2.145	B
2.138	B	2.142	C	2.146	D
2.139	C	2.143	B	2.147	A
2.140	A	2.144	C	2.148	E

3. Allgemeine Entwicklungsgeschichte und Placentation

a) Keimzellen und Keimzellbildung

3.001	D	3.004	D	3.007	A
3.002	C	3.005	A	3.008	A
3.003	C	3.006	A	3.009	C
				3.010	D

b) Befruchtung, Furchung, Implantation

3.011	E	3.013	D	3.015	A
3.012	B	3.014	C	3.016	E
				3.017	E

c) Placentation

3.018	C	3.022	D	3.027	E
3.019	C	3.023	A	3.028	A
3.020	B	3.024	C	3.029	C
3.021	C	3.025	C	3.030	A
		3.026	E	3.031	C

d) Primitiventwicklung

3.032	C	3.037	B	3.043	E
3.033	C	3.038	B	3.044	D
3.034	B	3.039	D	3.045	E
3.035	D	3.040	E	3.046	D
3.036	A	3.041	B	3.047	E
		3.042	A	3.048	D

e) Ausbildung der äußeren Körperform

3.049	D	3.050	E	3.051	B

f) Mehrlingsbildungen, Mißbildung

3.052	C	3.055	A	3.058	C
3.053	C	3.056	E	3.059	D
3.054	B	3.057	A	3.060	D
				3.061	C

4. Allgemeine Anatomie

a) Gestalt

4.001	B	4.002	E	4.004	C
		4.003	C	4.005	D

b) Allgemeine Anatomie des Bewegungsapparates

4.006	D	4.012	D	4.018	C
4.007	C	4.013	D	4.019	C
4.008	D	4.014	D	4.020	A
4.009	C	4.015	A	4.021	B
4.010	E	4.016	B	4.022	C
4.011	E	4.017	C	4.023	A

c) Allgemeine Anatomie des Kreislaufsystems

4.024	E	4.029	A	4.034	E
4.025	C	4.030	A	4.035	C
4.026	C	4.031	E	4.036	E
4.027	D	4.032	D	4.037	E
4.028	C	4.033	C	4.038	D
				4.039	E

d) Blutzellen und Blutzellbildung

4.040	C	4.047	D	4.054	B
4.041	E	4.048	D	4.055	C
4.042	C	4.049	A	4.056	A
4.043	A	4.050	C	4.057	C
4.044	D	4.051	A	4.058	C
4.045	C	4.052	C	4.059	A
4.046	B	4.053	D	4.060	C

e) Allgemeine Anatomie der Drüsen

4.061	A	4.065	D	4.070	A
4.062	D	4.066	C	4.071	C
4.063	D	4.067	A	4.072	E
4.064	C	4.068	D	4.073	A
		4.069	A	4.074	E

f) Allgemeine Anatomie der Schleimhäute
und der serösen Höhlen

4.075	D	4.078	C	4.081	D
4.076	B	4.079	A	4.082	D
4.077	B	4.080	C	4.083	D
				4.084	C

g) Allgemeine Anatomie des Nervensystems

4.085	A	4.094	E	4.103	C
4.086	C	4.095	D	4.104	D
4.087	D	4.096	A	4.105	E
4.088	C	4.097	D	4.106	D
4.089	E	4.098	D	4.107	E
4.090	D	4.099	D	4.108	D
4.091	A	4.100	A	4.109	E
4.092	D	4.101	E	4.110	E
4.093	E	4.102	E	4.111	E
				4.112	E

h) Haut und Hautanhangsgebilde

4.113	C	4.121	A	4.130	D
4.114	B	4.122	A	4.131	A
4.115	E	4.123	A	4.132	E
4.116	D	4.124	A	4.133	D
4.117	D	4.125	A	4.134	E
4.118	B	4.126	E	4.135	D
4.119	A	4.127	C	4.136	E
4.120	A	4.128	C	4.137	E
		4.129	C	4.138	E

II. Spezieller Teil

5. Obere Extremität

a) Oberflächenanatomie

5.001	E	5.003	E	5.005	A
5.002	D	5.004	E	5.006	D

b) Schulter und Achselhöhle

5.007	D	5.016	C	5.026	C
5.008	C	5.017	B	5.027	D
5.009	B	5.018	A	5.028	C
5.010	D	5.019	A	5.029	A
5.011	A	5.020	C	5.030	A
5.012	C	5.021	E	5.031	B
5.013	D	5.022	A	5.032	D
5.014	D	5.023	C	5.033	A
5.015	E	5.024	D	5.034	A
		5.025	B	5.035	E

c) Oberarm und Ellenbogenbereich

5.036	B	5.041	D	5.046	A
5.037	A	5.042	D	5.047	B
5.038	D	5.043	B	5.048	A
5.039	C	5.044	A	5.049	C
5.040	C	5.045	D	5.050	E

d) Unterarm und Hand

5.051	A	5.058	A	5.066	A
5.052	B	5.059	D	5.067	A
5.053	D	5.060	B	5.068	B
5.054	A	5.061	A	5.069	E
5.055	B	5.062	B	5.070	C
5.056	C	5.063	E	5.071	E
5.057	C	5.064	D	5.072	E
		5.065	C	5.073	D

6. Untere Extremität

a) Oberflächenanatomie

6.001	C	6.004	C	6.007	A
6.002	A	6.005	D	6.008	C
6.003	D	6.006	B	6.009	E

b) Becken

6.010	A	6.013	C	6.016	A
6.011	B	6.014	C	6.017	D
6.012	B	6.015	E		

c) Hüfte

6.018	E	6.024	A	6.030	A
6.019	E	6.025	E	6.031	E
6.020	A	6.026	A	6.032	C
6.021	D	6.027	B	6.033	D
6.022	C	6.028	D	6.034	C
6.023	C	6.029	A	6.035	E

d) Oberschenkel und Kniebereich

6.036	C	6.042	C	6.047	D
6.037	A	6.043	D	6.048	A
6.038	C	6.044	C	6.049	D
6.039	C	6.045	B	6.050	E
6.040	B	6.046	A	6.051	E
6.041	D				

e) Unterschenkel und Fuß

6.052	B	6.062	D	6.072	C
6.053	C	6.063	C	6.073	C
6.054	B	6.064	C	6.074	A
6.055	A	6.065	D	6.075	A
6.056	E	6.066	C	6.076	B
6.057	E	6.067	B	6.077	A
6.058	A	6.068	D	6.078	E
6.059	B	6.069	B	6.079	D
6.060	E	6.070	D	6.080	E
6.061	A	6.071	D		

7. Kopf

a) Gehirnteil des Kopfes

7.001	A	7.009	D	7.016	A
7.002	A	7.010	B	7.017	A
7.003	C	7.011	A	7.018	D
7.004	E	7.012	E	7.019	B
7.005	D	7.013	C	7.020	E
7.006	B	7.014	D	7.021	E
7.007	C	7.015	D	7.022	A
7.008	C				

b) Gesichtsteil des Kopfes

7.023	C	7.037	D	7.050	A
7.024	D	7.038	D	7.051	C
7.025	D	7.039	E	7.052	D
7.026	A	7.040	E	7.053	E
7.027	C	7.041	A	7.054	E
7.028	A	7.042	E	7.055	C
7.029	C	7.043	C	7.056	D
7.030	E	7.044	B	7.057	D
7.031	E	7.045	E	7.058	E
7.032	E	7.046	D	7.059	C
7.033	A	7.047	B	7.060	D
7.034	B	7.048	E	7.061	B
7.035	D	7.049	C	7.062	E
7.036	A				

c) Der Schädel als Ganzes

7.063	D	7.064	B	7.065	E

d) Mundhöhle

7.066	A	7.074	C	7.081	B
7.067	C	7.075	B	7.082	A
7.068	C	7.076	C	7.083	D
7.069	E	7.077	D	7.084	A
7.070	E	7.078	B	7.085	E
7.071	C	7.079	A	7.086	E
7.072	E	7.080	A	7.087	E
7.073	D				

e) Nasenhöhle und Nasennebenhöhlen

7.088	D	7.091	D	7.093	B
7.089	B	7.092	A	7.094	D
7.090	B				

8. Hals

a) Oberflächenanatomie

8.001	D	8.002	A

b) Bewegungsapparat des Halses

8.003	C	8.005	C	8.007	D
8.004	B	8.006	C		

c) Leitungsbahnen des Halses

8.008	C	8.011	B	8.013	D
8.009	B	8.012	B	8.014	D
8.010	C				

d) Rachen und Halsteil der Speiseröhre

8.015	E	8.019	A	8.023	E
8.016	D	8.020	E	8.024	C
8.017	D	8.021	A	8.025	D
8.018	A	8.022	E		

e) Kehlkopf und Halsteil der Luftröhre

8.026	C	8.030	B	8.034	A
8.027	B	8.031	A	8.035	D
8.028	C	8.032	C	8.036	E
8.029	A	8.033	C	8.037	C

f) Schilddrüse und Epithelkörperchen

8.038	E	8.040	B	8.042	B
8.039	C	8.041	E	8.043	A

496

9. Leibeswand

a) Oberflächenanatomie

9.001	A	9.003	C	9.005	A
9.002	B	9.004	E	9.006	E

b) Rücken

9.007	B	9.015	E	9.023	D
9.008	D	9.016	E	9.024	E
9.009	B	9.017	B	9.025	B
9.010	C	9.018	C	9.026	A
9.011	A	9.019	C	9.027	A
9.012	C	9.020	D	9.028	E
9.013	D	9.021	E	9.029	D
9.014	A	9.022	B	9.030	C
				9.031	C

c) Brustwand

9.032	E	9.041	C	9.050	E
9.033	B	9.042	E	9.051	A
9.034	E	9.043	D	9.052	A
9.035	A	9.044	C	9.053	A
9.036	C	9.045	A	9.054	D
9.037	B	9.046	B	9.055	E
9.038	C	9.047	E	9.056	A
9.039	B	9.048	D	9.057	A
9.040	B	9.049	C	9.058	E

d) Bauchwand

9.059	B	9.063	E	9.067	B
9.060	C	9.064	A	9.068	A
9.061	D	9.065	E	9.069	C
9.062	B	9.066	D	9.070	E

10. Brusteingeweide

a) Mediastinum

10.001	C	10.005	C	10.009	A
10.002	D	10.006	D	10.010	D
10.oo3	E	10.007	B	10.011	E
10.004	D	10.008	C	10.012	E

b) Herz, Perikardhöhle

10.013	D		10.022	E		10.031	A
10.014	E		10.023	C		10.032	A
10.015	B		10.024	B		10.033	E
10.016	A		10.025	D		10.034	E
10.017	B		10.026	E		10.035	C
10.018	A		10.027	A		10.036	E
10.019	C		10.028	B		10.037	A
10.020	A		10.029	D		10.038	E
10.021	B		10.030	B		10.039	E
						10.040	D

c) Leitungsbahnen im Mediastinum

10.041	D		10.045	E		10.049	D
10.042	C		10.046	D		10.050	E
10.043	D		10.047	D		10.051	D
10.044	D		10.048	C			

d) Pleurahöhlen

10.052	C		10.058	E		10.064	D
10.053	C		10.059	B		10.065	B
10.054	A		10.060	A		10.066	B
10.055	D		10.061	D		10.067	D
10.056	D		10.062	C		10.068	D
10.057	A		10.063	D		10.069	C

11. Bauch- und Beckeneingeweide

a) Peritonealhöhle

11.001	B		11.004	D		11.007	C
11.002	D		11.005	D		11.008	E
11.003	E		11.006	C			

b) Oberbauchorgane

11.009	E		11.020	B		11.031	D
11.010	D		11.021	B		11.032	E
11.011	E		11.022	A		11.033	C
11.012	E		11.023	D		11.034	D
11.013	B		11.024	B		11.035	A
11.014	B		11.025	E		11.036	B
11.015	A		11.026	D		11.037	D
11.016	D		11.027	D		11.038	E
11.017	D		11.028	D		11.039	C
11.018	A		11.029	B		11.040	A
11.019	C		11.030	B		11.041	B

11.042	A	11.048	E	11.054	C
11.043	A	11.049	C	11.055	E
11.044	A	11.050	B	11.056	E
11.045	E	11.051	D	11.057	C
11.046	E	11.052	B	11.058	E
11.047	E	11.053	E	11.059	D
				11.060	C

c) Unterbauchorgane

11.061	C	11.070	A	11.079	A
11.062	C	11.071	C	11.080	D
11.063	E	11.072	A	11.081	E
11.064	E	11.073	D	11.082	E
11.065	D	11.074	C	11.083	D
11.066	A	11.075	E	11.084	D
11.067	A	11.076	B	11.085	B
11.068	A	11.077	D	11.086	C
11.069	B	11.078	C		

d) Organe im Retroperitonealraum

11.087	C	11.098	D	11.109	A
11.088	E	11.099	D	11.110	E
11.089	E	11.100	C	11.111	E
11.090	C	11.101	D	11.112	A
11.091	B	11.102	E	11.113	C
11.092	B	11.103	A	11.114	E
11.093	D	11.104	E	11.115	D
11.094	D	11.105	E	11.116	D
11.095	D	11.106	A	11.117	D
11.096	C	11.107	A	11.118	D
11.097	E	11.108	C	11.119	C

e) Leitungsbahnen im Retroperitonealraum

11.120	C	11.125	D	11.130	A
11.121	D	11.126	B	11.131	E
11.122	E	11.127	C	11.132	B
11.123	A	11.128	A	11.133	D
11.124	C	11.129	C	11.134	C

f) Beckenorgane

11.135	B	11.141	A	11.147	B
11.136	C	11.142	E	11.148	C
11.137	E	11.143	D	11.149	C
11.138	A	11.144	B	11.150	A
11.139	B	11.145	E	11.151	C
11.140	D	11.146	A	11.152	D

11.153	D	11.170	D	11.187	C
11.154	E	11.171	D	11.188	B
11.155	D	11.172	A	11.189	D
11.156	D	11.173	A	11.190	C
11.157	D	11.174	A	11.191	C
11.158	B	11.175	A.	11.192	A
11.159	E	11.176	B	11.193	E
11.160	D	11.177	C	11.194	D
11.161	C	11.178	A	11.195	E
11.162	E	11.179	C	11.196	E
11.163	B	11.180	A	11.197	E
11.164	D	11.181	E	11.198	B
11.165	C	11.182	C	11.199	C
11.166	E	11.183	C	11.200	C
11.167	E	11.184	D	11.201	D
11.168	C	11.185	D	11.202	E
11.169	A	11.186	A	11.203	A

12. Beckenboden und äußere Geschlechtsorgane

a) Beckenboden

12.001	E	12.004	D	12.007	A
12.002	C	12.005	B	12.008	C
12.003	D	12.006	D	12.009	C
				12.010	D

b) Äußere Geschlechtsorgane

12.011	A	12.016	A	12.021	A
12.012	A	12.017	B	12.022	D
12.013	B	12.018	E	12.023	C
12.014	D	12.019	B	12.024	E
12.015	E	12.020	A	12.025	E
				12.026	C

13. Zentralnervensystem

a) Entwicklung und Gliederung des Zentralnervensystems

13.001	E	13.004	A	13.007	E
13.002	A	13.005	C	13.008	E
13.003	A	13.006	D	13.009	D
				13.010	D

b) Gefäßversorgung des Zentralnervensystems

13.011	D	13.013	D	13.015	E
13.012	D	13.014	D	13.016	E
				13.017	D

c) Rückenmark

13.018	B	13.027	C	13.036	A
13.019	C	13.028	E	13.037	A
13.020	D	13.029	B	13.038	C
13.021	A	13.030	C	13.039	D
13.022	D	13.031	A	13.040	E
13.023	C	13.032	E	13.041	B
13.024	B	13.033	E	13.042	E
13.025	A	13.034	D	13.043	D
13.026	C	13.035	B	13.044	D

d) Rhombencephalon

13.045	B	13.055	C	13.065	D
13.046	D	13.056	D	13.066	C
13.047	B	13.057	A	13.067	A
13.048	C	13.058	E	13.068	D
13.049	E	13.059	D	13.069	A
13.050	D	13.060	B	13.070	C
13.051	B	13.061	E	13.071	D
13.052	E	13.062	C	13.072	C
13.053	D	13.063	E	13.073	A
13.054	A	13.064	B	13.074	E
				13.075	E

e) Mesencephalon

13.076	C	13.081	A	13.086	D
13.077	A	13.082	C	13.087	E
13.078	D	13.083	B	13.088	E
13.079	B	13.084	B	13.089	D
13.080	D	13.085	D	13.090	C
				13.091	B

f) Cerebellum

13.092	D	13.095	C	13.098	D
13.093	B	13.096	A	13.099	C
13.094	C	13.097	B		

g) Diencephalon

13.100	A	13.107	C	13.114	D
13.101	D	13.108	B	13.115	B
13.102	A	13.109	B	13.116	E
13.103	A	13.110	E	13.117	D
13.104	E	13.111	A	13.118	D
13.105	B	13.112	D	13.119	B
13.106	D	13.113	C	13.120	E

h) Telencephalon

13.121	C	13.134	A	13.147	A
13.122	B	13.135	B	13.148	D
13.123	D	13.136	C	13.149	C
13.124	D	13.137	E	13.150	E
13.125	C	13.138	B	13.151	C
13.126	D	13.139	E	13.152	C
13.127	C	13.140	C	13.153	D
13.128	E	13.141	E	13.154	E
13.129	C	13.142	B	13.155	B
13.130	D	13.143	A	13.156	E
13.131	B	13.144	B	13.157	E
13.132	C	13.145	C	13.158	A
13.133	C	13.146	E	13.159	D
				13.160	E

i) Innere Liquorräume

13.161	C	13.162	E	13.163	E
				13.164	E

14. Sehorgan

a) Augapfel und äußere Augenmuskeln

14.001	B	14.012	C	14.023	C
14.002	C	14.013	E	14.024	C
14.003	A	14.014	A	14.025	A
14.004	D	14.015	B	14.026	A
14.005	E	14.016	E	14.027	C
14.006	C	14.017	D	14.028	B
14.007	B	14.018	E	14.029	B
14.008	D	14.019	E	14.030	D
14.009	A	14.020	A	14.031	C
14.010	C	14.021	D	14.032	D
14.011	B	14.022	A	14.033	E

b) Orbita

14.034	D	14.035	C	14.036	D
				14.037	A

c) Schutzeinrichtungen des Auges

14.038	A	14.039	D	14.040	B

15. Hör- und Gleichgewichtsorgan

a) Äußeres Ohr

15.001 C   15.002 E   15.003 D

b) Mittelohr

15.004 E   15.006 B   15.008 E
15.005 E   15.007 D

c) Innenohr

15.009 B   15.014 E   15.019 D
15.010 E   15.015 A   15.020 C
15.011 E   15.016 E   15.021 D
15.012 C   15.017 B   15.022 E
15.013 A   15.018 E   15.023 B
                                      15.024 D

R. Bertolini, G. Leutert

Atlas der Anatomie des Menschen

(in 3 Bänden)

nach systematischen und topographischen Gesichtspunkten

Band 1

Arm und Bein

1978. 405 Abbildungen, davon 361 farbig, gezeichnet von H. Schmidt. 332 Seiten
Gebunden DM 78,–
ISBN 3-540-08752-4
Vetriebsrechte für die sozialistischen Länder:
VEB Georg Thieme-Verlag, Leipzig

Inhaltsübersicht: Arm: Knochen. Gelenke. Muskeln. Gefäße und Nerven. – Bein: Knochen. Gelenke. Muskeln. Gefäße und Nerven.

Der Band **Arm und Bein** ist der erste Teil eines neuen 3-bändigen Atlasses der Anatomie des Menschen. Mit ihm wird den Studierenden der Medizin ein nach systematischen und topographischen Gesichtspunkten gestaltetes Grundlagenwerk zur Verfügung gestellt.

Band 1 enthält im ersten Teil eine Systematik und Topographie des Armes. Dabei wird mit der Darstellung der Knochen und Gelenke begonnen. Anschließend folgen die Muskeln, Gefäße und Nerven und zum Schluß die praktisch wichtigsten Regionen. Der zweite Teil, der das Bein abhandelt, ist in gleicher Weise gegliedert.

Die Abbildungen sind nach Originalpräparaten gezeichnet. Außerdem enthält der Atlas zahlreiche Röntgenbilder. Dies unterscheidet ihn von einigen bislang bekannten Anatomie-Atlanten und macht ihn zu einem besonders praxisbezogenen Lehrbuch im Sinne der neuen Approbationsordnung. Gleichermaßen ist er ein wertvolles Nachschlagewerk für den Arzt in Praxis und Klinik.

In Vorbereitung

Band 2:

Rumpf, Körperhöhlen und Eingeweide

Band 3:

Hals und Kopf, einschließlich Sinnesorgane und Gehirn

Springer-Verlag
Berlin
Heidelberg
New York

Preisänderung vorbehalten.